Der Kosmos-Vogelführer

Die Vögel Deutschlands und Europas in Farbe

von Bertel Bruun
illustriert von Arthur Singer
Bearbeitung und deutsche Fassung
von Dr. Claus König, Stuttgart

4., neubearbeitete und ergänzte Auflage

Kosmos · Gesellschaft der Naturfreunde
Franckh'sche Verlagshandlung · Stuttgart

Wir bedanken uns . . .

Ein Feldbestimmungsbuch für die Vögel Europas zu schaffen, ist kein einfaches Unterfangen. Ohne die weitgehende Hilfe vieler Ornithologen wäre es nicht möglich gewesen. Besonders Feldornithologen konnten hier sehr viel helfen, und vieles, was wir von dieser immer mehr wachsenden Gruppe erfahren konnten, wurde in diesem Buch verwendet.
Nach seinem ersten Erscheinen, im Jahre 1970, wurde dieser Feldführer insgesamt achtmal aufgelegt und in zehn Sprachen übersetzt. Da das Interesse für Vögel ständig größer wurde, sind auch unsere Kenntnisse in zunehmendem Maße gewachsen. Es war daher notwendig, sowohl diese neuen Erkenntnisse, als auch Veränderungen in der Verbreitung verschiedener Arten, in eine Neuauflage einzuarbeiten. Eine Vielzahl von Feldornithologen, die diesen Führer benutzen, haben Anregungen und Verbesserungen vorgeschlagen, die in der vorliegenden Ausgabe berücksichtigt sind. Besonderer Dank gebührt Lars Svensson und H. Delon, wie auch Lain Robertson, für ihre Mithilfe bei der Überarbeitung des Manuskriptes. Außerdem danken wir Erik A. Bruun für wertvolle Verbesserungsvorschläge. Die Bearbeiter anderssprachiger Ausgaben haben ebenfalls mit dazu beigetragen, den Text zu ergänzen, indem sie eigene Kenntnisse eingearbeitet haben. Wir möchten all diesen hiermit unseren Dank aussprechen. Besonders möchten wir Herrn James Ferguson-Lees danken, der die Verbreitungskarten überarbeitete, sowie Herrn Lars Svensson, der viele neue Textzeichnungen angefertigt hat.

Bertel Bruun
Arthur Singer

Unseren geduldigen Frauen Ruth und Judy.

Vorwort des Bearbeiters

Als der Kosmos-Verlag mit der Bitte an mich herantrat, dieses Buch zu übersetzen und zu bearbeiten, war mein erster Gedanke: „Noch ein Vogelbuch!" Beim näheren Studium des Buches mußte ich jedoch feststellen, daß Darstellungen und Verbreitungskarten von anderen Vogelbestimmungsbüchern abweichen. Vor allem ist es sehr zu begrüßen, daß die Vögel nicht in einer Einheitshaltung abgebildet sind. Auch die Tatsache, daß von einer Art meist mehrere Kleider gezeigt werden und daß sämtliche Abbildungen farbig sind sowie nicht zuletzt die Darstellung typischer Haltungen einzelner Arten verleihen dem Buch seine besondere Note. Auch werden in ihm sämtliche regelmäßig in Europa vorkommenden Vogelarten farbig abgebildet.
Um den knappen Text noch informativer und übersichtlicher zu gestalten, habe ich ihn größtenteils völlig neu verfaßt. Das gilt nicht nur für die bisherige Ausgabe, sondern in ganz besonderem Maße für diese, durch weitere Arten textlich und bildmäßig erweiterte Auflage. Somit dürfte der „neue" KOSMOS-Vogelführer zum gegenwärtigen Zeitpunkt wohl das modernste Vogelbestimmungsbuch für Vögel Europas in deutscher Sprache und im Taschenformat sein.

Stuttgart — Claus König

Der Kosmos-Vogelführer

Wie benützen wir diesen Feldführer?

Unser Feldführer behandelt den europäischen Kontinent, begrenzt vom Atlantik, dem Mittelmeer, dem Bosporus, dem Schwarzen Meer, dem Kaukasus, dem Kaspischen Meer, dem Uralfluß und -Gebirge und den Meeren der Arktis. Die geographischen und klimatischen Verhältnisse sind sehr unterschiedlich, wenn man bedenkt, daß Klimazonen von den arktischen Gebieten im Norden bis zum Mittelmeer im Süden mit subtropischem Klima behandelt werden. Im Osten geht das behandelte Gebiet in das des asiatischen Kontinents über. Europa, große Teile Asiens und Nordafrikas bilden die palaearktische Region. Die hauptsächlichsten natürlichen Vegetationsgebiete sind auf der Karte gegenüber wiedergegeben. Die Verbreitung der Vögel scheint mit diesen natürlichen Regionen in Zusammenhang zu stehen, wenn auch landwirtschaftliche Bearbeitung zum Teil gewaltige Veränderungen hervorgerufen hat.
Dieses Buch umfaßt die Brutvögel Europas, die regelmäßigen Besucher und die Irrgäste, die in diesem Jahrhundert wenigstens fünfmal nachgewiesen wurden. Eine Liste äußerst seltener Irrgäste ist am Schluß des Buches angeführt. Unter den Brutvögeln sind auch solche Arten aufgeführt, die irgendwann einmal eingebürgert wurden und heute im europäischen Raum wild vorkommen.
Gegenwärtig scheint eine Tendenz zu bestehen, daß östliche und südöstliche Vögel ihr Verbreitungsgebiet weiter nach Westen und Nordwesten ausdehnen, wodurch die Liste der europäischen Vögel ständig ergänzt wird. Die gegenwärtige Vogelliste, die diesem Buch zugrunde liegt, bezieht sich im wesentlichen auf den Stand vom Dezember 1976.
Die deutschen Namen in diesem Feldführer richten sich im wesentlichen nach der Artenliste von NIETHAMMER/KRAMER/WOLTERS „Die Vögel Deutschlands". Gelegentlich wurden noch gebräuchliche Namen in Klammer beigefügt. Nach dem deutschen Namen folgt der wissenschaftliche Name. Dieser besteht aus zwei Teilen: dem Gattungsnamen und dem Artnamen.
Nahe verwandte Arten werden in Gattungen, nahe verwandte Gattungen in Unterfamilien, Unterfamilien in Familien und Familien in Ordnungen zusammengefaßt. Von einigen Arten werden mehrere Unterarten (Subspecies) unterschieden. Nur wenn Unterarten einer Art im Felde voneinander zu unterscheiden sind, werden sie in diesem Buch aufgeführt. Auch verschiedene Farbphasen können auftreten; diese beruhen gewöhnlich nicht auf geographischer Variation, wenn auch der Anteil bestimmter Farbphasen in verschiedenen Regionen unterschiedlich hoch sein kann. Wenn bei einer Art verschiedene Farbphasen auftreten, so werden sie in diesem Buch erwähnt.
Die Anordnung der Vogelarten folgt im allgemeinen der gültigen systematischen Einteilung. Ausnahmen davon wurden dann gemacht, wenn es aus Gründen einer leichteren Bestimmung zweckmäßig erschien, ähnliche, aber nicht näher verwandte Formen miteinander zu behandeln und auf einer Seite abzubilden.
Auf einer Doppelseite sind stets Text, Verbreitungskarte und Abbildung jeder behandelten Vogelart zu finden.
Im Text werden neben deutschen und wissenschaftlichen Namen die wichtigsten Kennzeichen mit Gesamtlänge und in einigen Fällen Flügelspannweite, Stimme und Lebensraum (Biotop) der einzelnen Arten behandelt. Dabei werden folgende Abkürzungen verwendet:

Natürliche Vegetationsgebiete

Aus *The Odyssey World Atlas*
mit Genehmigung der Golden Press, Inc., New York

K: Kennzeichen
L: Gesamtlänge von der Schnabelspitze bis zur Schwanzspitze
Sp: Flügelspannweite
St: Stimme
B: Biotop (Lebensraum)
W: Wanderungen
♂: Männchen
♀: Weibchen
imm.: unausgefärbt (immaturus)
juv.: jung (juvenil)
ad.: erwachsen (adult)

In jede behandelte Ordnung oder Familie wird kurz eingeführt. Wo es notwendig erscheint, wird auch bei kleineren Gruppen ein einleitender Text vorangesetzt. Die Abbildung zeigt das alte Männchen im Brutkleid. Wenn das Ruhekleid anders gefärbt ist, so wird auch dieses abgebildet. Wenn Weibchen und jüngere Vögel anders gezeichnet sind als das Männchen, so sind diese ebenfalls abgebildet. Ebenso sind verschiedene Farbphasen dargestellt. Vögel, die man oft im Fluge sieht, sind in typischen Flugbildern zu sehen. In einigen Fällen sind zu Vergleichszwecken ähnliche Arten dargestellt.

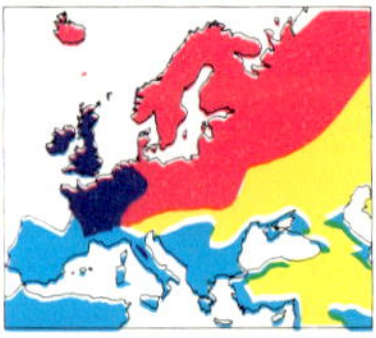

Die Verbreitungskarten zeigen Überwinterungsgebiete in Blau, Brutgebiete in Rot und Gebiete, in denen der Vogel das ganze Jahr über vorkommt, in Violett. Zuggebiete sind in Gelb dargestellt. Veränderliche Grenzen der Winter- bzw. Sommerverbreitung sind als gestrichelte blaue oder rote Linien dargestellt, veränderliche Zuggrenzen als durchgezogene gelbe Linie.

Girlitz

Kopf des Sommergoldhähnchens

Flügel der Stockente

von unten

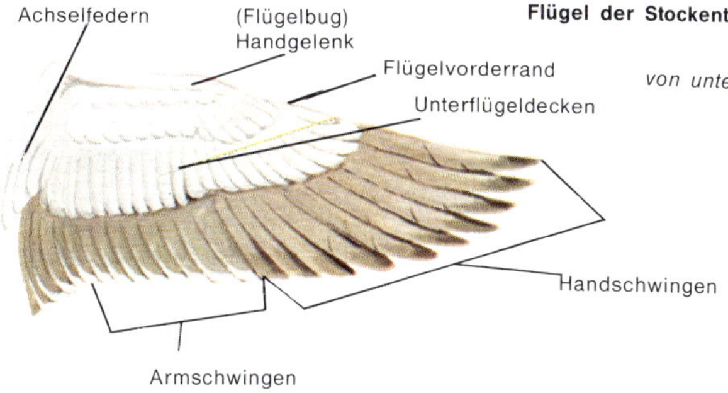

von oben

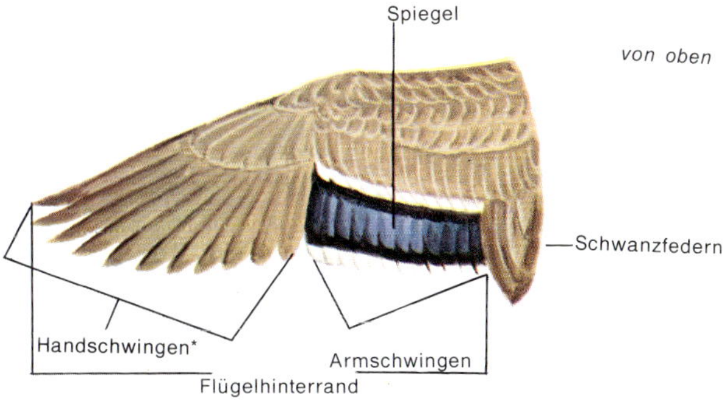

* Die einzelnen Handschwingen werden fortlaufend numeriert (s. z.B. S. 231)

Wir bestimmen Vögel

Die Größe eines Vogels ist sehr wichtig. Nicht selten sind zwei Arten in der Färbung so wenig verschieden, und die Entfernung ist so groß, daß wir feinere Bestimmungsmerkmale nicht erkennen können. Dann ist die Größe des Vogels von Bedeutung, wenn man beispielsweise an die Unterscheidung von Sing- und Zwergschwan denkt. Manchmal ist es schwierig, die Größe exakt zu schätzen, und daher sehr wichtig, andere Objekte in der Nähe zu haben, besonders andere, dem Beobachter bekannte Vogelarten, um die unbekannte Art mit diesen bezüglich ihrer Größe zu vergleichen. Wir sollten auch stets daran denken, daß unter bestimmten Bedingungen, zum Beispiel bei nebligem Wetter, die Vögel größer aussehen als bei Sonnenschein.

Die Silhouette eines Vogels ist vielfach von Bedeutung, vor allem bei großer Entfernung oder bei Gegenlicht, wenn Farben nicht zu erkennen sind. Die nebenstehenden Skizzen einer Stockente und einer Löffelente zeigen die großen Unterschiede in der Silhouette zwischen zwei sonst recht ähnlichen Arten. Bei fliegenden Vögeln ist die Silhouette des Flugbildes sehr wichtig, besonders wenn es sich um Greifvögel handelt. Die unterschiedliche Form der Flügel von Sperber und Turmfalk lassen beide selbst bei schlechtesten Beobachtungsbedingungen unterscheiden. Im allgemeinen sollten wir uns die Proportionen und die Form von Schnabel, Kopf und Hals, der Flügel, der Beine und des Schwanzes einprägen bzw. notieren.

Die Färbung der Vögel ist wichtig. Nicht selten sind aber die diagnostisch gefärbten Zonen eines Vogels, an denen man besonders interessiert ist, nicht sichtbar, wie

Singschwan

Zwergschwan

Stockente

Löffelente

Sperber

Falke

z. B. der Spiegel einer Ente, wenn dieser Vogel sitzt.
Wenn die Färbung und Gefiederzeichnungen eines Vogels beschrieben werden, so ist es notwendig zu wissen, wie die einzelnen Teile des Vogelkörpers benannt werden. Auf der Abbildung auf Seite 9 sind die für die Bestimmung wichtigen Zonen am Vogelkörper bezeichnet.
Es gibt zahllose Beispiele dafür, wie wichtig für die Bestimmung Gefiederzeichnungen sind. Hier sind nur zwei dargestellt: nämlich das Merkmal des gestreiften Rückens und Oberkopfes, das den Schilfrohrsänger vom Teichrohrsänger unterscheidet. Ebenso ist die weiße Binde am Hinterrand der Flügel ein gutes Feldkennzeichen, um die Kalanderlerche von der Feldlerche zu unterscheiden. In einigen Fällen sind Form und Farbe von Auge, Schnabel und Beinen wichtige Hilfsmittel bei der Bestimmung.
Viele Vögel bewegen sich in charakteristischer Weise. Erfahrene Beobachter können nicht selten eine Art auf „Anhieb" nur an den Bewegungen erkennen. So „marschiert" ein Star aufrecht auf dem Boden umher, während eine Amsel geduckt dahinrennt oder in größeren Sprüngen hüpft. Der Buchfink hüpft von Zweig zu Zweig, während die Kohlmeise geschickt umherklettert und dabei nicht selten mit dem Körper nach unten hängt. Auf dem Wasser schwimmt das Teichhuhn ständig mit nickenden Kopfbewegungen und zuckt dabei nicht selten mit dem aufgerichteten Schwanz, während das Bläßhuhn anders im Wasser liegt.
Die Flugweisen einzelner Vogelarten sind sehr unterschiedlich. So fliegen Spechte beispielsweise in Wellenform, während der Flug der Stare geradeaus geht. Auch die Art des Flügelschlags ist unterschied-

Teichrohrsänger Schilfrohrsänger

Feldlerche Kalanderlerche

Star Amsel

Meise Fink

Bläßhuhn Teichhuhn

lich. So fliegen Schwalben graziös hin und her mit wenigen, leichten Schwingenschlägen, die von Gleiten unterbrochen werden, während ein Mauersegler mit schnellen, kräftigen Schlägen seiner sichelförmigen Flügel und rasantem Segeln dahinjagt.

Segler Schwalbe

Vogelstimmen

Die Kenntnis von Vogelstimmen ist für die Bestimmung sehr wichtig, da diese nicht selten die einzigen sicheren Feldunterscheidungsmerkmale zwischen nah verwandten und sehr ähnlichen Formen darstellen. Erfahrene Vogelkundler verwenden Vogelstimmen ebensooft als Erkennungsmerkmale, wie sie auf Formen oder Farben achten.

Die meisten Vögel singen nur im Frühling und Frühsommer. Sehr viele Arten tragen ihre Gesänge in einer charakteristischen Weise vor, gewöhnlich von einer besonderen Singwarte aus. Diese kann versteckt sein wie bei der Nachtigall oder an exponierter Stelle wie bei einer Drossel. Einige, zum Beispiel die Gartengrasmücke, singen beim Umherschlüpfen im Gebüsch, andere wiederum, wie die Dorngrasmükke, haben einen charakteristischen Singflug.

Neben dem Gesang lassen die Vögel noch eine Reihe anderer Laute hören. Nicht selten sind die Rufe genauso charakteristisch wie die Gesänge, und man kann zum Beispiel eine ganze Reihe von Nachtziehern an ihren Flugrufen erkennen.

Es ist sehr schwierig, Gesänge und Rufe zu beschreiben. Eine interessante neue Methode ist es, den Gesang in Form eines Klangspektrogramms darzustellen, wie dies hier an zwei Beispielen gezeigt wird. Das Lesen solcher Spektrogramme verlangt aber einige Übung.

Gartengrasmücke

Dorngrasmücke

Gelbspötter

Die beste Methode, um Vogelstimmen kennenzulernen, ist es, wenn uns ein erfahrener Beobachter bei vogelkundlichen Wanderungen entsprechende Erläuterungen gibt. Außerdem können wir uns eine Reihe von Vogelstimmen-Aufnahmen zu Hause anhören, die auf Schallplatten aufgenommen wurden.

Das Klangspektrogramm ist eine Aufzeichnung von Tonhöhe in Kilohertz (KC) und Zeit in Sekunden (sec). Oben Ruf des Fasans, unten Gesang der Feldlerche.

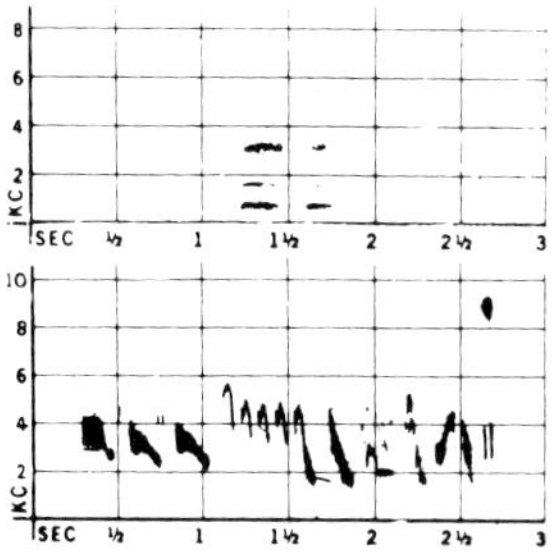

Was wir bei der Bestimmung beachten müssen

Neben den äußeren Merkmalen und dem charakteristischen Verhalten jeder Art können noch eine Reihe anderer Faktoren eine wichtige Rolle bei der Bestimmung spielen. Wenn diese allein auch nicht von diagnostischem Wert sind, so stellen sie doch bei der Bestimmung eine wertvolle Hilfe dar. So ist zum Beispiel wichtig, wo ein Vogel beobachtet wurde. Es werden daher in diesem Buch nur solche Vogelarten behandelt, die irgendwann einmal in Europa nachgewiesen wurden. Stößt ein Vogelbeobachter nun innerhalb Europas auf eine Vogelart, die nicht in diesem Buch enthalten ist, so muß er zunächst an einen aus der Gefangenschaft entwichenen Vogel denken. In solchen Fällen empfiehlt es sich, nach Möglichkeit einen erfahrenen Ornithologen hinzuzuziehen und die Beobachtung mit genauen Daten und Beschreibung einer Vogelwarte oder Vogelschutzwarte mitzuteilen.

Die Jahreszeit spielt bei der Vogelbestimmung eine große Rolle. So lassen sich bereits zu einem bestimmten Zeitpunkt beobachtete Vogelarten ausschließen. So sieht man zum Beispiel mitten im Winter in den nordskandinavischen Wäldern keine Laubsänger, und es ist unwahrscheinlich, im Sommer im südlichen Europa Bergfinken anzutreffen. Die in diesem Buch enthaltenen Verbreitungskarten werden uns daher eine große Hilfe sein.

Abschließend sei noch einmal daran erinnert, daß es äußerst wichtig ist, ungewöhnliche Beobachtungen zu notieren, diese mit erfahrenen Vogelbeobachtern zu besprechen und gegebenenfalls an ein ornithologisches Institut zu melden. Überhaupt sollte jeder Vogelbeobachter ein Tagebuch führen, in dem er all seine Beobachtungen mit möglichst genauen Angaben notiert. Es wäre ferner äußerst sinnvoll, wenn er sich einer ornithologischen Arbeitsgemeinschaft anschließen würde.

Vogelzug

Wenn auch keineswegs alle Vögel wandern, so ist das Phänomen des Vogelzugs so weit verbreitet und spielt auch in der Feldornithologie eine so große Rolle, daß eine Einführung dazu auch in einem solchen Bestimmungsbuch durchaus gerechtfertigt sein dürfte.

Einige Vogelarten bleiben während des ganzen Jahres in ihrem Brutgebiet, sie sind *Jahresvögel.* Das schließt jedoch nicht aus, daß einzelne Individuen dieser Vogelarten innerhalb eines bestimmten Areals umherstreichen. Andere Arten sind *Teilzieher,* das bedeutet, daß ein Teil der Population im Winter südwärts wandert, während die andere im Brutgebiet bleibt, bzw. nur unwesentlich umherstreicht. In Europa ist es meistens so, daß die nordöstlichsten Populationen wegen der wesentlich härteren Winterbedingungen südwärts wandern. Ausgesprochene Zugvögel dagegen, die wir meist *Sommervögel* nennen, verlassen ihr Brutgebiet im Herbst vollständig. Wir bezeichnen sie deshalb als Sommervögel, weil sie nur im Sommerhalbjahr in den Brutgebieten anzutreffen sind.

Viele Zugvögel ziehen südwärts, schon lange ehe Wetterbedingungen und Nahrungsknappheit sie dazu zwingen (zum Beispiel Pirol, Mauersegler und Fliegenschnäpper). Andere dagegen ziehen erst dann weg, wenn sie durch Schnee und Eis dazu gezwungen werden.

Die physiologischen Ursachen für den Vogelzug sind immer noch nicht vollständig erforscht. Viele Untersuchungen haben aber ergeben, daß die Tageslänge, die sich ja im Laufe des Jahres kontinuierlich ändert, von großer Bedeutung ist, da durch sie die Hormonproduktion angeregt wird, die die Zugunruhe auslöst. Ehe der Zug einsetzt, speichern die Zugvögel Energie, hauptsächlich in Form von Fett, um die weite Reise überstehen zu können.

Zahlreiche Versuche haben gezeigt, daß sich viele Vogelarten während des Zuges anhand der Sterne orientieren, andere sich am Tage nach der Sonne richten. Auch das Landschaftsbild dient der Orientierung. Nach einigen neueren Untersuchungen spielt vor allem das erdmagnetische Feld bei der Orientierung von Nachtziehern eine sehr wesentliche Rolle.

Die meisten europäischen Zugvögel ziehen im Herbst in südwestlicher Richtung. Wie aus den Verbreitungskarten zu entnehmen ist, gibt es eine Reihe von Ausnahmen zu dieser allgemeinen Regel, zum Beispiel die Kappenammer, die im Herbst ostwärts wandert. Wenn im Frühling die Zugvögel zurückkehren, so kommen sie in Westeuropa früher an als im Osten oder gar im Zentrum. Die Zeit des Zuges schwankt sehr stark, aber allgemein vollzieht sich der Frühjahrszug in kürzerer Zeit als der Herbstzug. Außerdem ziehen die Arten, die erst spät im Frühjahr zurückkehren, schneller als die, die bereits im zeitigen Frühjahr in Europa eintreffen.

Während viele europäische Brutvögel im Winter südwärts ziehen, gibt es in Europa einige Vogelarten, die auf der Südhalbkugel der Erde brüten und auf dem Nordatlantik überwintern. Der Winter dieser Vögel ist jedoch unser Sommer. Zu diesen Arten gehören beispielsweise die Buntfüßige Sturmschwalbe und der Große Sturmtaucher.

Eine andere Art des Vogelzuges sind die vertikalen Wanderungen von Bergvögeln, die im Winter in Täler ziehen. Mit dem vorher behandelten Vogelzug haben diese Wanderungen jedoch nichts zu tun, da sie lediglich ein Ausweichen vor ungünstigen Witterungsverhältnissen darstellen.

Ebenso sind Invasionen vom Vogelzug zu unterscheiden. Bestimmte Arten

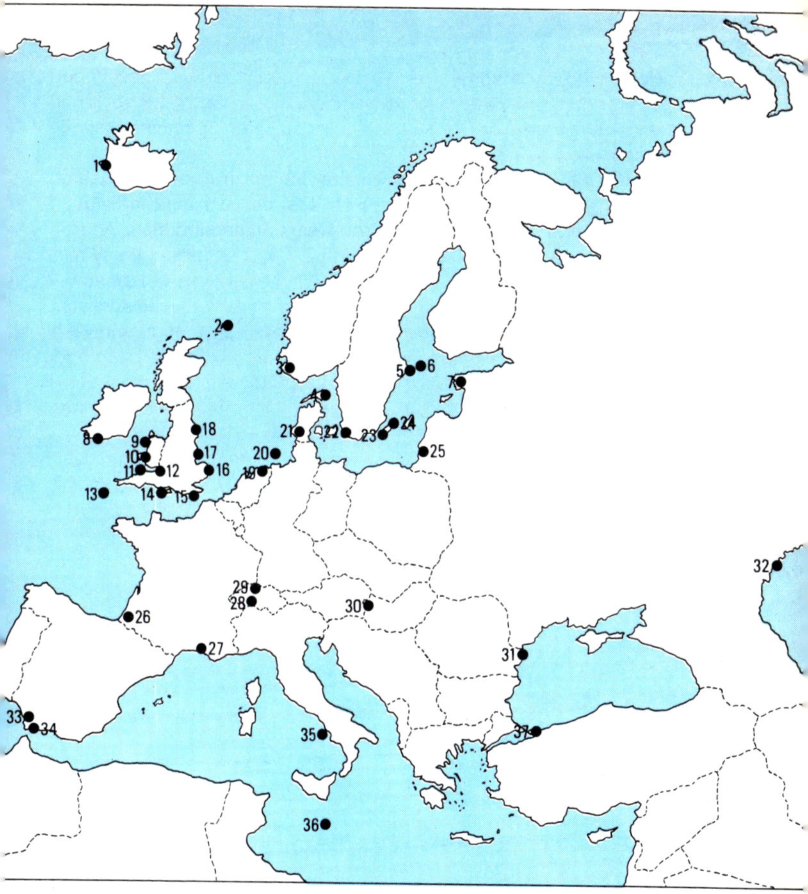

Einige der wichtigsten Orte zur Beobachtung des Vogelzuges

1 Reykjanes
2 Fair Isle
3 Revtangen
4 Skagen
5 Skatudden
6 Signilskär
7 Puhtu
8 Cape Clear
9 Bardsey
10 Skokholm
11 Lundy
12 Slimbridge
13 Scilly-Inseln
14 Portland Bill
15 Dungeness
16 Cley
17 Gibraltar Point
18 Spurn Head
19 Texel
20 Helgoland
21 Blavands Huk
22 Falsterbo
23 Ottenby
24 Kalmarsund
25 Rossitten
26 Biarritz
27 Camargue
28 Col de Bretolet
29 Sempach
30 Neusiedlersee
31 Donau-Delta
32 Wolga-Delta
33 Guadalquivir-Delta
34 Gibraltar
35 Capri
36 Malta
37 Bosporus

wie zum Beispiel der Fichtenkreuzschnabel, der Tannenhäher und der Seidenschwanz gehören dazu. Diese Arten erscheinen dann in großer Zahl bei uns, wenn in ihren nördlichen und nordöstlichen Brutgebieten eine Brutsaison mit überdurchschnittlichem Bruterfolg war. Fichtenkreuzschnäbel brüten bei uns dann sehr zahlreich, wenn in den Fichtenwäldern ein reiches „Zapfenjahr" ist. Ein anderes Phänomen ist das ungerichtete Umherstreichen junger Vögel kurz nach der Brutsaison und vor dem eigentlichen Wegziehen. Man kann dieses besonders bei jungen Reihern beobachten.
Die meisten Vögel ziehen in breiter Front, aber einige zeigen eine Tendenz,

Im Gegensatz zu den meisten europäischen Vögeln zieht die Kappenammer, die die Balkanländer bewohnt, im Herbst ostwärts.

sich in bestimmten Gebieten zu konzentrieren, wo sie leicht zu beobachten sind. Bei nebligem oder stark wolkigem Wetter werden Nachtzieher häufig von Leuchttürmen oder von den Lichtern der Städte angezogen. Man kann dann ihre Zugrufe hören und nicht selten eine Menge von Vögeln beobachten, die auf dem Boden landen. Viele Zugvögel folgen der Küstenlinie und sammeln sich dort, wo sie das Meer überqueren müssen, meist in großer Zahl. Solche Stellen sind Falsterbo in Südschweden, der Bosporus und die Küstengebiete Südspaniens. Wenn Zugvögel höhere Gebirge überqueren müssen, so konzentrieren sie sich in den Tälern.
Meeres- und andere Wasservögel können sich ebenfalls an bestimmten Küstenstrichen konzentrieren und in ungeheueren Zahlen an besonders günstigen Nahrungsplätzen rasten.
Während des Zuges werden einzelne Vögel nicht selten durch ungünstige Witterungsbedingungen in Gebiete verschlagen, in denen sie normalerweise nie vorkommen. Vor allem während der Herbstzugzeit kann man ornithologische „Raritäten" besonders auf Inseln und in Vorgebirgen beobachten, da diese die Vögel aus weitem Umkreis anziehen.
Eine Karte mit wichtigen Vogelbeobachtungsstationen und Gebieten, die für die Vogelzugbeobachtung von Bedeutung sind, ist auf Seite 15 abgebildet.

Vogelkundliche Studien

Der Zweck dieses Buches ist es, dem Feldbeobachter zu helfen, Vögel zu bestimmen. Die Vogelbestimmung ist aber kein Selbstzweck, sondern nur ein wichtiges Hilfsmittel für weitere Studien auf dem Gebiet der Vogelkunde. Das Bestimmen der Vögel macht sicherlich Freude, aber ein reines „Sammeln von Arten“ hat wenig Sinn, es sei denn, es ist Bestandteil einer speziellen Untersuchung.

Vögel können wir fast überall während des ganzen Jahres beobachten. Dazu

Die Kohlmeise besetzt häufig Nistkästen und besucht im Winter Futterplätze.

benötigen wir meist wenig Ausrüstung, das heißt, in den meisten Fällen genügen ein Fernglas, ein Bleistift und ein Notizbuch.

Wenn im Frühling das Wetter besser wird, kehren die Zugvögel zurück, und die Wintergäste ziehen nach Norden ab. Abzugs- und Ankunftsdaten sind wichtig und interessant. Einige Arten kommen Jahr für Jahr am gleichen Ort und zur selben Zeit an, andere dagegen sind weniger „pünktlich“. Einige kommen am Tage, andere bei Nacht an; einige einzeln, andere paarweise, wiederum andere in Trupps. Manche sind sehr stark vom Wetter abhängig, andere weniger. Auch die Jahresvögel verändern ihr Verhalten im Frühjahr, sie besetzen ihre Reviere und lassen ihre Gesänge hören. Manche haben kleine Reviere, andere wiederum sehr große. Einige verteidigen sie nur gegen Vertreter der eigenen Art, andere gegen alle gefiederten Eindringlinge. Einige bevorzugen Gärten, weitere Felder, manche Wälder. Hier bietet sich dem Vogelkundler bereits ein weites Betätigungsfeld mit interessanten Fragestellungen.

Wenn die Vögel anfangen zu singen, so können wir unser Arbeitsgebiet beträchtlich erweitern. Warum singt der Vogel? Sind individuelle Unterschiede im Gesang festzustellen? Wann singt er? Wie oft? Was beeinflußt den Gesang? Steht uns ein Tonbandgerät zur Verfügung, so können wir Gesangsaufnahmen machen und vergleichen. Wenn das Männchen durch seinen Gesang ein Weib-

chen herbeigelockt hat, beginnt eine neue Phase. Wahl des Brutplatzes, Nestbau, Eiablage, Bebrütung, Schlüpfen und Aufzucht folgen nach und nach.
Zu dieser Zeit gibt es zahllose Möglichkeiten für interessante Studien und Beobachtungen. Das Verhalten von Vögeln in verschiedenen Situationen ist meist sehr unterschiedlich. Was veranlaßt beispielsweise einen Vogel, einen bestimmten Zweig für den Nistplatz auszusuchen? Wie ist das Nest gebaut? Aus was? Wie lange dauert der Nestbau? Wer beteiligt sich am Nestbau? Und dann das Gelege: Wann werden die Eier gelegt? Wie stark ist die Gelegegröße? Wer brütet und wie lange? Wie reagiert der Vogel auf Feinde, die das Nest bedrohen? Wie viele Junge schlüpfen? In welcher Reihenfolge? Wann beginnen die Eltern sie zu füttern? Wie oft? Wieviel? Was für eine Nahrung wird verfüttert? Wie viele der Jungen kommen zum Ausfliegen? Wann verlassen sie das Nest? Wie lange bleiben sie mit den Eltern zusammen? Wie viele Bruten macht die Art im Jahr?

Die Brutbiologie des Trauerschnäppers konnte durch das Aufhängen von Nistkästen genau studiert werden.

Alle diese Fragen können wir beantworten, wenn wir die Vögel in der Brutzeit intensiv beobachten. Eine andere interessante Frage ist es festzustellen, wie viele Vögel in einem bestimmten Gebiet vorkommen. Wenn man solche Zählungen über mehrere Jahre hinaus durchführt, so kann sehr viel wichtiges Informationsmaterial gesammelt werden, aufgrund dessen es möglich sein dürfte, die Faktoren zu ermitteln, die die jährlichen Schwankungen verursachen. Solche Studien sind zum Beispiel in der Grundlagenforschung im Vogelschutz sehr wichtig. Künstliche Nisthöhlen, die man aufhängen kann und die von einer Reihe von Höhlenbrütern gern angenommen werden, sind nicht selten wichtige Hilfsmittel bei solchen Untersuchungen. Bei manchen wissenschaftlichen Untersuchungen werden Farbringe benutzt, die in verschiedener Kombination um die Beine der Versuchsvögel gelegt werden, so daß man sie selbst aus größerer Entfernung individuell erkennen kann. Die Verwendung von Farbringen ist jedoch ernsthaft arbeitenden Ornithologen vorbehalten und bedarf, wie die Vogelberingung überhaupt, einer besonderen Genehmigung.

Beim Beringen werden die Vögel mit Aluminiumringen, auf denen eine Nummer und die Anschrift der Beringungsstation notiert ist, markiert. Mit solchen Ringen werden sowohl Altvögel als auch Nestlinge beringt. Die Vogelberingung ist ein wichtiges Hilfsmittel, um verschiedene Fragen in der Biologie der Vögel zu studieren: nämlich ob die Vögel wandern, wohin, wann und wie? Auch die Lebenserwartung und – wenn genügend Vögel beringt werden – auch die Zusammensetzung einer Population kann man durch die Vogelberingung ermitteln.

Wenn die nächste Generation aufgezogen ist, beginnt eine neue Phase, nämlich der Herbstzug. Dieser wiederum bietet eine Menge von Beobachtungsmöglichkeiten. So zum Beispiel die Zusammensetzung von Populationen, die sich durch das Verschwinden einiger Arten und die Ankunft anderer ändert. Es tauchen dann dieselben Fragen auf wie beim Frühlingszug.

Es gibt eine Reihe von Plätzen, an denen man den Vogelzug am Tage sehr gut beobachten kann, und hier erheben sich eine Reihe von Fragen: Zu welcher Tageszeit? Wie viele Arten und Individuen sind beteiligt? Wie hoch fliegen sie? Wie schnell? In welcher Richtung?

Wenn die Zugzeit vorüber ist, stehen die Jahresvögel vor der Aufgabe, den Winter mit Nahrungsmangel, Kälte, Schnee und Eis zu überleben. Manche ändern ihre Lebensweise vollkommen, und hier gibt es eine ganze Menge zu studieren. Wovon ernähren sie sich? Wo? Wann? Wie und wo schlafen sie? Haben sie bestimmte Schlafplätze und ab wann bzw. wie lange benutzen sie diese?

Zu dieser Jahreszeit kommen viele Vögel an Futterstellen, um ihren Hunger zu stillen. Der Zuflug ist besonders stark bei schlechtem Wetter. Am Futterplatz ist es möglich, die Vögel aus nächster Nähe zu beobachten und ihre Verhaltensweisen sowie ihre Ernährungsweise zu studieren. Gibt es eine Hierarchie unter den einzelnen Arten am Futterplatz? Ändert sich diese? Wann kommen sie zum Fressen? Wieviel verzehren sie? Welchen Einfluß hat das Wetter auf die futtersuchenden Vögel?

Solche Futterstellen bieten oft hervorragende Möglichkeiten, Vögel zu fotografieren. Mit einem mittleren Teleobjektiv kommt man hier meist ohne viel Mühe zu recht brauchbaren Bildern. Ein Stativ sollte man in jedem Fall verwenden.

Der Anfänger in der Vogelkunde tut gut daran, sich möglichst bald ornithologischen Gruppen oder Arbeitsgemeinschaften anzuschließen. Hier erfährt er viel Wissenswertes, vor allem, wie er sich zu verhalten hat und wo er am besten Vögel beobachtet. Auch über die Führung eines ornithologischen Tagebuches kann er sich unterrichten lassen. Selbstverständlich ist es unumgänglich, daß er sich im Laufe der Zeit mit einschlägiger Literatur über die europäische Vogelwelt vertraut macht.

Fast in jedem Land gibt es ornithologische Vereinigungen. In Deutschland beispielsweise die *Deutsche Ornithologen-Gesellschaft*, die *Ornithologische Gesellschaft in Bayern* und den *Deutschen Bund für Vogelschutz*. In diese Gesellschaften oder in eine derselben wird jeder Ornithologe, der die Vogelkunde entweder als Hobby oder als Beruf betreibt, einmal eintreten. Die Mitgliedschaft im Deutschen Bund für Vogelschutz sollte eigentlich für jeden Vogelkundler selbstverständlich sein, denn ein Studium der Vögel ist nur dann möglich, wenn auch für ihre Erhaltung gesorgt wird.

Seetaucher

(Ordnung Gaviiformes, Familie Gaviidae). Beine sitzen weit hinten am Körper, Zehen durch Schwimmhäute verbunden. Brüten an Süßwasserseen oder auf Inseln in diesen. Meist zwei olivfarbene, dunkelgefleckte Eier. Nahrung hauptsächlich Fische.

Prachttaucher

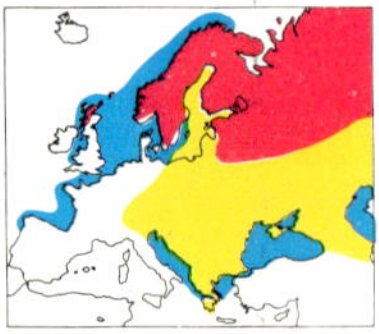

Prachttaucher *Gavia arctica* **K:** Im Brutkleid mit schwarzem Vorderhals, schwarz und weiß längsgestreiften Halsseiten und aschgrauem Oberkopf. Oberseite schwärzlich mit weißen Querbinden auf den Schultern und auf dem Vorderrücken. Ruhekleid oberseits dunkelbraun mit manchmal helleren Federrändern. Kopf und Oberhals dunkel aschgrau. Jugendkleid ähnlich Ruhekleid, oberseits aber meist deutlich geschuppt. Schnabel gerade. **L:** Um 60 cm. **St:** Bellende und jaulende Rufe. **B:** Größere Binnengewässer. Außerhalb der Brutzeit auf Gewässern aller Art. **W:** Überwiegend Teilzieher.

Sterntaucher

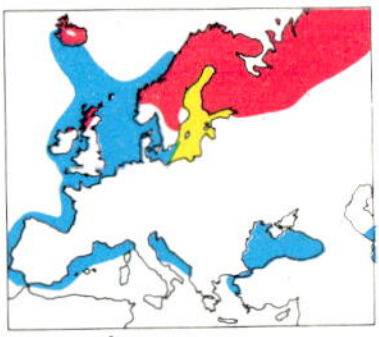

Sterntaucher *Gavia stellata* **K:** Im Brutkleid Kehle und Vorderhals scharf begrenzt rotbraun. Rücken dunkelbraun und spärlich weiß gefleckt. Ruhekleid oberseits dunkel-graubraun mit feiner weißer Fleckung, Unterseite weißlich. Jugendkleid ähnlich Ruhekleid. Schnabel leicht aufgeworfen. Beim Schwimmen zeigt die Schnabelspitze etwas nach oben. **L:** Um 60 cm. **St:** Gokkende und jauleede Rufe. **B:** Binnengewässer mit Ufervegetation. Außerhalb der Brutzeit auf Gewässern aller Art. **W:** Teilzieher. Hält sich außerhalb der Brutzeit vielfach in den Küstengebieten auf.

Eistaucher

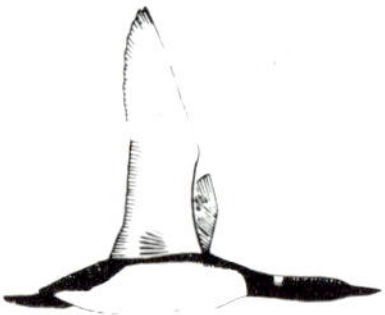

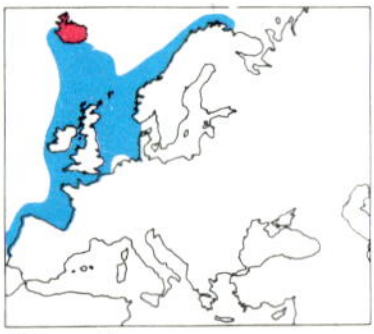

Eistaucher

Eistaucher *Gavia immer* **K:** Deutlich größer als Stern- und Prachttaucher. Schnabel kräftig und gerade. Im Brutkleid mit schwarzem Kopf und Hals sowie mit schwarz-weißer Kehle und Halsbinde. Oberseite mit weißen Querbinden. Unterseite weißlich. Ruhekleid oberseits dunkel graubraun, Unterseite weißlich. **L:** Etwa 70 bis 80 cm. **St.:** Ähnlich den übrigen Seetauchern. **B:** Zur Brutzeit große und tiefe Binnenseen. Außerhalb der Brutzeit vor allem an der Meeresküste, aber auch auf anderen Gewässern. **W:** Überwiegend Teilzieher, der vor allem an den Meeresküsten überwintert, gelegentlich im Binnenland.

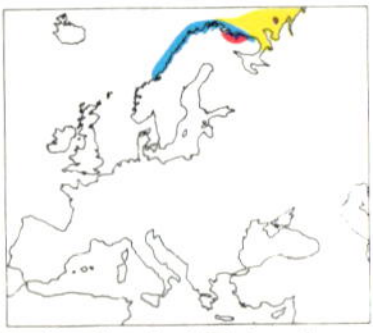

Gelbschnabel-Eistaucher

Gelbschnabel-Eistaucher *Gavia adamsi* **K:** Ähnlich Eistaucher, aber mit gelblichem, leicht aufgeworfenem Schnabel. **L:** Etwa 70 bis 80 cm. **St** und **B:** ähnlich Eistaucher. **W:** Überwiegend Teilzieher, der hauptsächlich an den skandinavischen Küsten überwintert.

Kormoran
Tauchente
Säger
Seetaucher
Lappentaucher
Prachttaucher
Ruhekleid
Brutkleid
Sterntaucher
Ruhekleid
Brutkleid
imm.
Eistaucher
Ruhekleid
Brutkleid
imm.
Gelbschnabel-Eistaucher
Ruhekleid
Brutkleid

Lappentaucher (Ordnung Podicipediformes, Familie Podicipedidae)

haben Schwimmlappen an den Zehen. Nest meist aus schwimmenden Pflanzenstoffen.

Haubentaucher

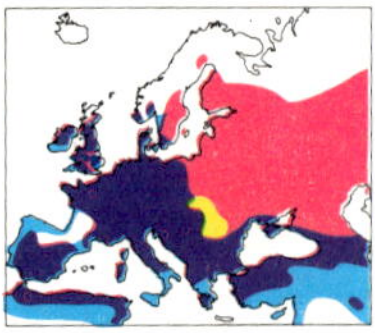

Haubentaucher *Podiceps cristatus* **K:** Im Brutkleid mit rostfarbener, schwarz-braun gesäumter Halskrause und schwarzer in zwei Zipfeln auslaufender Haube. Im Ruhekleid Haube nur angedeutet. Jugendkleid ähnlich Ruhekleid, Wangen- und Halsseiten jedoch längsgestreift. **L:** Um 58 cm. **St:** Quorrende und gockende Laute. **B:** Nicht zu kleine Binnengewässer mit Verlandungszonen. Kommt auch an die Küste. **W:** Teilzieher.

Rothalstaucher

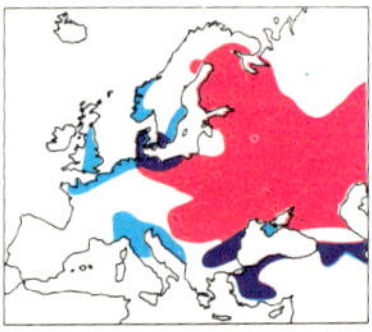

Rothalstaucher *Podiceps griseigena* **K:** Zur Brutzeit mit grauweißen Wangen und schwarzem Oberkopf. Hals rotbraun. Ruhekleid mit grau-bräunlichem Hals. Jugendkleid ähnlich Ruhekleid, aber mit gestreiften Kopf- und Halsseiten, ohne hellen Überaugenstreif. **L:** Um 43 cm. **St:** Keckernde und quakende Laute sowie Wiehern. **B:** Hauptsächlich verlandende Seen und Teiche. Außer der Brutzeit auch an der Küste. **W:** Teilzieher.

Ohrentaucher

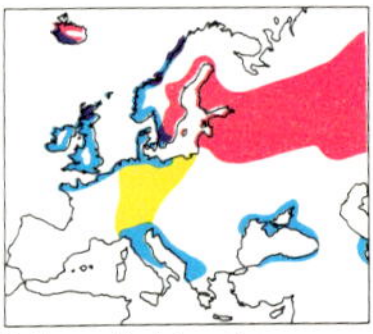

Ohrentaucher *Podiceps auritus* **K:** Brutkleid mit schwarzem Kopf und goldfarbenen Ohrbüscheln. Hals rotbraun. Schnabel gerade. Im Ruhekleid ohne Ohrbüschel mit dunkler Kopfplatte und scharf abgesetzten weißen Wangen. **L:** Um 35 cm. **St:** Zur Brutzeit trillernde Laute. **B:** Binnengewässer mit Verlandungszonen. **W:** Teilzieher.

Schwarzhalstaucher

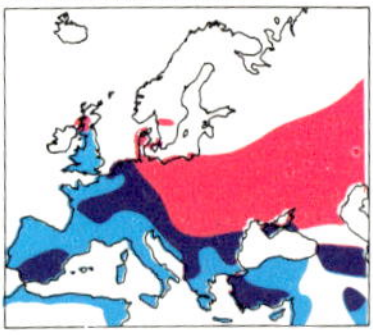

Schwarzhalstaucher *Podiceps nigricollis* **K:** Brutkleid oberseits schwarz mit goldfarbenem Ohrbüschel. Hals schwarz, Flanken bräunlich. Ruhekleid ähnlich Ohrentaucher, aber Wangen nicht so scharf abgesetzt weiß, sondern an den Rändern grau verwaschen. Jugendkleid ähnlich Ohrentaucher. Schnabel stets leicht aufgeworfen. **L:** 30 cm. **St:** Zur Brutzeit einen aus Doppellauten zusammengesetzten Triller. **B:** Binnengewässer mit reicher Ufervegetation. **W:** Teilzieher.

Zwergtaucher

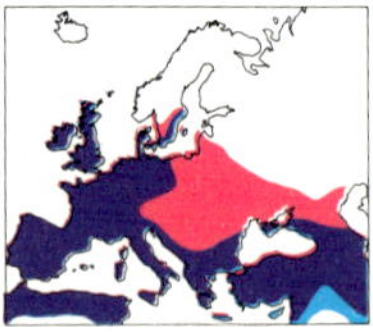

Zwergtaucher *Podiceps ruficollis* **K:** Zur Brutzeit überwiegend schwärzlich-braun mit relativ kurzem, rötlichbraunem Hals. Schnabelwinkel gelblich. Ruhekleid oberseits dunkel graubraun, Kehle und Hals hell graubraun, Unterseite weißlich. **L:** 27 cm. **St:** Zur Brutzeit metallische Triller. **B:** Binnengewässer mit Verlandungszonen. **W:** Teilzieher.

Bindenschnabeltaucher *Podilymbus podiceps* Seltener Irrgast aus Amerika. Hat kräftigen, kükenartigen Schnabel mit dunkler Binde.

Haubentaucher
Ruhekleid
Brutkleid
Balz
Rothalstaucher
Ruhekleid
Brutkleid
Ohrentaucher
Ruhekleid
Brutkleid
Ohrentaucher
Schwarzhalstaucher
Ruhekleid
Brutkleid
Schwarzhalstaucher
Zwergtaucher
Ruhekleid
Brutkleid
Bindenschnabeltaucher
juv. teilweise
untergetaucht

Sturmvögel und Albatrosse

(Ordnung Procellariiformes) haben röhrenförmig verlängerte Nasenöffnungen. Sie sind Meeresvögel, die nur zum Brüten entlegene Inseln und Küsten aufsuchen. Meist Koloniebrüter.

Familien der „Röhrennasen", die vor den europäischen Küsten vorkommen:

ALBATROSSE (Familie Diomedeidae), große Vögel, zu denen die größten überhaupt fliegenden Vogelarten gehören, mit langen, schmalen Flügeln.

STURMVÖGEL und **STURMTAUCHER** (Familie Procellariidae). Wesentlich kleiner als Albatrosse. Der Schnabel ist im allgemeinen dünner als bei Albatrossen.

STURMSCHWALBEN (Familie Hydrobatidae) sind kleine Vögel, meist nur wenig größer als Schwalben. Die Schnäbel sind kurz und die Beine relativ lang.

Albatrosse

sind hauptsächlich Vögel der südlichen Halbkugel und kommen nur als gelegentliche Irrgäste vor den europäischen Küsten vor. Sie sind Segler, die mit starr gehaltenen Flügeln dahingleiten.

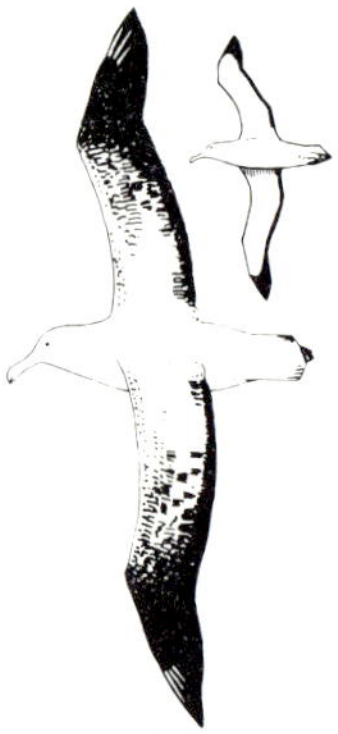

Wander-Albatros

Schwarzbrauen-Albatros (Mollymauk) *Diomedea melanophris* **K:** Sehr groß mit überwiegend weißem Körper. Rücken, Schwanz und Flügel schwarzbraun. Schnabel gelb. Über dem Auge ein schwarzer Streifen. Dunkle Schwanzbinde. Jugendkleid grauer mit schwärzlichem Schnabel. **Sp:** Um 2 m. **B:** Das offene Meer. **W:** Brütet auf der Südhalbkugel und verfliegt sich am häufigsten in den Sommermonaten bis nach Europa.

Wander-Albatros *Diomedea exulans* Seltener Irrgast. Junge Vögel sind dunkelbraun mit weißem Gesicht und ebensolcher Kehle, Unterflügeln und Bauch.

Sturmvögel

erinnern sehr an Möwen. Sie nisten hauptsächlich an Klippen, in Felsspalten und auf Felsbändern. Dort bebrüten sie ihr einziges Ei.

Eissturmvogel

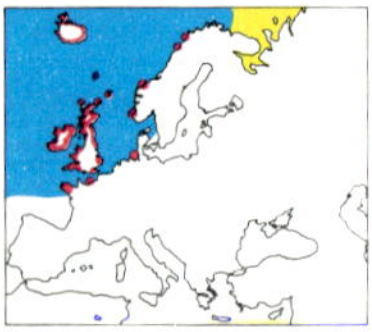

Eissturmvogel *Fulmarus glacialis* **K:** Möwenähnlich, aber mit deutlicher Röhrennase. Zwei Farbphasen. Helle mit überwiegend weißem Körper und hellgrauem Rücken und ebensolchen Flügeloberseiten. Die dunkle Phase ist überwiegend graubraun. Im Gegensatz zu Möwen segeln Eissturmvögel mit steif ausgestreckten Schwingen. **L:** 47 cm. **St:** Am Brutplatz ohrenbetäubendes Schnarren, Stöhnen und Quäken. **B:** Brutplätze (meist Kolonien) auf Felseninseln und an steil abfallenden Klippen. Außerhalb der Brutzeit auf dem Meer. **W:** Teilzieher.

Seeschwalbe
Raubmöwe
Möwe
Sturmschwalbe
Sturmtaucher
Albatros
Kopf des Schwarzbrauen-Albatros
Kopf des Sturmtauchers
Kopf der Sturmschwalbe
Albatros
Sturmtaucher
Sturmschwalben
imm.
Schwarzbrauen-Albatros
ad.
Eissturmvogel auf dem Nest
Silhouette von vorn
Eissturmvogel
dunkle Phase
helle Phase
helle Phase

Sturmtaucher (Familie Procellariidae) ernähren sich von kleinen Fischen und Krebstieren. Am Brutplatz nachtaktiv. Sie legen ein einziges Ei. Die Bulwer-Sturmschwalbe gehört ebenfalls zu dieser Familie, ist aber aus drucktechnischen Gründen auf S. 29 abgebildet.

Schwarzschnabel-Sturmtaucher

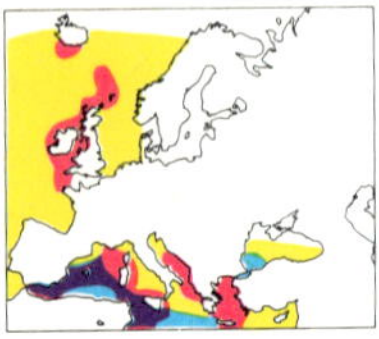

Schwarzschnabel-Sturmtaucher *Puffinus puffinus* **K:** Mittelgroß mit schwärzlicher Oberseite. Unterseite weiß. Schnabel schwarz. **L:** Um 35 cm. **St:** Heisere Rufe und gutturales Quäken. **B:** Brutplätze auf mit Gras bewachsenen Felseninseln. Hier brüten sie in selbstgegrabenen Höhlen. Koloniebrüter. **W:** Teilzieher.

Kleiner Sturmtaucher *Puffinus assimilis* **K:** Kleiner als Schwarzschnabel-Sturmtaucher mit sehr dunklen Füßen. Als Irrgäste in Europa traten die Madeira-Rasse *baroli* und die Kapverden-Rasse *boydi* auf. Die Art wurde als seltener Irrgast in Großbritannien, Frankreich, Spanien, Italien, Dänemark und einmal in Deutschland nachgewiesen.

Großer Sturmtaucher

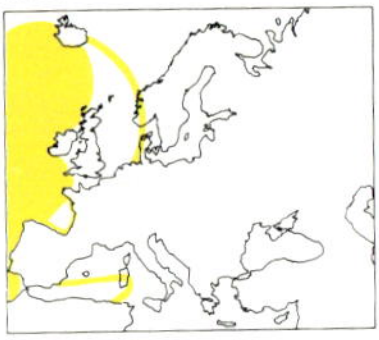

Großer Sturmtaucher *Puffinus gravis* **K:** Relativ großer Sturmtaucher mit deutlich abgesetzter schwarzer Kopfplatte. Kehle und Unterseite weißlich. Oberseite überwiegend schwarzbraun mit weißlichen Oberschwanzdecken. Schwanzfedern schwärzlich. Helle Genickbinde. **L:** 46 cm. **St:** Rauhe, möwenartige Rufe. **B:** Brütet im Südatlantik auf Inseln in Höhlen. Streift im Sommer und Herbst umher. **W:** Gelangt auf dem Zuge bis in die Nordsee und bis ins Mittelmeer.

Gelbschnabel-Sturmtaucher

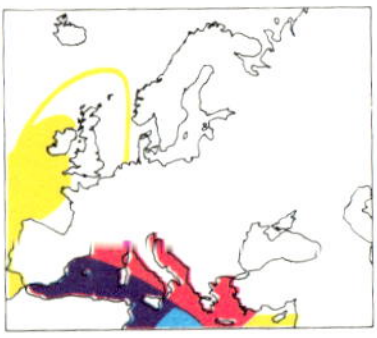

Gelbschnabel-Sturmtaucher *Puffinus diomedea* **K:** Ähnlich Großem Sturmtaucher, aber mit graubraunem Kopf. Niemals mit dunkler Kopfkappe oder hellem Genickband. Unterseite weiß, Schnabel gelb. **L:** 46 cm. **St:** Am Brutplatz möwenartige, jaulende Rufe. **B:** Brütet in Kolonien auf Felseninseln; sonst auf dem offenen Meer. Nistet in Felsspalten. **W.** Überwiegend Jahresvogel; streicht aber von August bis November nordwärts bis zum Nordatlantik.

Dunkler Sturmtaucher

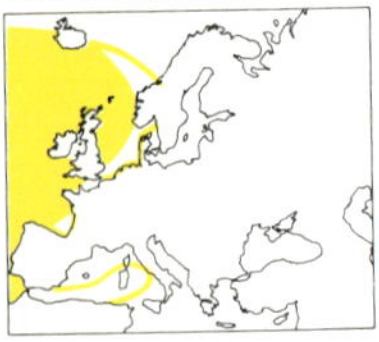

Dunkler Sturmtaucher *Puffinus griseus* **K:** Ein fast ganz schwarzbraun wirkender Sturmtaucher. Oft mit Großem Sturmtaucher vergesellschaftet. **L:** Um 41 cm. **St:** Ähnlich den anderen Sturmtauchern. Auf See meist stumm. **B:** Brütet in Höhlen auf Inseln der Südhalbkugel. Außerhalb der Brutzeit auf dem offenen Meer. **W:** Zieht im Sommer und Herbst bis in den Nordatlantik.

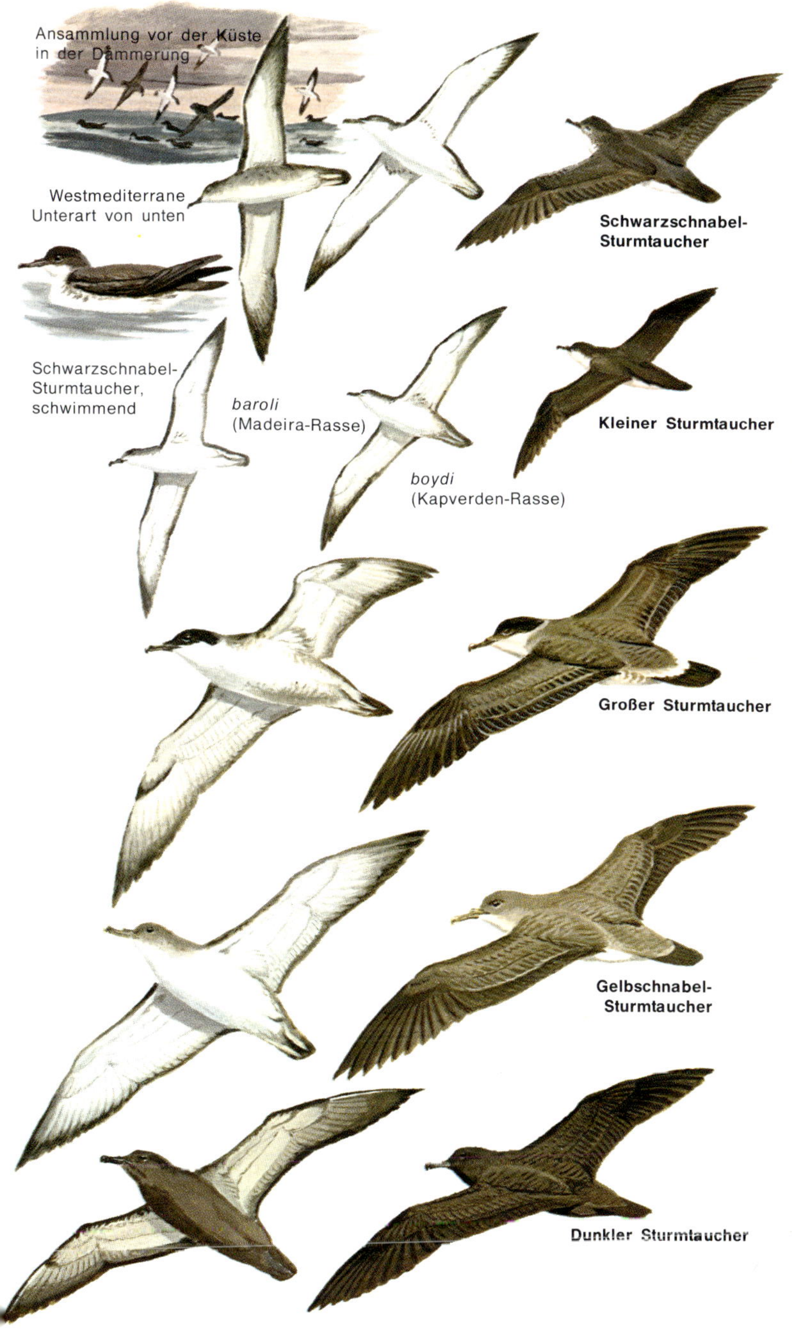
Ansammlung vor der Küste
in der Dämmerung
Westmediterrane
Unterart von unten
Schwarzschnabel-
Sturmtaucher
Schwarzschnabel-
Sturmtaucher,
schwimmend
baroli
(Madeira-Rasse)
boydi
(Kapverden-Rasse)
Kleiner Sturmtaucher
Großer Sturmtaucher
Gelbschnabel-
Sturmtaucher
Dunkler Sturmtaucher

Sturmschwalben (Familie Hydrobatidae) sind kleine Meeresvögel, die sich von winzigen Fischen, Krebstieren und gröberem Plankton ernähren. Sie flattern und hüpfen über den Wellen dahin und strampeln dabei mit den hängenden Beinen. Sie brüten in Höhlen, vor allem auf Felseninseln. Ein einziges Ei wird gelegt.

Buntfüßige Sturmschwalbe

Wellenläufer

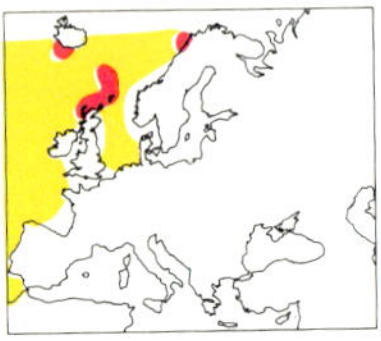

Sturmschwalbe

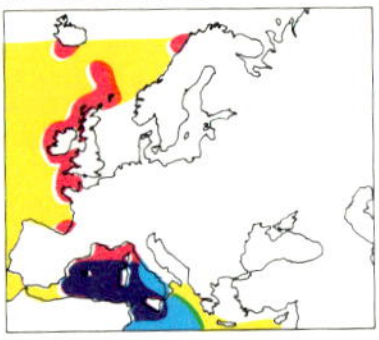

Buntfüßige Sturmschwalbe *Oceanites oceanicus* **K:** Braunschwarze Sturmschwalbe mit gerundetem Schwanz und gelben Schwimmhäuten. **L:** 18 cm. **St:** Meist stumm. **B:** Brütet in der Antarktis und Subantarktis. Außerhalb der Brutzeit auf dem Meer. **W:** Wandert im Sommer nordwärts und gelangt dabei bis in den nördlichen Atlantik.

Wellenläufer *Oceanodroma leucorrhoa* **K:** Ähnlich Sturmschwalbe, aber mit gegabeltem Schwanz und dunklen Füßen. **L:** 20 cm. **St:** Auf See meist stumm; am Brutplatz schwirrende und wimmernde Laute. **B:** Nistet in Höhlen auf Felseninseln. Gräbt die Bruthöhle meist selbst. Außerhalb der Brutzeit auf dem Meer. **W:** Sommervogel und Teilzieher.

Sturmschwalbe *Hydrobates pelagicus* **K:** Kleiner als Wellenläufer, mit mehr oder weniger gerade abgeschnittenem Schwanz. Schwimmhäute dunkel. Häufigste Sturmschwalbe. Flattert fledermausartig über den Wellen. **L:** 15 cm. **St:** Am Brutplatz schnurrende, knarrende und summende Rufe. Sonst meist stumm. **B:** Brütet gesellig auf Felseninseln. Außerhalb der Brutzeit auf dem Meer. **W:** Überwiegend Teilzieher.

Madeira-Wellenläufer *Oceanodroma castro* **L:** 19 cm, **Sp:** 46 cm.

Fregattensturmschwalbe *Pelagodroma marina* **L:** 20 cm, **Sp:** 38 cm.

Weichfeder-Sturmvogel *Pterodroma mollis* **L:** 35 cm, **Sp:** 89 cm.

Bulwer-Sturmschwalbe *Bulweria bulweri*. Gehört zur Familie Procellariidae. **K:** Größer als die übrigen Sturmschwalben ohne weißen Bürzel und mit keilförmigem Schwanz. Überwiegend dunkelbraun gefärbt. Beine fleischfarben. **L:** Ca. 25 cm. Seltener Irrgast an den europäischen Küsten. Brütet auf den atlantischen Inseln.

Buntfüßige Sturmschwalben im Flug
Buntfüßige Sturmschwalbe
Wellenläufer schwimmend
Sturmschwalbe im Flug
Wellenläufer
Madeira-Wellenläufer
Sturmschwalbe
Bulwer-Sturmschwalbe
Fregattensturmschwalbe
Weichfeder-Sturmvogel

Ruderfüßer (Ordnung Pelecaniformes) sind große Wasservögel, bei denen alle vier Zehen durch Schwimmhäute verbunden sind. Meist Koloniebrüter. Von den insgesamt 6 Familien kommen 3 in Europa vor: Kormorane setzen sich oft auf Pfähle und Felsen mit halbgespreizten Schwingen, um das Gefieder zu trocknen. Ihre Flugformation erinnert an ein V. Der Baßtölpel, der in seiner Gestalt an eine riesige Seeschwalbe erinnert, fischt durch Stoßtauchen. Pelikane haben mächtige Schnäbel, mit denen sie Fische regelrecht aus dem Wasser schaufeln.

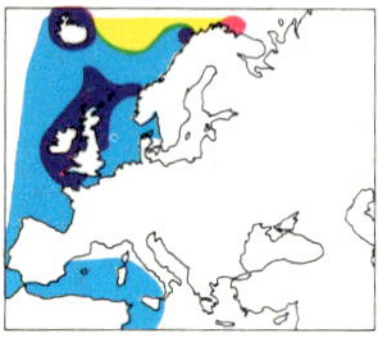

Baßtölpel

Baßtölpel *Morus bassanus* **K:** Großer, weißer Meeresvogel mit schmalen Flügeln und schwarzen Handschwingen. Schnabel lang und kräftig. Schwanz spitz keilförmig. Junge und Unausgefärbte sind dunkel graubraun mit weißen Fleckchen. Übergangskleid überwiegend weiß mit dunklen Flecken. Mit etwa 3 Jahren ausgefärbt. **L:** Ca. 92 cm. **St:** Laut krächzende und schnarrende Rufe. **B:** Brütet kolonieweise auf Felseninseln und an steilen Klippen. Sonst auf dem offenen Meer. **W:** Überwiegend Teilzieher.

Rosa-Pelikan

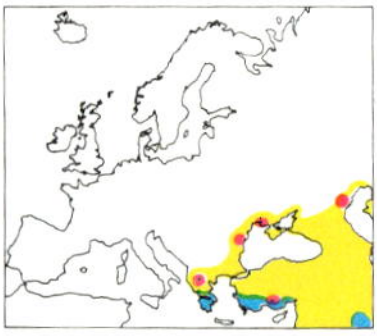

Rosa-Pelikan *Pelecanus onocrotalus* **K:** Überwiegend weiß mit leicht rosa Anflug. Stirn vor allem zur Brutzeit leicht buckelartig aufgetrieben. Bei fliegenden Vögeln fallen von unten die schwarzen Arm- und Handschwingen auf. Von oben gesehen sind nur die Handschwingen schwarz. Jungvögel überwiegend braun, Unausgefärbte schmutzig weiß mit bräunlicher Fleckung. **L:** Um 150 cm. **St:** Grunzen und Knurren. **B:** Große Binnengewässer mit Röhrichtwäldern und ausgedehnten sumpfigen Zonen. Auch an der Meeresküste. **W:** Teilzieher.

Krauskopf-Pelikan

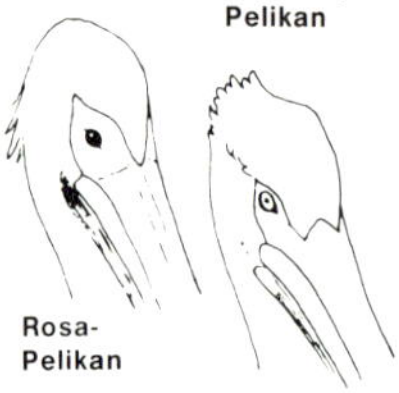

Rosa-Pelikan

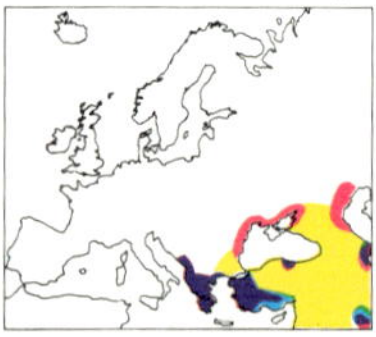

Krauskopf-Pelikan

Krauskopf-Pelikan *Pelecanus crispus* **K:** Ähnlich Rosa-Pelikan, aber mit leicht silbergrauem Anflug. Schäfte des Rückengefieders vielfach dunkel. Beine und Füße grau, nicht fleischfarben wie beim Rosa-Pelikan. Stirn nie buckelartig aufgetrieben. Von unten gesehen wirken fliegende Vögel nahezu ganz hell, nur die Spitzen der Handschwingen sind schwärzlich. Von oben gesehen sind dagegen Hand- und Armschwingen dunkel. Jungvögel und Unausgefärbte ähnlich wie Rosa-Pelikan, aber die dunkle Stirnpartie wirkt am Schnabelansatz gerade abgeschnitten, während sie beim Rosa-Pelikan spitz ausläuft. **St:** Knurrende und blökende Laute sowie Klappern. **B:** Ähnlich wie Rosa-Pelikan. **W:** Teilzieher.

Seetaucher
Schwan
Kormoran
Baßtölpel
Pelikan
Baßtölpel
Brutplatz
ad.
imm.
juv.
Rosa-Pelikan
ad.
Rosa-Pelikan
Krauskopf-Pelikan
ad.
Krauskopf-
Pelikan
Rosa-Pelikan
imm.
Krauskopf-
Pelikan
imm.

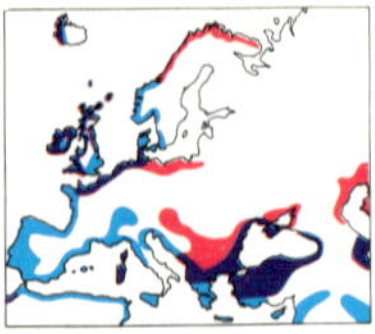
Kormoran

Kormoran, imm.

Krähenscharbe

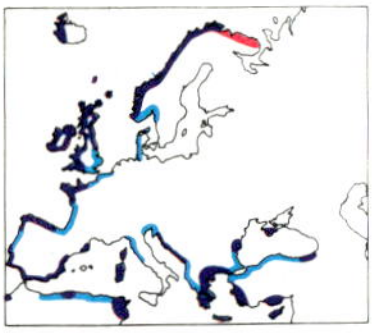

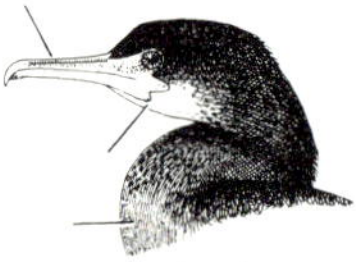
Krähenscharbe, imm.

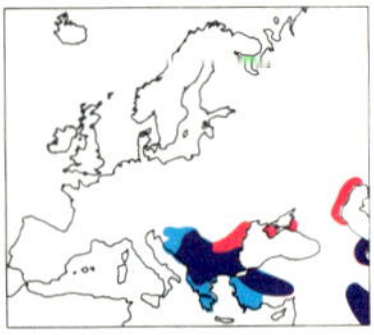
Zwergscharbe

Kormoran *Phalacrocorax carbo* **K:** Überwiegend schwarzer Vogel mit weißer Kehle und metallischem Gefiederglanz. Steht häufig mit halbausgebreiteten Schwingen auf Pfählen und Felsen im Wasser. Zur Brutzeit haben die Vögel einen weißen Fleck in der Schenkelgegend. Exemplare der Festlandsrasse haben überwiegend weiße Köpfe und Hälse. Jungvögel überwiegend dunkelbraun mit weißem Bauch. **L:** Etwa 92 cm. **St:** Tiefe, krächzende Laute. **B:** Binnengewässer mit hohem Baumbestand, in der Nähe von Flußmündungen, Meeresküsten. **W:** Überwiegend Jahresvogel, der aber außerhalb der Brutzeit umherstreicht.

Krähenscharbe *Phalacrocorax aristotelis* **K:** Ähnlich Kormoran, aber kleiner. Kopf und Hals mit erzgrünem Schimmer. Schnabel gelblich mit vor allem zur Brutzeit besonders auffälligem gelbem Schnabelwinkel. Brutkleid mit kleinem Federschopf auf dem Oberkopf. Jungvögel überwiegend dunkelbraun, bräunlichweißer Bauch. Verhalten ähnlich wie Kormoran. **L:** Ca. 75 cm. **St:** Schnarrendes Krächzen. **B:** Vor allem Klippen an der Meeresküste und Felseninseln. Gelangt nur selten ins Binnenland. **W:** Überwiegend Jahresvogel.

Zwergscharbe *Phalacrocorax pygmaeus* **K:** Wesentlich kleiner als Krähenscharbe. Im Brutkleid sind Kopf und Hals dunkel rotbraun. Der übrige Körper ist schwarz mit grünlichem Erzglanz. Die meisten Körperpartien sind fein weißlich gefleckt. Diese Fleckung fehlt im Ruhekleid. Dieses ist ferner durch eine helle Kinnpartie vom Brutkleid unterschieden. Jugendkleid überwiegend graubraun mit weißer Kehle und hellem Bauch. Der Flug der Zwergscharbe erinnert an den eines Bläßhuhns. **L:** 48 cm. **St:** Ähnlich Krähenscharbe. **B:** Hauptsächlich an Binnengewässern, aber auch an Sümpfen an der Meeresküste. Brütet kolonieweise auf Bäumen und Büschen in Sumpfgebieten. **W:** Überwiegend Teil-

Kormoran
imm.
Kontinentale Rasse
Atlantische Rasse
(Brutkleid)
Flug-Formation
Atlantische Rasse
(Ruhekleid)
Krähen-
scharbe
imm.
Ruhekleid
Brutkleid
imm.
Ruhekleid
Zwergscharbe
imm.
Brutkleid

Schreitvögel (Ordnung Ciconiiformes) sind Stelzvögel mit langen Beinen, Hälsen und Schnäbeln. Einige haben lange Schmuckfedern zur Brutzeit. Viele Arten brüten in Kolonien. Das Gelege besteht aus 2 bis 6 Eiern. Zu den Schreitvögeln gehören folgende Familien: Reiherartige (Familie Ardeidae), die beim Fliegen den Hals einziehen. Störche (Familie Ciconiidae) fliegen mit weit ausgestrecktem Hals. Löffler und Ibisse (Familie Threskiornithidae) haben einen löffelartig verbreiterten oder einen dünnen, leicht abwärts gebogenen Schnabel. Im Flug wird der Hals ausgestreckt.

Große Rohrdommel *Botaurus stellaris* **K:** Schwarze Kopfplatte. Sonst braun und schwarz gestreift. Richtet sich bei Gefahr steil auf und bleibt still sitzen (Pfahlstellung). Beine grünlich. Meist dämmerungsaktiv. **L:** 76 cm. **Sp:** Ca. 110 cm. **St:** Balzruf des ♂ ein dumpfes, weit hörbares „wump", dem ein nur aus der Nähe zu vernehmendes „hüi" vorausgeht. Sonst krächzende und keckernde Rufe. **B:** Sumpflandschaften und größere Gewässer mit Verlandungszonen und Röhrichtwäldern. **W:** Teilzieher.

Große Rohrdommel

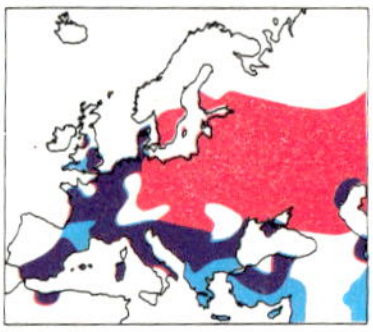

Amerikanische Rohrdommel *Botaurus lentiginosus* **K:** Etwas kleiner als Große Rohrdommel, mit kastanienbrauner, nicht schwarzer Kopfplatte und deutlicher ausgeprägtem, schwarzem Bartstreif. Bei fliegenden Vögeln sind die dunklen Handschwingen charakteristisch. Bewohnt ähnliche Biotope wie Große Rohrdommel. Seltener Irrgast aus Nordamerika.

Zwergrohrdommel *Ixobrychus minutus* **K:** Kleinster Reiher, etwa taubengroß. Oberkopf, Rücken, Schwanz, Hand- und überwiegend Armschwingen dunkel, nur die Decken bräunlichweiß. Ebenso Hals und Unterseite. Die dunklen Partien von Oberkopf und Rücken sind bei Männchen grünlich-schwarz, bei Weibchen bräunlicher. Jungvögel weniger kontrastreich, unterseits ziemlich kräftig längsgestreift und oberseits graubraun verwaschen. **L:** 36 cm. **Sp:** Um 50 cm. **St:** Balzruf des ♂ ein monotones in Abständen wiederholtes „wug" oder „wrou", sonst krächzende und quakende Laute. **B:** Gewässer mit Verlandungsbeständen und mehr oder weniger breitem Vegetationsgürtel am Ufer. Auch an kleineren Teichen. Nistet gelegentlich kolonieweise im Schilf; meist aber Einzelbrüter. **W:** Überwiegend Sommervogel, der hauptsächlich in Süd- und Ostafrika überwintert.

Zwergrohrdommel

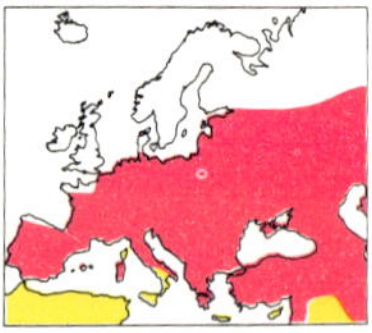

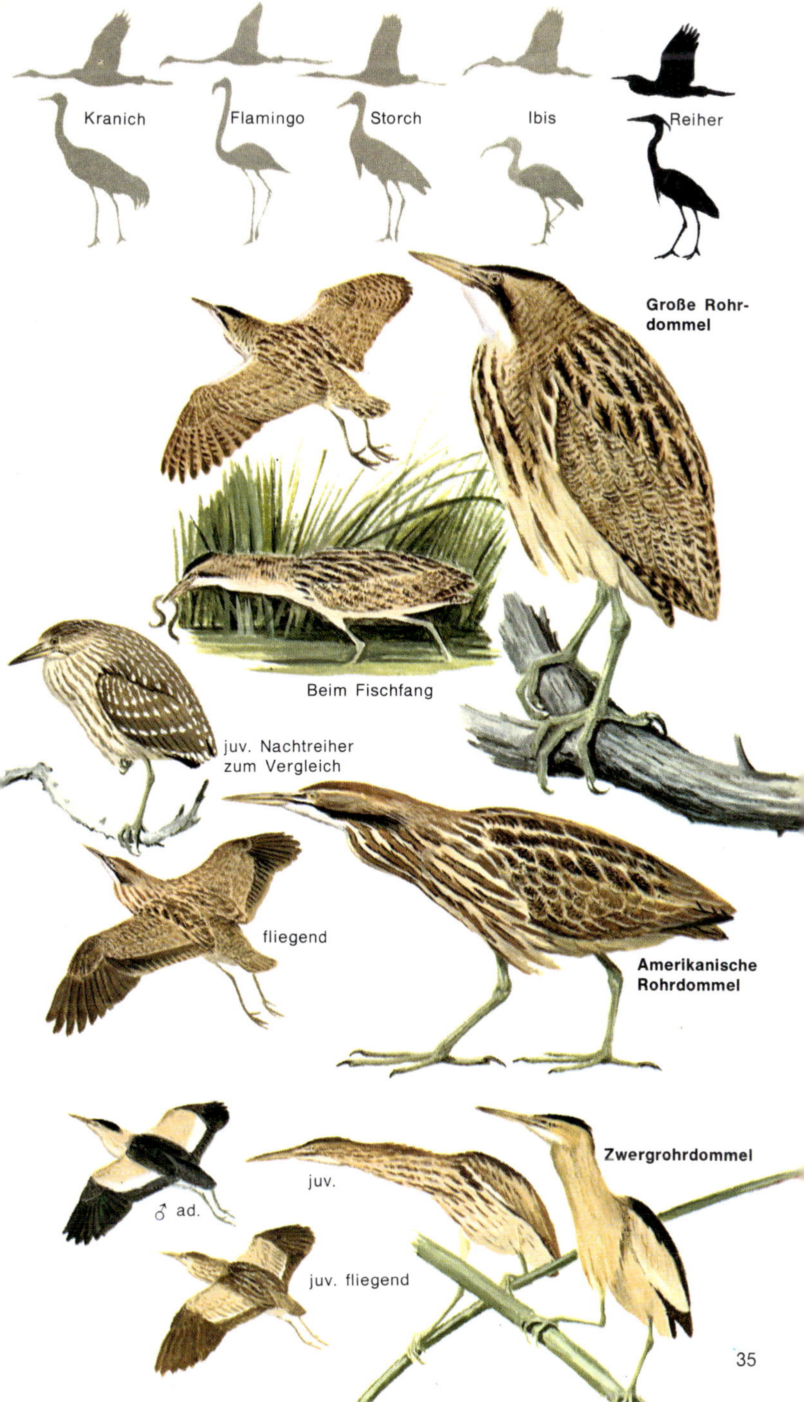
Kranich
Flamingo
Storch
Ibis
Reiher
Große Rohrdommel
Beim Fischfang
juv. Nachtreiher zum Vergleich
fliegend
Amerikanische Rohrdommel
Zwergrohrdommel
juv.
♂ ad.
juv. fliegend

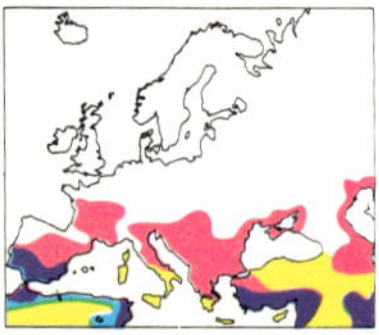

Seidenreiher
gelegentlich bis
SW-Deutschland

Seidenreiher *Egretta garzetta* **K:** Kleiner, weißer Reiher mit schwarzen Beinen und gelben Füßen. Zur Brutzeit mit Schmuckfedern auf der Brust und auf dem Rücken sowie mit zwei lang herabhängenden Nackenfedern. Jungvögel ohne jegliche Schmuckfedern. **L:** 56 cm. **Sp:** Ca. 100 cm. **St:** Rauh krächzende Rufe. **B:** Sumpflandschaft mit Büschen und Bäumen, gelegentlich an der Meeresküste. **W:** Sommervogel, der hauptsächlich in Afrika, südlich der Sahara und in Südasien überwintert.

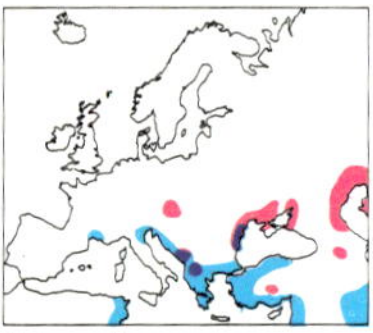

Silberreiher

Silberreiher *Casmerodius albus* **K:** Etwa von Graureiher-Größe, schneeweiß mit schwarzen Beinen und Füßen. Zur Brutzeit mit herabhängenden Schmuckfedern auf dem Rücken. Am Kopf keine besonderen Schmuckfedern. Schnabel dunkel, gegen den Ansatz zu heller werdend. Außerhalb der Brutzeit Schnabel gelblich. **L:** Ca. 90 cm. **Sp:** Um 160 cm. **St:** Krächzende und keckernde Laute. **B:** Größere Sumpflandschaften und Binnengewässer mit ausgedehnten Verlandungszonen sowie mit Röhrichtwäldern. Nistet im Schilf, meist kolonieweise. **W:** Teilzieher.

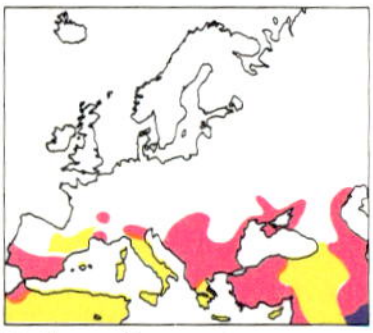

Rallenreiher

Rallenreiher *Ardeola ralloides* **K:** Kleiner, heller Reiher mit weißen Flügeln und hellbräunlichem, weinrötlich überhauchtem Körper. Lang herabhängende, dunkel längsgestreifte Schopffedern. Diese fehlen im Ruhekleid. Schnabel zur Brutzeit blaugrau mit schwarzer Spitze, außerhalb derselben graugrünlich mit dunkler Spitze. Jugendkleid ähnlich Ruhekleid, aber wesentlich kräftiger dunkel längsgestreift. **L:** Um 46 cm. **St:** Krächzende Laute. **B:** Sumpfgebiete und Verlandungszonen an größeren Gewässern. **W:** Überwiegend Sommervogel, der hauptsächlich in Afrika überwintert.

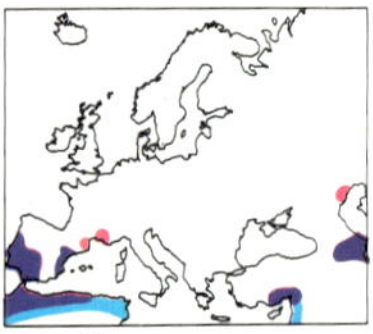

Kuhreiher
Auch im Ebro-Delta
und in der
Camargue.

Kuhreiher *Ardeola ibis* **K:** Deutlich kleiner als Seidenreiher, mit gelblichem oder rötlichem Schnabel. Beine gelblich oder rötlich. Zur Brutzeit besonders auffallende Ockerfärbung auf Oberkopf, am Kropf und auf dem Rükken. Jungvögel ganz weiß mit gelblichem Schnabel und graugrünen Beinen. **L:** 51 cm. **St:** Krächzende Laute. **B:** Vor allem auf Wiesen und Viehweiden, wo die Vögel zwischen weidenden Rindern und Schafen umherlaufen. Brütet kolonieweise in auwaldartigem Gelände. **W:** Überwiegend Jahresvogel.

Seidenreiher
Brutkolonie
Brutkleid
Ruhekleid
Silberreiher
Brutkleid
Rallenreiher
Kuhreiher
Rallenreiher
juv.
Kuhreiher
juv.
Kuhreiher
Brutkleid

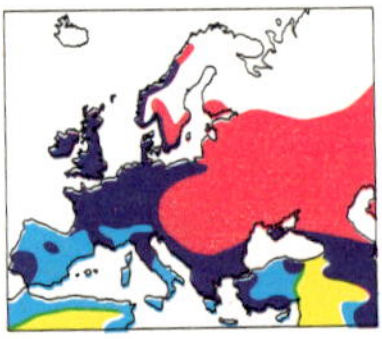
Graureiher

Graureiher *Ardea cinerea* **K:** Fast storchengroß. Überwiegend aschgrau mit weißem Körper. Schnabel gelblich, Beine bräunlich. Kopf weiß mit breitem schwarzem Streif über dem Auge, der sich bis zum kurzen, herabhängenden Nackenschopf fortsetzt. Jungvögel dunkler. **L:** 91 cm, **Sp:** Ca. 160 cm. **St:** Krächzende und keckernde Laute. **B:** Gewässer mit seichten Uferzonen, sowohl in der Ebene als auch im Gebirge und im Küstenbereich. Nistet hauptsächlich kolonieweise auf Bäumen oder im Röhricht. **W:** Teilzieher.

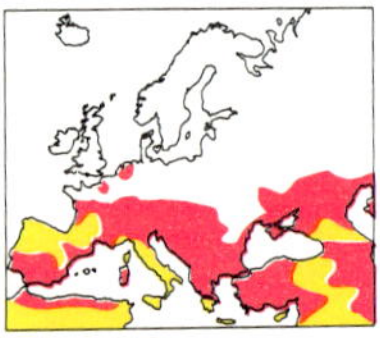
Purpurreiher

Purpurreiher *Ardea purpurea* **K:** Etwas kleiner als Graureiher und bräunlicher. Im Flug wesentlich dunkler wirkend. Hals auffallend dünn und lang, kastanienbraun mit schwarzer Längsstreifung. Oberseite dunkelgrau mit zur Brutzeit lang herabhängenden braunen Schmuckfedern. Jungvögel weniger kontrastreich und brauner wirkend. **L:** Ca. 80 cm. **Sp:** Ca. 140 cm. **St:** Ähnlich Graureiher. **B:** Sumpfgebiete mit Röhrichtwäldern, Verlandungszonen. **W:** Vorwiegend Sommervogel, der in Afrika überwintert.

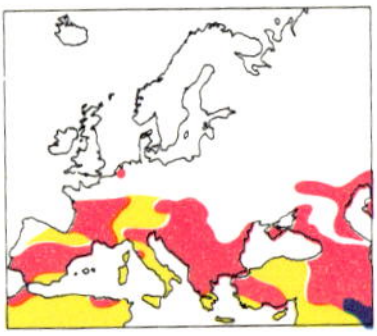
Nachtreiher
Lokal Brutvogel in Süddeutschland

Nachtreiher *Nycticorax nycticorax* **K:** Wesentlich kurz- und dickhalsiger als Grau- und Purpurreiher. Oberkopf schwarz, zur Brutzeit mit zwei lang herabhängenden, weißen Schmuckfedern. Hals und Körper weiß, Rücken schwärzlich, Flügel grau. Auge rubinrot. Schnabel schwarz. Jungvögel überwiegend bräunlich, ähnlich Großer Rohrdommel, aber mit weißer Tropfenfleckung auf der Oberseite. Oberkopf bräunlich, nicht schwarz wie bei der Großen Rohrdommel. **L:** 61 cm. **Sp:** Ca. 100 cm. **St:** Heiseres „quack“ sowie eine Reihe gutturaler Laute. **B:** Sumpflandschaften mit urwaldartiger Vegetation. **W:** Überwiegend Sommervogel.

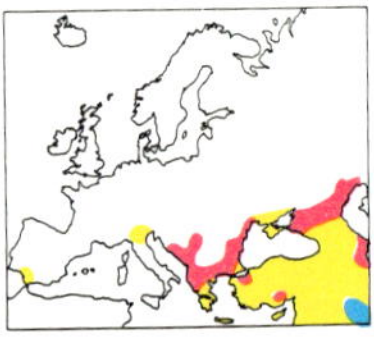
Brauner Sichler

Brauner Sichler *Plegadis falcinellus* **K:** Schwärzlich rotbrauner Sumpfvogel mit bronzefarbenem und grünem Erzglanz. Schnabel lang und leicht abwärts gebogen. Beim Fliegen wird der Hals ausgestreckt. Jungvögel matt dunkelbraun ohne Erzglanz. **L:** 56 cm. **St:** Krähenartig krächzende Laute. **B:** Sumpfgebiete und ausgedehnte Verlandungszonen mit Röhrichtbeständen oder Gebüsch. **W:** Sommervogel, der in Afrika überwintert.

Heiliger Ibis *Threskiornis aethiopicus* **K:** Überwiegend weiß mit schwarzem Kopf und Hals und ebensolchem Schwanz.Schnabel lang und nach unten gebogen. Gelegentlicher Irrgast aus Afrika, der hin und wieder am Kaspischen Meer und am Ostufer des Schwarzen Meeres auftritt.

fliegender Trupp
Graureiher
Brutkolonie
imm.
Purpurreiher
Nachtreiher
ad.
Nachtreiher
imm.
Nachtreiher
Nacht-
reiher
imm.
Nachtreiher
Brauner
Sichler
ad.
imm.
imm.
Heiliger Ibis
fliegender
Trupp

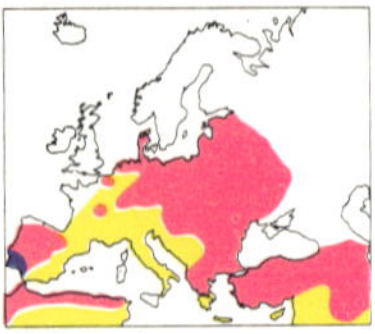

Weißstorch
Zieht nicht über Italien!

Weißstorch *Ciconia ciconia* **K:** Großer Vogel, überwiegend weiß mit schwarzen Flügeln, roten Beinen und rotem Schnabel. Jungvögel haben dunkle Beine und dunkle Schnäbel. **L:** Ca. 102 cm. **Sp:** Um 200 cm. **St:** Zischen und Schnabelklappern. **B:** Offenes Gelände mit einzelnen Bäumen oder Baumgruppen und Sumpfgebiete. Nistet nicht selten auf Gebäuden in Ortschaften, aber auch im offenen Gelände auf Bäumen. **W:** Überwiegend Sommervogel, der in Afrika südlich der Sahara überwintert. Die südspanischen und südportugiesischen Störche bleiben in geringerer Zahl im Land.

Schwarzstorch
Seltener Brutvogel in Norddeutschland und NO-Bayern.

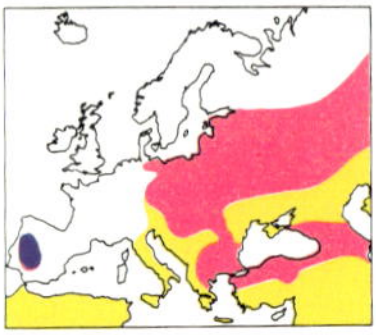

Schwarzstorch *Ciconia nigra* **K:** Überwiegend schwarz mit Erzglanz und weißer Unterseite. Schnabel und Beine zur Brutzeit rot, außerhalb derselben bräunlich. Jungvögel überwiegend graubraun mit weißem Bauch und graugrünlichen Schnäbeln und Beinen. **L:** Um 97 cm. **Sp:** Ca. 200 cm. **St:** Keuchende, wetzende und melodisch pfeifende Rufe. Klappert seltener als Weißstorch. **B:** Ausgedehnte Wälder mit Gewässern. Auch in Flußtälern mit Steilwänden. Nistet auf Bäumen oder in Felswänden. **W:** Sommervogel, überwintert im südlichen Afrika.

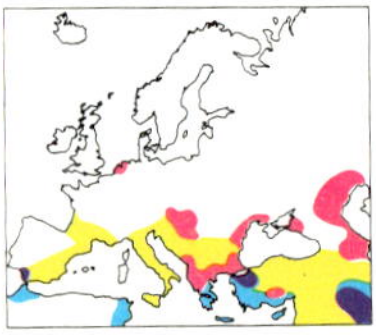

Löffler

Löffler *Platalea leucorodia* **K:** Kleiner als Weißstorch, weiß mit löffelartig verbreitertem Schnabel. Zur Brutzeit mit gelblich-braunem Kropffleck und kurzem Federschopf. Beine schwärzlich. Jungvögel weiß mit fleischfarbenem Löffelschnabel und schwarzen Spitzen der Handschwingen. **L:** 86 cm. **Sp:** Ca. 130 cm. **St:** Schnabelklappern sowie grunzende und murrende Laute. **B:** Größere Binnengewässer mit Verlandungsbeständen, Brackwassersümpfe. Nistet im Röhricht oder auf Bäumen und Büschen. Koloniebrüter. **W:** Sommervogel, überwintert in Afrika.

Flamingo

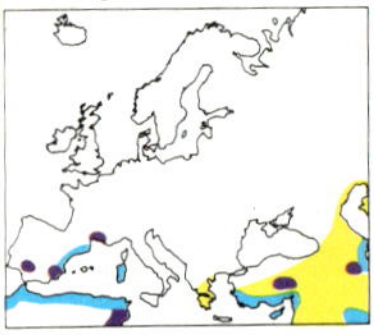

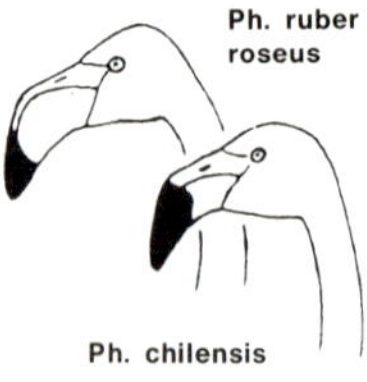

Flamingo *Phoenicopterus ruber*. Gehört zur Ordnung der Phoenicopteriformes, Familie Phoenicopteridae. **K:** Weiß mit leicht rosa Anflug, karminroten Flügeldecken und schwarzen Schwingen. Beine lang und rot, Schnabel kräftig und in der vorderen Hälfte fast rechtwinkelig nach unten abgeknickt. **L:** Ca. 130 cm. **Sp:** Ca. 150 cm. **St:** Gänseartiges Quaken und Schnattern. **B:** Brackwasserseen mit Schlammbänken, salzhaltige Binnenseen, Salinenanlagen, flache Meeresküsten. Koloniebrüter. Nester werden aus Schlamm gebaut. **W:** Überwiegend Jahresvogel.
Andere Flamingoarten kommen hin und wieder als Zooflüchtlinge vor.

Nest auf Schornstein
Weißstorch
Schwarzstorch
Altvogel
imm.
imm.
Löffler
Flamingo

Das Wassergeflügel (Ordnung Anseriformes, Familie Anatidae)

Singschwan

Graugans

Stockente, ♂

wird in Europa in sechs Gruppen eingeteilt: 1. Schwäne, 2. Gänse; die eigentlichen Enten werden in vier Gruppen aufgeteilt. Alle Anseriformes sind an das Wasser gebunden und haben Schwimmhäute zwischen den drei Vorderzehen. Sie unterscheiden sich von See- und Lappentauchern dadurch, daß sie flache Schnäbel besitzen mit gezähnten Rändern. Die meisten Arten bauen einfache, mit Daunen ausgelegte Nester auf dem Boden in dichter Vegetation. Nestflüchter.

SCHWÄNE, die größten Vertreter des Wassergeflügels, sind durch lange Hälse charakterisiert. Alle drei europäischen Arten sind weiß mit schwarzen Füßen. Beim Auffliegen laufen sie flügelschlagend eine längere Strecke über das Wasser. Jungvögel sind grau oder graubraun. In flachem Wasser gründeln Schwäne, um Wasserpflanzen herauszuholen. Das Gelege besteht aus 3 bis 10 Eiern. S.44

GÄNSE stehen bezüglich ihrer Größe und anderer Merkmale zwischen den Schwänen und den Enten, bilden aber eine besondere Gruppe. Geschlechter gleich. Sie mausern einmal im Jahr wie die Schwäne. Ihr Gelege besteht aus 3 bis 8 Eiern. S.46

GRÜNDEL- oder **SCHWIMMENTEN** nennen wir die erste der vier Entengruppen. Sie sind Bewohner von Teichen, Seen, langsam fließenden Flüssen usw., wo sie sich hauptsächlich von Wasserpflanzen ernähren. Sie fliegen schnell und erheben sich heftig flügelschlagend senkrecht vom Wasser. Ihre Armschwingen tragen meist eine leuchtend gefärbte Zone, den „Spiegel“. Brandenten sind größer als die übrigen Gründelenten, und das Gefieder beider Geschlechter ist sehr ähnlich. Sie haben längere Hälse und sehen gänseähnlich aus. Sie sind Höhlenbrüter und legen etwa 5 bis 12 Eier. S. 52

TAUCHENTEN und die **MEERESENTEN** gehören zur selben Gruppe (Unterfamilie Aythyinae). Alle tragen einen Lappen an der Hinterzehe. Ihre Schnäbel sind flach. Ehe sie starten, laufen sie erst noch eine Strecke flügelschlagend über das Wasser.

Tauchenten ernähren sich hauptsächlich von Wasserpflanzen, Schnecken und Muscheln, Wasserinsekten und Krebstieren. Gelegegröße 4 bis 14 Eier. S. 58

Meeresenten tauchen tiefer als Tauchenten und ernähren sich in noch größerem Maße von Schnekken und Muscheln. Sie nisten an nordischen Küsten und Binnenseen. Im Winter halten sie sich mehr an der Küste auf als die übrigen Tauchenten. Gelegegröße 4 bis 8 Eier. S. 60

SÄGER haben lange, schmale Schnäbel mit kräftiger Zähnelung an den Rändern. Sie sind auf das Fangen von Fischen spezialisiert. Sie starten in ähnlicher Weise wie die Tauchenten vom Wasser. Baum- und Felshöhlen dienen in erster Linie als Brutplätze. Gelegegröße 6 bis 18 Eier. S. 66

STEIFSCHWANZENTEN sind kleine, gedrungene Enten, die auf Seen und Teichen mit Süßwasser vorkommen. Gelegegröße 5 bis 11 Eier. S. 66

Tafelente, ♂

Eiderente, ♂

Mittelsäger, ♂

Ruderente

Schwäne (Unterfamilie Cygninae) sind große und schwere, weiße Entenvögel mit langem Hals, die auf Seen und Flüssen vorkommen. Sie gründeln, indem sie Kopf und Hals untertauchen, um mit dem Schnabel Wasserpflanzen abzureißen. Sie „grasen" aber auch auf Wiesen. Die Geschlechter ähneln sich sehr. Jungvögel sind hell graubraun, unterseits etwas heller. Beim Fliegen strecken sie den Hals weit aus. Mehrere fliegen in V-Formationen oder hintereinander.

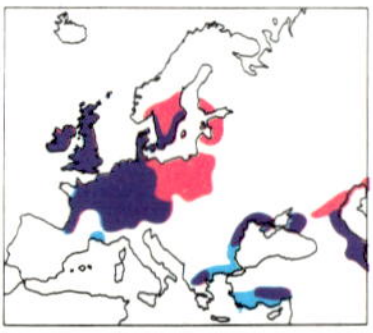
Höckerschwan

Höckerschwan *Cygnus olor* **K:** Häufigster Schwan, Schnabel rötlich oder auch orange mit schwarzem Hökker am Schnabelansatz. Jungvögel mit fleischfarbenem Schnabel und schwärzlichem Schnabelgrund. Beine und Füße wie bei fast allen Schwänen schwarz. **L:** Ca. 150 cm. **St:** Meist stumm. Gelegentlich Zischen und Schnarchen. **B:** Binnengewässer aller Art mit flachen Ufern und Verlandungsbeständen. Halbzahme Vögel auch auf kleineren Teichen und Parkseen. **W:** Teilzieher, die halbzahmen Exemplare Jahresvögel.

Singschwan
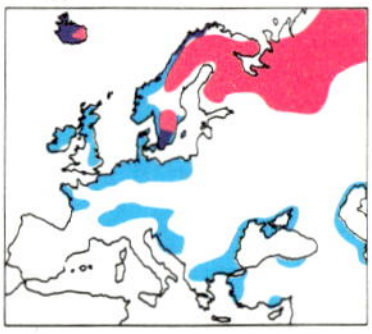

Singschwan *Cygnus cygnus* **K:** Etwa so groß wie Höckerschwan. Hals wird aber meist gerade aufgereckt getragen. Schnabel gelb mit schwarzer Spitze und schwarzem Rücken. Bei Jungvögeln ist der Schnabel fleischfarben mit dunkler Spitze. **L:** Ca. 150 cm. **St:** Im Flug trompetenartige Rufe, sonst grunzende, nasale Laute. **B:** Zur Brutzeit seichte Seen und Teiche sowie ruhig fließende Gewässer im Norden. Außerhalb der Brutzeit auf Gewässern aller Art, vor allem im Küstenbereich. **W:** Teilzieher.

Zwergschwan
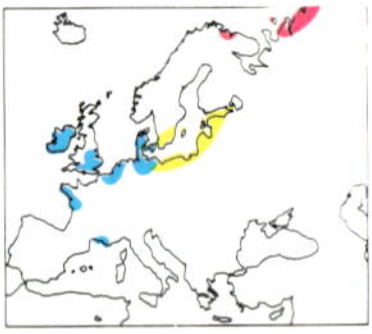

Zwergschwan *Cygnus columbianus* **K:** Kleiner und kurzhalsiger als Singschwan. Schnabel schwarz mit gelbem Fleck am Schnabelgrund. Jungvögel sehr ähnlich jungen Singschwänen, aber dunkler grau. **L:** Ca. 122 cm. **St:** Ähnlich Singschwan, aber tiefer. **B:** Brütet an Gewässern in der arktischen Tundra. Außerhalb der Brutzeit auf Meeresbuchten und größeren Binnengewässern. **W:** Teilzieher.

Pelikan
Stockente
Eiderente
Gans
Schwan
imponierend
imm.
fliegend
Höckerschwan
imm.
Singschwan
gründelnd
imm.
Zwergschwan
Höckerschwan auf dem Nest

Gänse (Unterfamilie Anserinae) sind große, oft plump wirkende Vögel mit langen Hälsen. Sie ernähren sich von Sämereien, Gras, kleinen Krautpflanzen, verschiedenen Meeresalgen und auch von Seegras. Gänse ziehen meist laut rufend in Trupps. Ihre Flugformation ist vielfach ein V. Geschlechter meist gleich.

Kanadagans

Kanadagans *Branta canadensis* **K:** Große, überwiegend graubraune Gans mit schwarzem Kopf und Hals und weißem Kinnfleck, der sich bis in die Wangengegend fortsetzt. Beine und Füße schwärzlich. **L:** Um 100 cm. **St:** Vor allem nasale Rufe. **B:** Brutvogel Nordamerikas. In Europa häufig als Parkvogel gehalten, teilweise aber auch in freier Wildbahn, zum Beispiel in England und Skandinavien. Wildlebende Vögel erscheinen außerhalb der Brutzeit hauptsächlich an der Nord- und Ostseeküste.

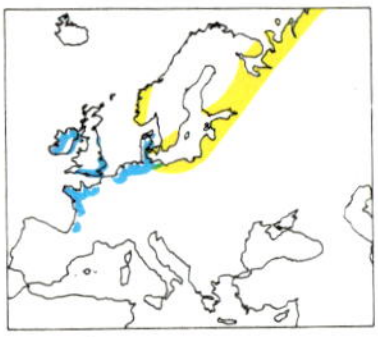

Ringelgans

Ringelgans *Branta bernicla* **K:** Wesentlich kleiner als Kanadagans, mit schwarzem Kopf und Hals und sehr dunklem Rücken. Bauch entweder scharf abgesetzt weißlich (Unterart *hrota*) oder dunkel verwaschen (Unterart *bernicla*). Die dunkelbäuchige Form brütet in der UdSSR und die hellbäuchige in Nordostgrönland und auf Spitzbergen. Altvögel haben an den Halsseiten einen weißlichen Querstreifen. Dieser Streif fehlt bei Jungen. **L:** Um 60 cm. **St:** Gutturales „ronk". **B:** Zur Brutzeit in der nordischen Tundra. Außerhalb derselben meist an den Meeresküsten. **W:** Wintergast aus der Arktis.

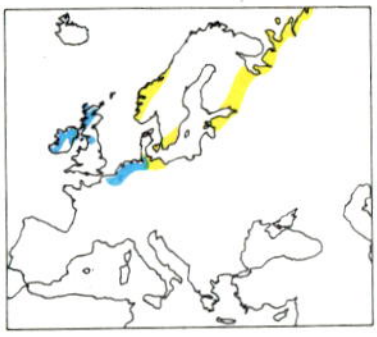

Weißwangengans

Weißwangengans (Nonnengans) *Branta leucopsis* **K:** Mittelgroße Gans mit auffallend weißem Gesicht und schwarzem Hals. **L:** Um 65 cm. **St:** Kläffende Laute. **B:** Nistplätze meist auf Simsen steiler Felswände in der Arktis. Hin und wieder auch in der offenen Tundra. Außerhalb der Brutzeit vor allem in Sumpfgebieten und Niederungen an der Meeresküste. **W:** Wintergast aus der Arktis, der im Frühjahr wieder abzieht.

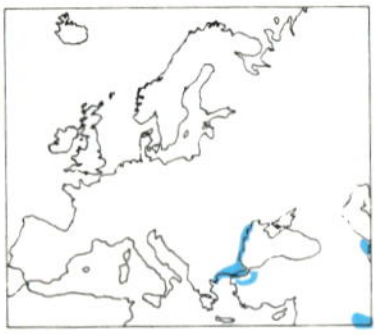

Rothalsgans

Rothalsgans *Branta ruficollis* **K:** Relativ kleine Gans mit rotbraunem Hals und auffallend schwarz-weiß und kastanienbraun gezeichneten Kopfseiten. Weißer Flankenstreif. **L:** Um 55 cm. **St:** Gickernde Rufe und knarrende Laute. **B:** Arktische Tundra und Felsklippen. Außerhalb der Brutzeit vor allem ebenes Gelände in Küstennähe sowie steppenartige Landschaften. **W:** Irrgast aus Sibirien.

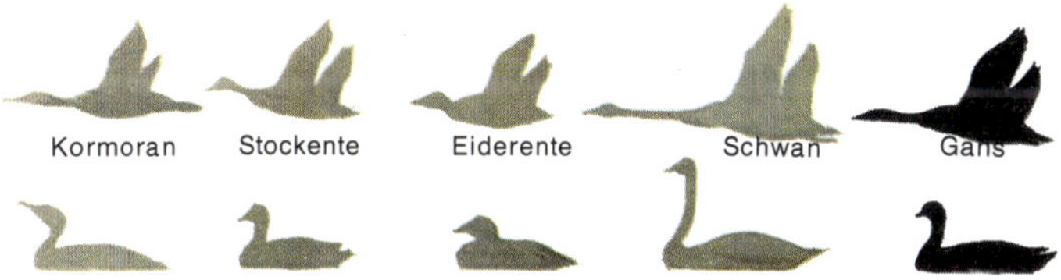
Kormoran
Stockente
Eiderente
Schwan
Gans

Kanadagans
schwimmend
juv.
Ringelgans
hellbäuchige Rasse
dunkelbäuchige Rasse
Weißwangengans
Rothalsgans

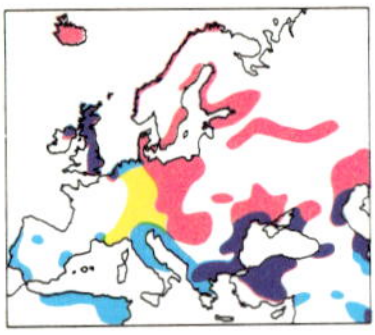

Graugans

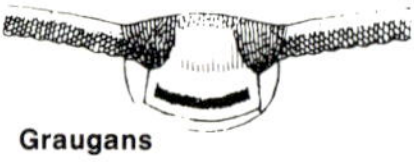

Graugans

Saatgans

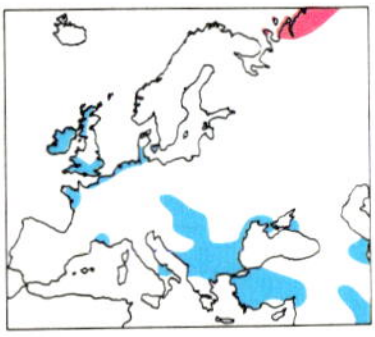

Bläßgans

Bläßgans

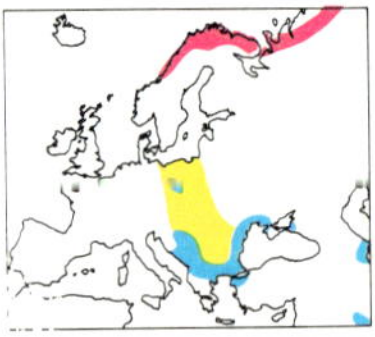

Zwerggans

Graugans *Anser anser* **K:** Ähnlich grauer Hausgans, deren Stammutter sie ist. Beine fleischfarben, Schnabel orange (Unterart *anser*, die in Westeuropa vorkommt) oder rosa (Unterart *rubrirostris*, die im östlichen Europa lebt). Kopf und Hals sind nicht dunkler als der Körper, wie bei den anderen grauen Gänsen. **L:** Um 80 cm. **St:** Wie Hausgans. **B:** Brütet an größeren Binnengewässern mit Verlandungszonen und Röhrichtwäldern sowie in Sumpfgelände mit Dickicht. Außerhalb der Brutzeit auf Feldern und Wiesen sowie in Sumpfgebieten besonders an der Küste. **W:** Teilzieher.

Bläßgans *Anser albifrons* **K:** Kleiner als Graugans, mit orangefarbigen Beinen. Altvögel mit weißer Stirn und unregelmäßiger schwarzer Querfleckung auf dem Bauch. Jungvögel ohne weiße Stirn und ohne dunkle Fleckung. Die grönländische Rasse der Bläßgans hat einen gelblichen Schnabel (Unterart *flavirostris)*, während die Nominatform einen fleischfarbenen Schnabel hat. **L:** Um 70 cm. **St:** Ein relativ hohes „kou-jou" sowie Schnattern. **B:** Brutplätze in der baumlosen Tundra sowie im offenen Sumpfgelände. Außerhalb der Brutzeit an ähnlichen Orten wie die Graugans. **W:** Wintergast aus Nordwestrußland und Grönland.

Zwerggans *Anser erythropus* **K:** Deutlich kleiner als Bläßgans, mit kürzerem Schnabel und gelblichem Augenring. Schnabel rötlich. Jungvögel ohne Weiß an der Stirn, aber mit gelbem Augenring. Gesellig wie die übrigen Gänse. **L:** Um 55 cm. **St:** Ähnlich Bläßgans, aber deutlich höher. **B:** Brutgebiete hauptsächlich in der tiefergelegenen arktischen Tundra. Außerhalb der Brutzeit an ähnlichen Stellen wie Bläßgans. **W:** Wintergast aus Skandinavien und Nordrußland, hauptsächlich im östlichen Europa. Streift aber bis Spanien und Großbritannien westwärts.

Graugans
westliche Rasse
östliche Rasse
westliche Rasse
Bläßgans
Küken
Bläßgans
juv.
Grönländische Rasse
ad.
juv.
Zwerggans
ad.
juv.
juv.

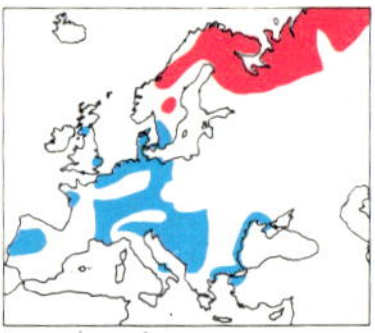

Saatgans

Saatgans *Anser fabalis* **K:** Etwa graugansgroß, aber dunkler. Hals und Kopf sind auffallend dunkler als der Körper. Schnabel orangegelb und schwarz gezeichnet. Beine orange. Gelegentlich ein wenig Weiß am Schnabelgrund. **L:** Um 80 cm. **St:** Relativ tiefe, nasale Rufe und ein rauhes Gackern. **B:** Zur Brutzeit in der Baum- und Strauchtundra. Außerhalb der Brutzeit hauptsächlich auf Wiesen und in der Nähe von Binnengewässern. Nicht selten im Binnenland. Die Saatgans ist die am häufigsten in Mitteleuropa zu beobachtende Wildgans. **W:** Wintergast aus Skandinavien und Nordosteuropa.

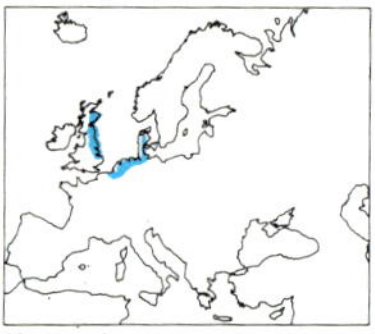

Kurzschnabelgans

Kurzschnabelgans *Anser brachyrhynchus*. Wird vielfach als Unterart der Saatgans angesehen. **K:** Etwas kleiner als Saatgans, mit fleischfarbenem, an der Spitze und am Grunde schwarzem Schnabel. Dieser ist wesentlich kürzer als bei der Saatgans. Beine fleischfarben. Kopf und Hals im Vergleich zum Körper noch wesentlich auffallender dunkel als bei der Saatgans. **L:** Um 70 cm. **St:** Ähnlich Saatgans, aber höher. **B:** Brütet auf Grönland, Island und Spitzbergen in felsiger Tundralandschaft, vor allem an Abhängen, aber auch in der offenen Tundra. Außerhalb der Brutzeit auf Wiesen und Feldern. **W:** Wintergast vor allem im westlichen Europa.

Schneegans
Blaugraue Mutante

Schneegans *Anser caerulescens* **K:** Altvögel sind unverkennbar weiß mit schwarzen Flügelspitzen. Schnabel und Beine fleischfarben. Jungvögel grau mit dunklem Schnabel, schmutzig-grauen Beinen und schwarzen Flügelspitzen. Neben der weißen Form kommt noch eine blaugraue Mutante vor. **L:** Um 70 cm. **St:** Schnattern sowie kurze, rauhe Rufe. **B:** Brütet in offener Tundralandschaft, meist kolonieweise. Außerhalb der Brutzeit, vor allem im Flachland an der Küste. Vielfach mit anderen Gänsen vergesellschaftet. **W:** Gelegentlicher Wintergast aus Nordamerika, Nordostsibirien und Nordgrönland.

Streifengans *Anser indicus*. Mittelgroße Gans mit weißem Kopf und zwei schwarzen Genickbinden. Schnabel gelb, Körper überwiegend grau, Flügelspitzen schwarz. Brutvogel in Zentralasien. Als Irrgast (oder aus der Gefangenschaft entwichen) hin und wieder in Europa zu beobachten.

Saatgans
Kurzschnabelgans
Schneegans
juv.
juv.
Streifengans

Schwimmenten (Unterfamilie Anatinae) „gründeln“ häufig. Männchen und Weibchen sind zur Brutzeit verschieden gefärbt, im Ruhekleid ähneln sich die Geschlechter sehr. Viele Arten mit auffallendem Flügelspiegel.

Stockente

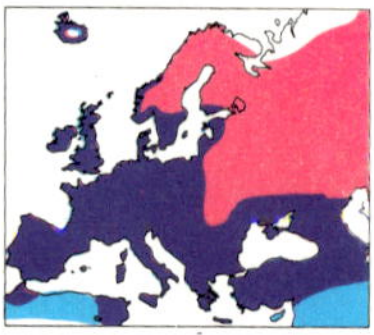

Stockente *Anas platyrhynchos* **K:** Häufigste Wildente. Im Brutkleid ♂ mit flaschengrünem Kopf, weißem Halsband und dunkel rotbrauner Kropfgegend. Schwanz mit kurzen, aufwärtsgebogenen „Erpelfedern“. ♀ unscheinbar graubraun gefleckt. ♂ im Ruhekleid ähnlich ♀. Flügelspiegel bei beiden Geschlechtern blau, beiderseits durch einen weißen Streifen begrenzt. **L:** Um 58 cm. **St:** ♂ gedämpftes „räp“, ♀ laut „waak“. **B:** Gewässer aller Art, besonders in Sumpfgelände mit Gebüsch. **W:** Vornehmlich Teilzieher.

Schnatterente

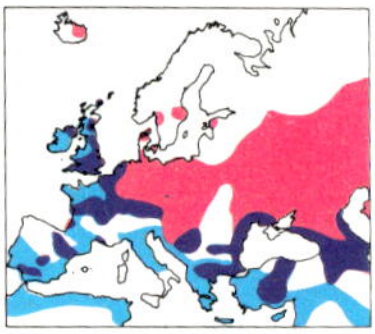

Schnatterente *Anas strepera* **K:** Etwas kleiner als Stockente mit überwiegend weißem Spiegel in den Flügeln. ♂ zur Brutzeit mit schwarzen Unterschwanzdecken. ♀ weniger kontrastreich. **L:** Um 51 cm. **St:** ♂ grunzen tief, ♀ abfallende „wääk“-Rufe. **B:** Ähnlich Stockente, aber weniger weit verbreitet. **W:** Teilzieher.

Spießente

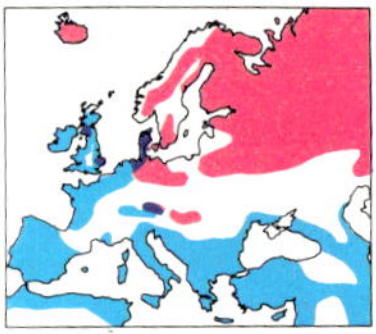

Spießente *Anas acuta* **K:** Auffallend langhalsige Ente, zur Brutzeit ♂ mit langen Schwanzspießen. Kopf schokoladebraun, Hals überwiegend weiß, Rücken grau mit lanzettartigen Schmuckfedern. ♀ ähnlich Stockente, aber mit längerem, spitzerem Schwanz. Flügelspiegel bei beiden Geschlechtern bräunlich mit weißlicher Endbinde. **L:** 56 cm. **St:** ♂ ein tiefes Pfeifen, ♀ quakt. **B:** Gewässer mit Verlandungszonen. Auch an der Küste. **W:** Teilzieher.

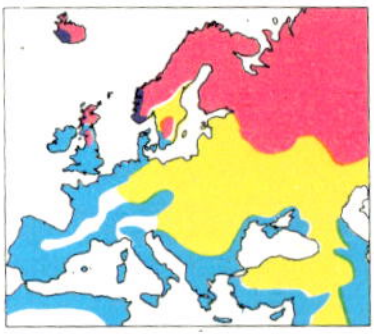

Pfeifente

Pfeifente *Anas penelope* **K:** ♂ zur Brutzeit mit rotbraunem Kopf und gelblichweißer Stirn. Rücken überwiegend grau. ♀ hauptsächlich dunkel graubraun. Flügeldecken weißlich, Spiegel überwiegend dunkelgrün. **L:** 46 cm. **St:** Vom ♂ hört man einen hellen Doppelpfiff, ♀ knurrt. **B:** Sumpfgelände. Außerhalb der Brutzeit auf Gewässern aller Art. **W:** Teilzieher.

Nordamerikanische Pfeifente *Anas americana*. Ähnlich Pfeifente, aber mit gelblichweißem Kopf, beim ♂ mit einem schwarzgrünen Streif vom Auge bis zum Hinterkopf. Sonst überwiegend rötlich braun. Irrgast aus Nordamerika.

auffliegend
landend
gründelnd
„schlabbernd"
Stockente
Schnatterente
Spießente
Pfeifente
Nordamerikanische Pfeifente

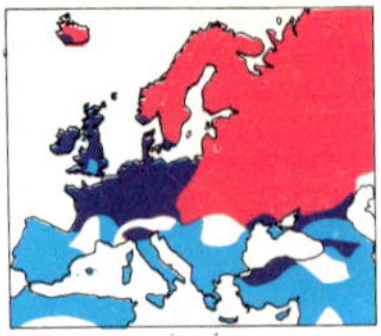

Krickente

Krickente *Anas crecca* **K:** Kleinste Wildente. Beide Geschlechter mit grünen Spiegeln. ♂ zur Brutzeit mit braunem Kopf und grünem, gelblich-weiß eingefaßtem Feld zwischen Auge und Hinterkopf. Weißer Längsstreif an der Seite. ♀ ähnlich Stockenten-♀, aber wesentlich kleiner. Die amerikanische Unterart der Krickente *(Anas crecca carolinensis)* hat auf der Vorderbrust einen weißlichen Querstreif. Der Längsstreif fehlt. **L:** 36 cm. **St:** ♂ laut „krick", ♀ quakt. **B:** Binnengewässer mit Verlandungszonen. Außerhalb der Brutzeit auch an der Küste. **W:** Teilzieher.

Blauflügelente ♀

Blauflügelente *Anas discors* **K:** Wenig größer als Krickente, mit blauen Flügeldecken und grünem Spiegel. ♂ mit dunklem, erzglänzendem Kopf und weißer, halbmondförmiger Zone am Schnabelgrund. Irrgast aus Nordamerika.

Knäkente

ad. ♂ juv. ♂ ♀

Gluckente *Anas formosa* **K:** Größer als Krickente. ♂ zur Brutzeit mit auffallendem gelblich-weiß, grün und schwarz gezeichnetem Kopf. Auf dem Rücken sichelförmige Schmuckfedern. Flügelspiegel grün. ♀ ähnlich Krickente, aber mit weißlichem Fleck am Schnabelgrund. Irrgast aus Ostsibirien.

Sichelente *Anas falcata* **K:** Größer als Krickente. ♂ im Brutkleid mit erzglänzendem, bronzefarbenem Kopf und schwacher Haube. Kehle weiß mit dunkler Querbinde. Sehr lange, sichelartig herabhängende Schmuckfedern auf dem Rücken. Spiegel grün. ♀ ähnlich Krickente. Irrgast aus Nordostasien.

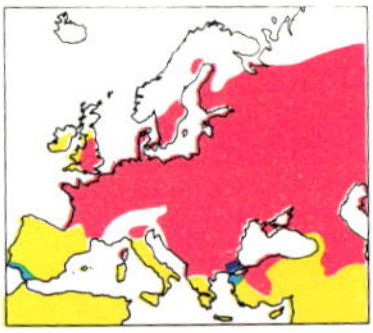

Knäkente

Knäkente *Anas querquedula* **K:** Etwas größer als Krickente. ♂ zur Brutzeit überwiegend grau mit braunem Kopf und weißem Überaugenstreif. Auf dem Rücken lanzettartig verlängerte Schmuckfedern. Flügeldecken blaugrau mit grünlichem weißgesäumten Spiegel. **L:** 38 cm. **St:** ♂ ruft laut schnarrend „klerrb", ♀ quakt. **B:** Sumpfgelände mit höherer Vegetation und Verlandungszonen von Binnengewässern. Außerhalb der Brutzeit auf Gewässern aller Art. **W:** Überwiegend Sommervogel.

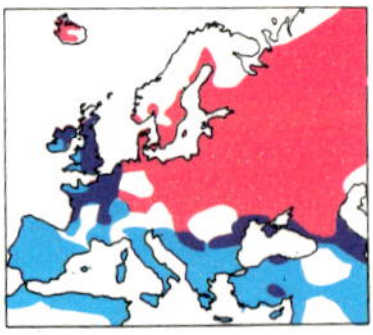

Löffelente

Löffelente *Anas clypeata* **K:** Knapp stockentengroß mit löffelartig verbreitertem Schnabel. ♂ zur Brutzeit mit dunkelgrünem Kopf, Hals und Vorderbrust weiß, Flanken kastanienbraun. Flügeldecken bläulich-grau, Spiegel schwärzlich-grün. ♀ ähnlich Stockente, aber mit bläulichgrauen Flügeldecken. **L:** 51 cm. **St:** Quakende Laute. **B:** Sümpfe und verlandende Binnengewässer. **W:** Teilzieher.

Krickente
Amerikanische Krickente
Blauflügelente
Gluckente
Sichelente
Knäkente
Löffelente

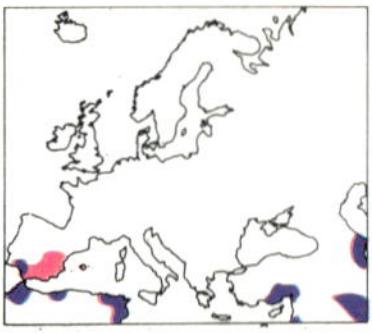

Marmelente

Marmelente *Marmaronetta angustirostris* **K:** Kleine, überwiegend graubraune, hell getüpfelte Ente. Unterseite leicht dunkel gewellt. ♂ mit schwachem Federschopf. Um das Auge eine dunkle Zone, die sich etwas nach hinten zieht. Kein Flügelspiegel. **L:** 38 cm. **St:** Heiseres Quaken. **B:** Binnengewässer mit reicher Ufervegetation. **W:** Überwiegend Sommervogel, der hauptsächlich in Nordafrika überwintert.

Mandarinente

Mandarinente *Aix galericulata* **K:** ♂ im Brutkleid unverkennbar mit bunter Kopfhaube und rotem Schnabel. Aufgerichtete, orangefarbene „Segel" auf den Flügeln. ♀ überwiegend grau-braun, mit weißem Augenring, von dem sich ein weißer Streif bis zum Hinterkopf zieht. Schnabel dunkel. ♂ im Ruhekleid ähnlich Weibchen, aber mit rotem Schnabel. Brutvogel in Ostasien. In Europa als Ziervogel eingeführt und gebietsweise in halbwildem Zustand lebend. Nistet vor allem in hohlen Bäumen.

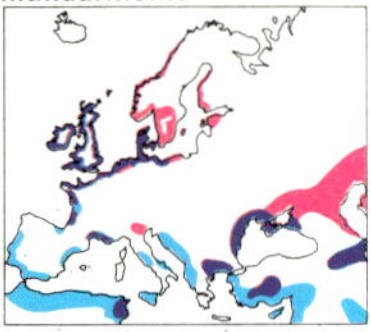

Brandente

Brandente (Brandgans) *Tadorna tadorna* **K:** Große Ente, auffallend schwarz-weiß und rotbraun gefärbt. Schnabel leuchtend rot. ♂ mit auffallendem roten Nasenhöcker. Jungvögel überwiegend graubraun und weiß gefärbt. **L:** Um 60 cm. **St:** Nasales Gackern sowie ein jaulendes „jujuju". **B:** Meeresküsten mit Dünen oder Blockfeldern sowie Salz- und Brackwasserseen mit Höhlungen am Ufer. Nistet hauptsächlich in Kaninchenhöhlen und Felsspalten. **W:** Teilzieher.

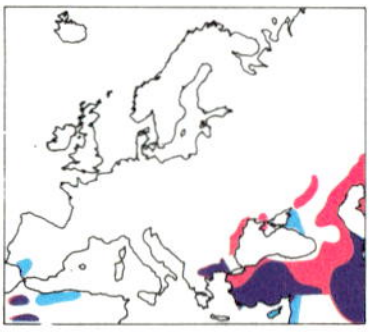

Rostgans
Hat (verwildert!) in Süddeutschland gebrütet

Rostgans *Tadorna ferruginea* **K:** Etwa von der Größe der Brandgans, aber überwiegend rostbraun. Kopf und Hals heller als der Körper. ♂ mit schmalem, schwarzem Halsring. Spiegel grünlich. **L:** 64 cm. **St:** Nasale, gänseartige Rufe. **B:** Zur Brutzeit in der Nähe von Ruinen, höhlenreichen Felswänden oder Dünengelände mit Kaninchenbauen. Manchmal auch relativ weitab vom Wasser. Außerhalb der Brutzeit sowohl auf Gewässern aller Art als auch in Sumpfgelände und auf trockenen Steppen. **W:** Teilzieher.

Nilgans

Nilgans *Alopochen aegyptiacus* **K:** Ähnlich Rostgans. Schnabel jedoch rötlich fleischfarben, nicht schwarz. Weiße Flügeldecken und grüner Spiegel. Kopf hell mit rotbrauner Umgebung der Augen. Seltener Irrgast aus Afrika. Gebietsweise verwildert, zum Beispiel in England.

Marmelente
Mandarinente
juv.
Brandente
an Bruthöhle
Rostgans
Nilgans

Tauchenten

(Unterfamilie Aythyinae) laufen vor dem Auffliegen eine Strecke flügelschlagend über die Wasseroberfläche dahin. Männchen und Weibchen zur Brutzeit verschieden gefärbt. Männchen im Ruhekleid ähneln den Weibchen.

Kolbenente

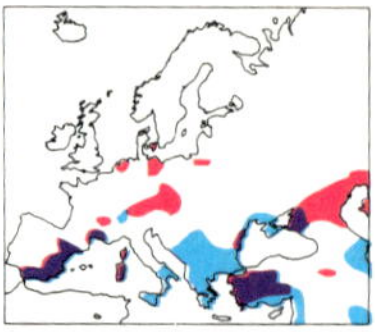

Kolbenente *Netta rufina* **K:** ♂ zur Brutzeit unverkennbar mit dickem, rostfarbenem Kopf und rotem Schnabel. Hals und Vorderbrust schwarz. Bauch überwiegend schwarz. Flanken weiß. ♀ überwiegend graubraun mit weißen Wangen. **L:** 56 cm. **St:** Knarrende Laute. **B:** Größere Binnengewässer mit Verlandungszonen. Auch in Brackwassersümpfen. **W:** Teilzieher.

Bergente

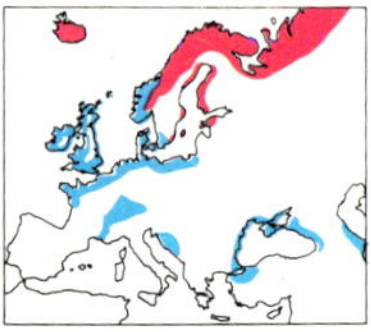

Bergente *Aythya marila* **K:** Kopf, Hals und Vorderbrust schwarz, Schnabel grau, Rücken hellgrau mit feiner schwarzer Querwellung. Flanken und Bauch weiß. Hinterende des Körpers dunkel. ♀ überwiegend graubraun mit großem, weißem Fleck am Schnabelgrund. Im Flug weißer Flügelstreif. **L:** 48 cm. **St:** Gurrende Balzlaute und rauhes Schnarren. **B:** Zur Brutzeit auf Binnengewässern mit Inseln. Sonst in Meeresbuchten und Flußmündungen. Seltener im Binnenland. **W:** Teilzieher.

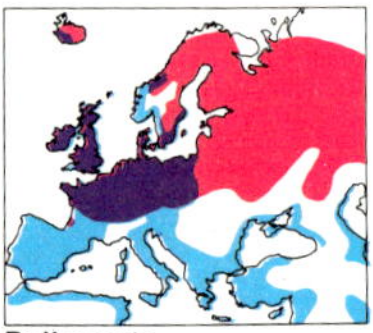

Reiherente

Reiherente *Aythya fuligula* **K:** Ähnlich Bergente mit dunklem Rücken. ♂ zur Brutzeit mit kleinem Federschopf. ♀ ähnlich Bergente, aber höchstens mit kleinem, undeutlichem weißen Fleck am Schnabelgrund. Federhaube etwas angedeutet. **L:** 43 cm. **St:** ♂ läßt zur Balzzeit ein zartes Pfeifen hören. ♀ knarrt. **B:** Vor allem Binnengewässer mit Verlandungszonen. Sonst auf Gewässern aller Art. **W:** Teilzieher.

Halsringente

Halsringente *Aythya collaris* **K:** Ähnlich Reiherente, aber ohne hängenden Federschopf. ♂ und ♀ haben weißen Schnabelgrund. Im Flug breiter, grauer Hinterrand der Flügel. Irrgast aus Nordamerika.

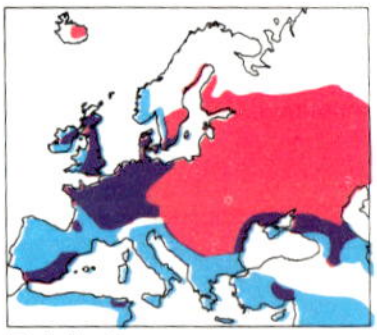

Tafelente

Tafelente *Aythya ferina* **K:** ♂ zur Brutzeit mit rotbraunem Kopf und Hals. Kropfgegend und Vorderbrust schwarz. Rücken grau. Schnabel grau mit schwarzer Basis und schwarzer Spitze. ♀ überwiegend graubraun. **L:** 46 cm. **St:** ♂ heiseres Pfeifen, ♀ knarrt. **B:** Stehende Binnengewässer mit Verlandungszonen. Sonst auf Gewässern aller Art. **W:** Teilzieher.

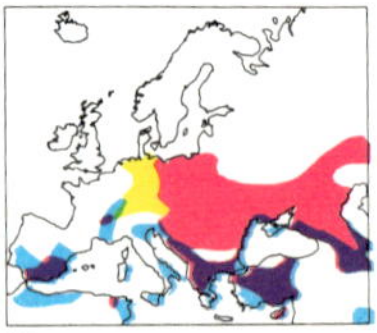

Moorente

Moorente *Aythya nycora* **K:** Kleine Tauchente mit auffallend weißen Unterschwanzdecken. Im Flug weißer Flügelstreif. Kopf, Hals und Brust dunkel kastanienbraun. ♀ etwas blasser als ♂. Augen beim ♂ weiß, beim ♀ dunkel. **L:** 41 cm. **St** und **B:** Ähnlich Tafelente. **W:** Teilzieher.

Kolbenente
Bergente
Reiherente
Halsringente
Tafelente
Moorente

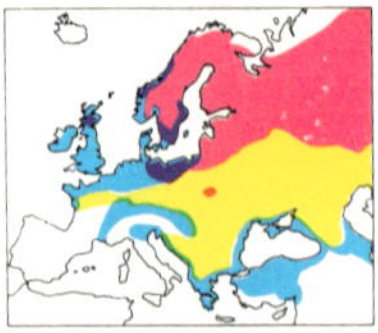

Schellente

Schellente
imm. ♂ mausernd

Schellente *Bucephala clangula* **K:** Tauchente mit auffallend dickem Kopf. ♂ zur Brutzeit mit schwarzem, leicht grünlich schimmerndem Kopf und weißem, rundlichem Fleck am Schnabelgrund. Rücken dunkel. Hals, Kopf und übrige Unterseite weiß. ♀ mit braunem Kopf und weißem Halsring. Sonst überwiegend grau. Im Flug auffallendes weißes Flügelfeld. Flügelspitzen dunkel. Ruhekleid des ♂ ähnlich ♀. **L:** 46 cm. **St:** Nasale und heisere Rufe. Fliegende Vögel erzeugen durch Schwingenschläge auffallend pfeifende Laute (Schellen). **B:** Binnengewässer mit Baumbeständen und Meeresküsten. Nistet in Baum- und Erdhöhlen. Außerhalb der Brutzeit auf Gewässern aller Art. **W:** Teilzieher.

Spatelente

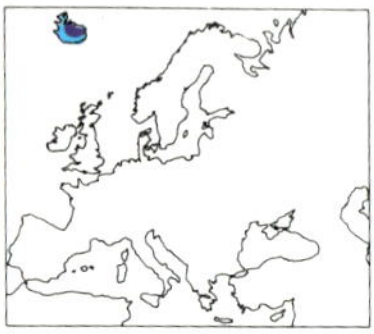

Spatelente *Bucephala islandica* **K:** Ähnlich Schellente, aber größer. ♂ mit weißem, halbmondförmigem Fleck am Schnabelgrund. Kopf mit leichtem Purpurglanz. **St** und **B:** Ähnlich Schellente. **W:** Jahresvogel auf Island. Umherstreifend bis Spanien und Skandinavien.

Meeresenten

(Unterfamilie Aythyinae) sind schwere, relativ große Tauchenten mit kurzem Hals, die man im Winter hauptsächlich an den Küsten sieht. Einige Arten kommen nur zum Brüten an Binnengewässer. Im Winter treten sie meist in großen Trupps auf, nicht selten mit anderen Arten gemischt. Alle sind hervorragende Taucher, die ihre Nahrung auf dem Grunde von Gewässern suchen. Diese besteht hauptsächlich aus Muscheln und Schnekken sowie anderen Weichtieren.

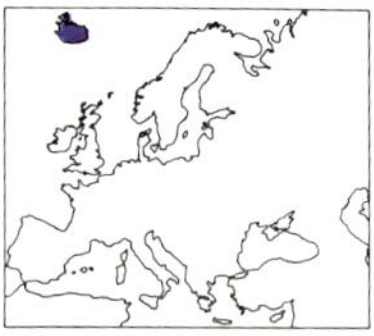

Kragenente

Kragenente *Histrionicus histrionicus* **K:** ♂ zur Brutzeit dunkelgrau mit kastanienbraunen Flanken. An Kopf, Hals und Vorderbrust weiße Abzeichen. Kurzer Schnabel. ♀ überwiegend graubraun mit großem, weißem Fleck am Schnabelgrund sowie einem kleinen, weißen Punkt vor dem Auge und einem in der Ohrgegend. Kein Flügelspiegel. Nickt beim Schwimmen häufig mit dem Kopf. **L:** 43 cm. **St:** Sanftes Pfeifen und rauhes Quaken. **B:** Zur Brutzeit an reißenden Gebirgsbächen sowie an Wasserfällen. Außerhalb der Brutzeit an felsigen Meeresküsten. **W:** Jahresvogel auf Island, streicht vereinzelt bis Mitteleuropa.

Kragenente ♀

Eisente ♀

Schellente
Schellente balzend
♀ in Nisthöhle
im Ruhekleid
Spatelente
Schellente
Spatelente
Kragenente

Eisente

Eisente *Clangula hyemalis* **K:** ♂ in allen Kleidern mit langen Schwanzspießen. Im Brutkleid überwiegend weiß mit dunklen Kopfseiten und schwarzer Kropfgegend. Bauch weiß. Rückenmitte dunkel. Flügel bei beiden Geschlechtern dunkel. ♀ bräunlich grau mit hellerem Bauch, weißlichem Kopf und verwaschenem, dunklem Fleck unter dem Auge. Ruhekleid wesentlich dunkler, Kopf und Hals dunkelbraun bis schwärzlich mit weißen Kopfseiten. Bei ♀ mit dunklem Fleck unter dem Auge. Rücken dunkel, Bauchseiten hell graubraun. Weibchen und Jungvögel ohne Schwanzspieße. **L:** ♂ 53 cm, ♀ 41 cm. **St:** Nasal jaulende Rufe und kläffende Laute. **B:** Seen in der Tundra. Außerhalb der Brutzeit auf dem Meer. **W:** Teilzieher, der auf dem Zuge hin und wieder auch ins Binnenland gelangt.

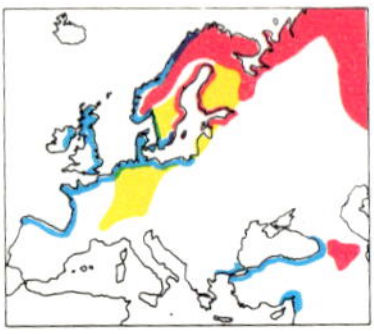

Samtente

Samtente *Melanitta fusca* **K:** ♂ zur Brutzeit fast ganz schwarz mit weißem Fleck unter dem Auge und weißen Armschwingen. Schnabel schwarz mit orangegelben Seiten. Beine rot. ♀ dunkel graubraun mit zwei weißen Flecken unter dem Auge. **L:** 56 cm. **St:** Pfeifende Laute und Knurren. **B:** Zur Brutzeit in der Tundra und in Waldungen des Nordens. Außerhalb der Brutzeit hauptsächlich auf dem Meer, hin und wieder auch auf Binnengewässern. **W:** Teilzieher.

Brillenente *Melanitta perspicillata* **K:** ♂ ähnlich Samtente, aber mit völlig dunklen Flügeln. Schnabel wesentlich höher und bunter. Stirn und Hinterkopf weiß, ♀ ähnlich Samtente, aber mit höherem Schnabel. Stirnprofil flacher. **L:** 53 cm. Irrgast aus Nordamerika. Hält sich bei uns meist auf dem Meer auf.

Trauerente

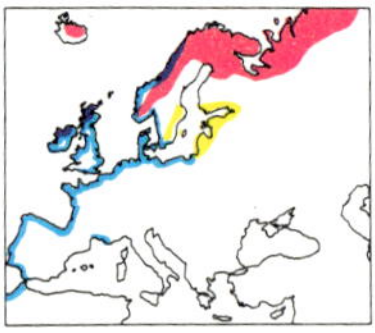

Trauerente *Melanitta nigra* **K:** ♂ zur Brutzeit schwarz mit schwarzem Höcker am Schnabelgrund und orangefarbenem Schnabelfirst. Beine schwarz. ♀ dunkel graubraun mit dunklem Oberkopf und ziemlich scharf abgesetzten hellen Wangen. **L:** 48 cm. **St:** Klangvolles Gurren und Kichern. ♀ knarrt. **B:** Brutplätze in der Tundra sowie auf Hochmooren und an Seen des Nordens. Außerhalb der Brutzeit hauptsächlich auf dem Meer. Gelegentlich auf größeren Binnengewässern. **W:** Teilzieher.

Ruhekleid
Ruhekleid
Eisente
Brutkleid
Brutkleid
Samtente
Brillenente
Trauerente
Samtenten auf dem Meer

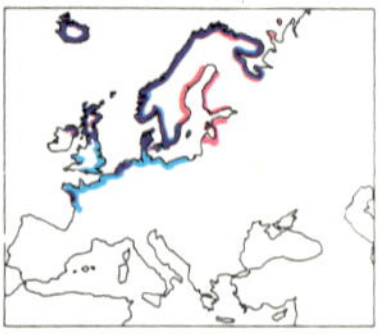

Eiderente

Eiderente *Somateria mollissima* **K:** ♂ überwiegend schwarz-weiß mit grünlicher Zone im Genick. Bauch schwarz, Rücken weiß. ♀ überwiegend braun und dunkel gebändert. Unausgefärbte ♂ mit schwarzem Kopf und hellem Augenring. **L:** 58 cm. **St:** ♂ ruft schallend „guruho", ♀ knarrt. **B:** Flache Felsküsten mit vorgelagerten Inseln. Sandstrand mit Dünen. Außerhalb der Brutzeit auf dem Meer, vielfach in der Nähe von Muschelbänken. Gelegentlich im Binnenland. **W:** Teilzieher.

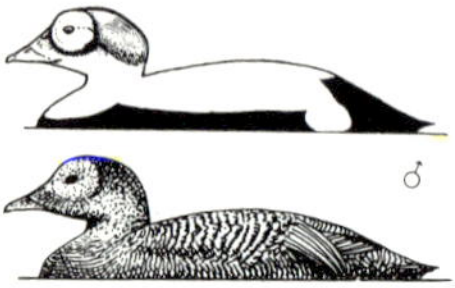

Plüschkopfente

Plüschkopfente *Somateria fischeri* **K:** Mit großem, ringförmigem, hellem Augenfleck. ♂ mit hellgrüner Stirn und Genick. Oberseite gelblich-weiß. Bauch schwärzlich. ♀ ähnlich Eiderente. Gelegentlich Irrgast aus Sibirien.

Prachteiderente *Somateria spectabilis* **K:** ♂ im Brutkleid unverkennbar mit grauem Kopf und orangefarbigem, dunkel gesäumtem Schnabelhöcker. Wangen grünlich, Hals und Vorderbrust weiß, Rücken und Bauch schwarz. ♀ ähnlich Eiderente, aber mit weniger flachem Kopfprofil. Siehe Abbildung! Unausgefärbt ähnlich Eiderente. Kopfprofil aber steiler. **L:** 56 cm. **St:** Ähnlich Eiderente. **B:** Brütet meist gesellig an Binnengewässern in der Tundra. Aber auch an arktischen Küsten und auf vorgelagerten Inseln. Außerhalb der Brutzeit meist auf dem Meer. **W:** Teilzieher. Gelegentlich über Sommer im nordwestlichen Europa.

Prachteiderente

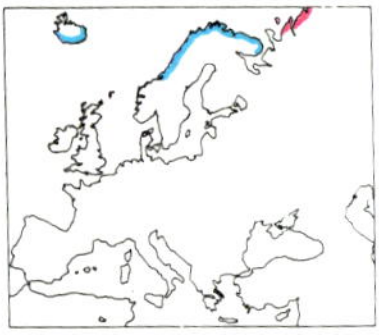

Scheckente *Polysticta stelleri* **K:** Wesentlich kleiner als Eiderente. ♂ zur Brutzeit mit weißem Kopf, schwarzer Kehle und schwarzem Vorderhals und ebensolchem Halsring. Rücken schwarz, Unterseite rostgelb. Augengegend schwarz. An den rostbraunen Brustseiten ein runder schwarzer Fleck. ♀ dunkel graubraun, schwärzlich quergebändert. Spiegel bei beiden Geschlechtern purpurblau. **L:** 46 cm. **St:** Ähnlich Eiderente, aber leiser. **B:** Brutvogel in den Tundren Ostsibiriens und in den Küstengebieten Alaskas, lokal in Nordeuropa. Im Winter an den Felsküsten Nordeuropas. **W:** Meist Wintergast aus Sibirien oder Alaska. Gelangt gelegentlich bis nach Westeuropa.

Scheckente

♂ imm.
Eiderente
♀
♂
♀
♂
♀
Prachteiderente
♀
Eiderente
♀
♂ imm.
Prachteiderente
♂
♀
♂
Scheckente
♂
♀
♂
♂
♀
♂
Eiderenten auf dem Meer
♀

Säger (Unterfamilie Merginae) haben lange, dünne Schnäbel, die an den Rändern gesägt sind.

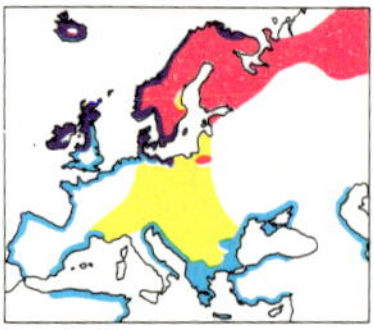
Mittelsäger

Mittelsäger *Mergus serrator* **K:** Zur Brutzeit unverkennbar, ♂ mit schwarzgrünem Kopf und zwei deutlichen Federschöpfen. Weißes Halsband, Kropfgegend graubraun, Rücken dunkel. ♀ überwiegend grau mit braunem Kopf und zweizipfeliger Haube. Kehle und Hals hell grau-bräunlich. ♂ im Ruhekleid ähnlich ♀. **L:** 58 cm. **St:** Kratzende und knarrende Laute. **B:** Nordische Tundren, fischreiche, von Wäldern umgebene Seen, Meeresküsten. Sonst vor allem auf dem Meer. **W:** Teilzieher.

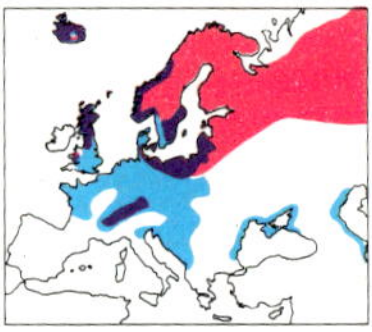
Gänsesäger

Gänsesäger *Mergus merganser* **K:** ♂ zur Brutzeit mit schwarzem, grünlich glänzendem Kopf. Hals, Brust und Unterseite weißlich mit leicht rosa Anflug. ♀ überwiegend grau mit weißer Kehle und braunem Kopf und Hals. Kehle scharf abgesetzt weiß. Federn des Hinterkopfes haubenartig verlängert. **L:** 66 cm. **St:** Krächzende und knarrende Laute. **B:** Zur Brutzeit fischreiche Gewässer mit Bäumen oder Felswänden in der Nähe. Sonst auf Gewässern aller Art. **W:** Teilzieher.

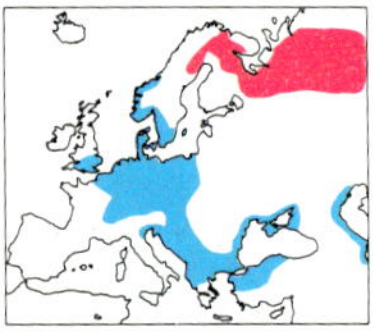
Zwergsäger
Brütet auch in Rumänien

Zwergsäger *Mergus albellus* **K:** Wesentlich kleiner als die beiden anderen Säger, mit kürzerem Schnabel. ♂ im Brutkleid überwiegend weiß mit schwarzer Zeichnung. ♀ überwiegend graubraun mit hellerer Unterseite, dunkel rotbraunem Oberkopf und weißen Wangen. ♂ im Ruhekleid ähnlich ♀. **L:** 41 cm. **St:** ♂ pfeift heiser, ♀ quakt halblaut. **B:** Seen und Flüsse mit alten Bäumen in der Nähe. **W:** Überwiegend Sommervogel.

Steifschwanzenten (Unterfamilie Oxyurinae) sind kleine Enten mit relativ großem Kopf und kurzem Hals. Schwanz verhältnismäßig lang, wird beim Schwimmen oft steil aufgerichtet.

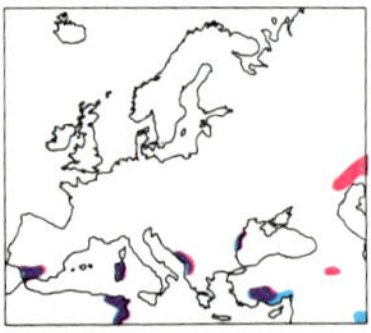
Ruderente

Ruderente *Oxyura leucocephala* **K:** Kleine Ente mit großem Kopf. ♂ mit weißen Kopfseiten, schwarzem Scheitel und schwarzem Hinterkopf. Schnabel zur Brutzeit leuchtend hellblau. Sonst grau. ♀ ähnlich ♂, aber dunkler. Helle Wangen von einer dunklen Zone vom Schnabelwinkel bis zum Hinterkopf durchzogen. **L:** 46 cm. **St:** Wenig bekannt. **B:** Süß- und Brackwasserseen mit Verlandungszonen und Schilfbeständen. **W:** Teilzieher.

Mittelsäger balzend
Mittelsäger
Gänsesäger
Bruthöhle des Gänsesägers
Zwergsäger
Ruderente

Greifvögel (Ordnung Falconiformes) sind hauptsächlich tagaktiv. Die meisten Arten schlagen lebende Beute; viele der größeren Arten verzehren auch Aas. Alle haben kräftige, hakenförmige Schnäbel und Zehen mit scharfen Krallen, mit denen sie ihre Beute ergreifen und festhalten. Die Geschlechter sehen einander meist ähnlich, aber die Weibchen sind häufig größer als die Männchen. Viele Arten variieren in der Färbung individuell sehr. Unausgefärbte unterscheiden sich meistens von Erwachsenen, und bei einigen Arten gibt es helle und dunkle Phasen. Alle sind ausgezeichnete Flieger, und die größeren Arten segeln häufig mit weitausgestreckten Flügeln. Vielfach lassen sie sich segelnd von warmen Aufwinden in die Höhe tragen, wobei sie ihre Kreise ziehen. Die kleineren Arten sind normalerweise mehr beim aktiven Flug zu beobachten. Dabei wechseln wenige kräftige Schwingenschläge mit Segeln mit ausgestreckten Schwingen ab. Einige Arten kreisen gelegentlich. Schlangenadler, Rauhfußbussard, Fischadler und Turmfalk „rütteln" zum Beispiel häufig, wobei sie nach unter ihnen befindlicher Beute spähen.

Greifvögel im Flug

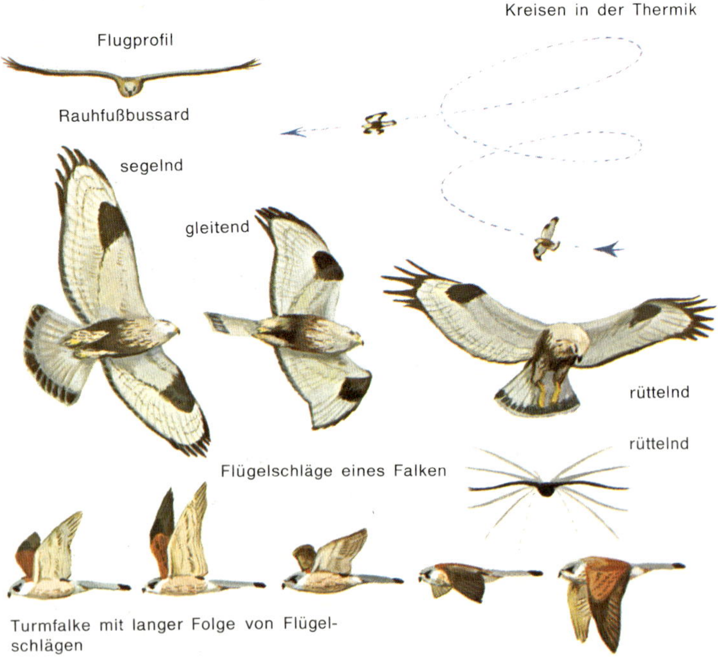

GEIER sind meist sehr große, breitflügelige Aasfresser. Nisten in Felswänden oder auf Bäumen. Gelegegröße 1 bis 2 Eier. S. 70

ADLER sind große, breitflügelige und meist kurzschwänzige, überwiegend braune Greifvögel. Segeln häufig. Nisten auf Bäumen oder in Felswänden. Gelegegröße 1 bis 2 Eier. S. 72

BUSSARDE sind mittelgroße, breitflügelige und relativ kurzschwänzige, überwiegend braune Greifvögel. Segeln und kreisen häufig. Sie nisten auf Bäumen oder in Felswänden. Gelegegröße 2 bis 6 Eier. S. 78

HABICHTE und SPERBER sind mittelgroße Greifvögel mit gerundeten Flügeln und langen Schwänzen. Kreisen selten. Nest auf Bäumen. Gelegegröße 3 bis 6 Eier. S. 80

MILANE sind mittelgroß mit gegabelten Schwänzen. Kreisen häufig. Verzehren vornehmlich Aas, schlagen aber auch kleinere Beutetiere. Gelegegröße 2 bis 4 Eier. S. 82

Der FISCHADLER ist relativ groß mit sehr heller Unterseite. Rüttelt häufig über Gewässern. Ernährt sich hauptsächlich von Fischen. Gelegegröße 3 Eier. S. 82

WEIHEN sind mittelgroß mit meist schlankem Körper und relativ langen Beinen. Beim Segeln halten alle Weihen die Flügel V-förmig. Weihen nisten auf dem Boden. Gelegegröße 4 oder mehr Eier. S. 84

FALKEN haben schmale, spitze Flügel. Sie bauen kein Nest, sondern brüten auf Felsbändern, in Höhlungen, in Nestern anderer Vögel sowie auch auf dem Boden. 3 bis 7 Eier. S. 86

Geier (Familie Accipitridae) sind meist große bis sehr große, träge Greifvögel, die sich überwiegend von Aas und Abfällen ernähren. Geschlechter gleich.

Schmutzgeier

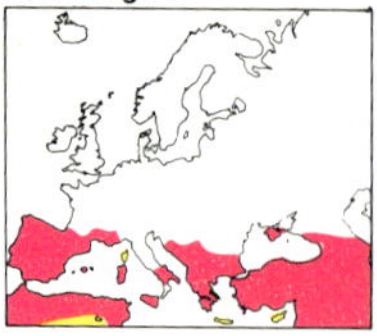

Schmutzgeier *Neophron percnopterus* **K:** Altvögel überwiegend weiß mit schwarzen Arm- und Handschwingen. Kopf nackt und orangegelblich gefärbt. Juv. und imm. dunkelbraun, nackte Hautteile am Kopf schmutzig fleischfarben. Mit etwa 6 Jahren ausgefärbt. **L:** Um 60 cm. **St:** Meist stumm. **B:** Hauptsächlich felsiges Gelände, kommt zur Nahrungssuche aber auch in Ebenen und in Ortschaften. Nistet hauptsächlich in Felswänden. **W:** Teilzieher.

Gänsegeier

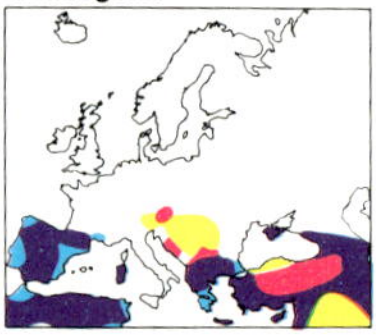

Gänsegeier *Gyps fulvus* **K:** Mächtiger Geier mit langen, breiten Flügeln und kurzem Schwanz. Kopf und Hals mit weißlichem Flaum bedeckt. Altvögel mit weißer, Jungvögel mit brauner Halskrause. Meist gesellig. **L:** Um 100 cm. **Sp:** Ca. 250 cm. **St:** Krächzende und fauchende Rufe sowie Keckern und klagendes Pfeifen. **B:** Brutvogel in felsigem Gelände. Nistet auf Felsbändern und in Höhlen hoher Wände. Meist Koloniebrüter. Kommt zur Nahrungssuche in offenes Gelände. Aasfresser. **W:** Jahresvogel.

Mönchsgeier
Brutvogel auf Mallorca

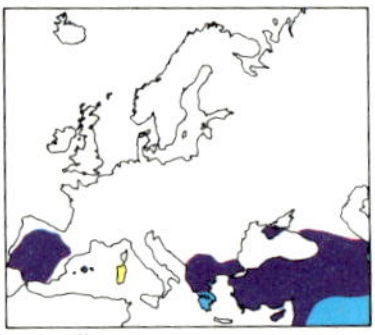

Mönchsgeier *Aegypius monachus* **K:** Großer, sehr dunkler Geier, von weitem fast schwarz wirkend. Kräftige dunkle Halskrause. Altvögel mit hellem Flaum am Kopf und dunkler Augenumgebung. Imm. mit ganz dunklem Kopf. Im Fluge vom Gänsegeier durch einfarbig dunkle Unterseite und keilförmigeres Schwanzende unterschieden. **L:** Um 105 cm. **Sp:** Um 270 cm. **St:** Rauh krächzende Laute. **B:** Entlegene Gegenden in der Ebene und im Gebirge mit Baumgruppen und aufgelockerten Wäldern. Nistet auf Bäumen. Gelegentlich Felsbrüter. Zur Nahrungssuche auch in anderen Biotopen. **W:** Jahresvogel.

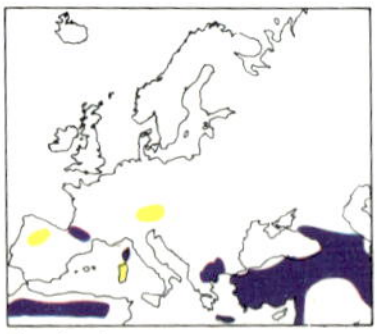

Bartgeier
Brutvorkommen im mittleren und südlichen Spanien nahezu erloschen

Bartgeier *Gypaëtus barbatus* **K:** Wesentlich langschwänziger und langflügeliger als die anderen Geier. Flugbild fast falkenartig mit langem, keilförmigem Schwanz. Oberseite dunkelbraun bis schwärzlich. Kopf und Unterseite weißlich mit mehr oder weniger starkem rostgelblichem Anflug. Schwarze Augenbinde, schwarzes Federbärtchen am Unterschnabel. Jungvögel überwiegend dunkel mit hellerem Bauch. **L:** Um 110 cm. **Sp:** Um 250 cm. **St:** Gelegentlich rauhes Pfeifen. **B:** Brütet in felsigem Gelände, vor allem im Hochgebirge. Nistet in Höhlen hoher Wände. **W:** Jahresvogel.

Schmutzgeier
ad.
ad.
ad.
juv.
Gänsegeier
ad.
ad.
juv.
ad. segelnd
ad.
Mönchsgeier
ad.
juv.
ad. segelnd
Bartgeier
ad.
ad.
ad.
juv.

Adler (Familie Accipitridae) sind große, breitflügelige Greifvögel mit großen Köpfen und kräftigen Schnäbeln. Sie segeln häufig. Der Gefiederwechsel geht langsam vor sich, und die Bestimmung unausgefärbter Vögel kann sehr schwierig sein. Die Geschlechter sehen einander sehr ähnlich, die Weibchen sind in den meisten Fällen etwas größer als die Männchen. Sie leben meist einzeln oder paarweise. Viele Arten sind selten geworden, vor allem durch Verfolgung und die Anwendung von giftigen Chemikalien. Die Nachwuchsrate dieser mächtigen Vögel, die vielfach nicht jedes Jahr brüten, ist gering. Die einzelnen Paare besitzen oft sehr große Territorien, in denen sie mehrere Horste bauen, die abwechselnd benutzt werden. Viele Arten ernähren sich zu einem großen Teil von Aas, einige schlagen auch kleine bis mittelgroße Wirbeltiere. Daß Adler kleine Kinder rauben sollen, ist ein Märchen.

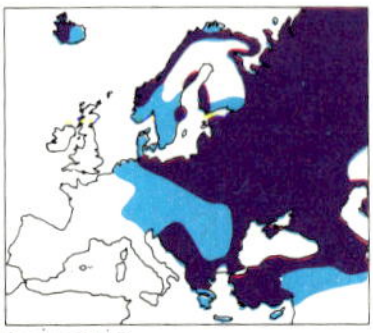

Seeadler
1968 auf Fair Isle Wiedereinbürgerungsversuche

Seeadler *Haliaeëtus albicilla* **K:** Mächtiger Greifvogel mit unbefiederten Beinen. Schnabel sehr kräftig. Altvögel mit weißem, keilförmigem Schwanz. Jungvögel dunkelbraun mit braunem Schwanz und unregelmäßig helleren Flecken. **L:** Ca. 90 cm. **Sp:** Etwa 240 cm. **St:** Jauchzende Rufreihe aus wie „kji" klingenden Lauten. Außerdem rauhes Krächzen. **B:** Größere Binnengewässer mit hohen Bäumen sowie felsige Meeresküsten. Horstet auf Bäumen oder in Felswänden. **W:** Teilzieher.

Binden-Seeadler

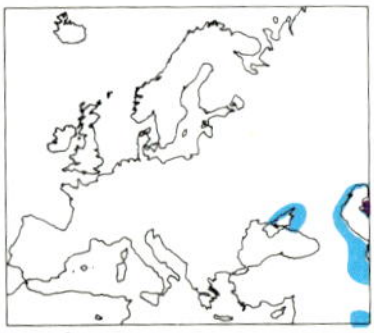

Binden-Seeadler *Haliaeëtus leucoryphus* **K:** Kleiner als Seeadler mit blaugrauen, nicht gelben unbefiederten Beinen und Füßen. Wachshaut am Schnabel grau, nicht gelb wie beim Seeadler. Schwanz dunkel mit breiter, weißer Binde. Jungvögel und Unausgefärbte ganz dunkel mit hellen Streifen am Kopf. Brutvogel am Kaspischen Meer. Sonst in Asien. Überwiegend Jahresvogel.

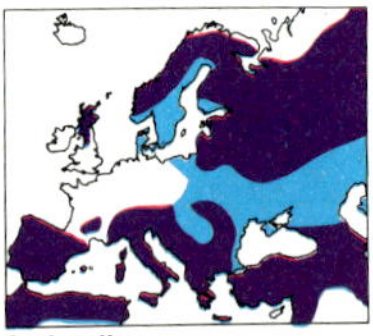

Steinadler

Steinadler *Aquila chrysaëtos* **K:** Kräftiger Adler mit bis zu den Füßen herab befiederten Beinen. Altvögel überwiegend braun mit dunklerer Brust. Hinterkopf und Nacken goldbraun. Schwanz dunkel mit undeutlicher Querbänderung. Imm. überwiegend schwarz-braun mit je einem hellen Flügelfleck auf der Unterseite und grauweißem Schwanz mit breiter, dunkler Endbinde. **L:** Um 80 cm. **Sp:** Um 220 cm. **St:** Kläffende und pfeifende Rufe. **B:** Vor allem höhere Gebirge mit steilen Felswänden. Im Norden und Nordosten auch in größeren Waldgebieten. **W:** Jahresvogel.

Flugprofil
Seeadler
juv.
Baumhorst
ad.
juv.
ad.
juv.
ad.
Binden-Seeadler
ad.
juv.
Felsenhorst
Flugprofil
ad.
Sturzflug
juv.
Steinadler
ad.
juv.

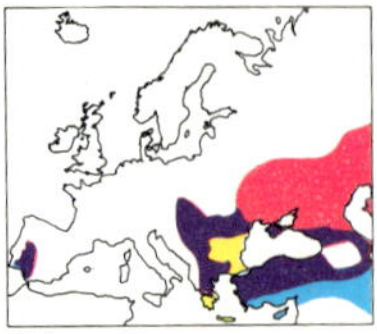

Kaiseradler
Bestand der westl. Form sehr gefährdet

Kaiseradler *Aquila heliaca* **K:** Ähnlich Steinadler, aber mit dunklerer Unterseite und hell semmelgelbem Hinterkopf und Nacken. Auf den Schultern je ein weißer Fleck. Exemplare der spanischen und nordafrikanischen Form (eig. Art?) zusätzlich mit weißem Flügelbug. Schwanz mit breiter, dunkler Endbinde und mehreren schmalen Querbinden. Jungvögel der östlichen Form semmelgelb, dunkel gefleckt, der westlichen *(adalberti)* rötlichbraun. Weniger gewandter Flieger als Steinadler. **L:** Um 80 cm. **Sp:** Um 200 cm. **St:** Bellendes „kjau-kjau-. . .“. **B:** Offenes Gelände mit einzelnen Bäumen und Baumgruppen. Aufgelockerte Waldungen. **W:** Teilzieher.

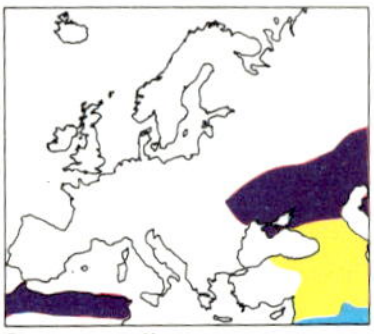

Steppenadler

Steppenadler *Aquila rapax nipalensis* **K:** Kleiner als Steinadler, nahezu einfarbig erdbraun. Flügelunterseite und Schwanz fein gebändert. Manchmal mit rostgelblichem Fleck im Nacken. Juv. und imm. lehmfarben mit dunklen Handschwingen. Im Fluge von oben zwei helle Flügelbinden erkennbar. Setzt sich häufig auf den Boden. **L:** Um 70 cm. **Sp:** Um 180 cm. **St:** Ähnlich Kaiseradler. **B:** Offenes Gelände mit Büschen oder Steppen. Nistet auf dem Boden. **W:** Teilzieher.

Schelladler

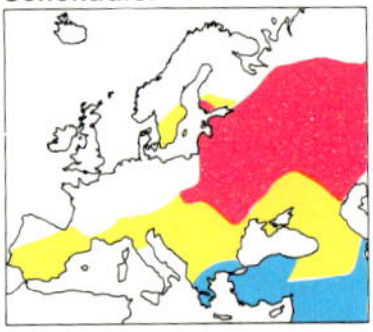

Schelladler *Aquila clanga* **K:** Kleiner als Steppenadler. Ad. dunkelbraun mit meist weißlichen Oberschwanzdecken. Jungvögel und Unausgefärbte dunkelbraun mit weißlicher Fleckung, die auf den Flügeln in Form von drei hellen Binden angeordnet sind. Im Gegensatz zum Steppenadler, der nierenförmige Nasenlöcher hat, sind die Nasenöffnungen beim Schelladler rund. Flugbild mit auffallend breiten Flügeln und leicht keilförmigem Schwanz. **L:** Knapp 70 cm. **Sp:** Um 160 cm. **St:** Helles Kläffen. **B:** Auwälder mit hohen Bäumen sowie Waldungen in der Nähe von großen Gewässern. **W:** Überwiegend Sommervogel, der in Asien und Afrika überwintert.

Schelladler, helle Phase

Schreiadler *Aquila pomarina* **K:** Etwas kleiner und schlanker als Schelladler. Ad. fast einfarbig braun mit etwas hellerem Kopf. Manchmal mit weißlichen Flecken auf den Oberschwanzdecken. Imm. ähnlich Schelladler, aber weniger stark weißlich gefleckt. Im Nacken rostgelblicher Fleck. Schwanz gerade abgestutzt oder leicht gerundet. Nasenlöcher rund. **L:** Um 60 cm. **Sp:** Um 150 cm. **St:** Helles Kläffen und langgezogenes Pfeifen. **B:** Vor allem Waldungen in Sumpfgebieten mit anschließendem offenem Gelände. **W:** Sommervogel, überwintert in Ostafrika.

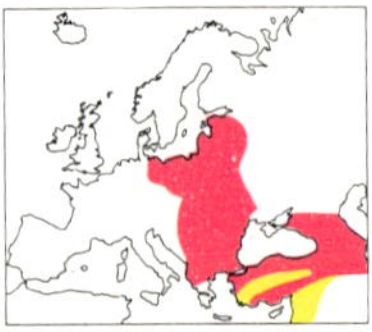

Schreiadler

adulter spanischer Kaiseradler
Kaiseradler
Flugprofil
juv.
östl. Form
ad.
juv.
adulte spanische Form
juv.
Steppenadler
ad.
ad.
östl. Form
juv.
juv.
Flugprofil
juv.
ad.
Schelladler
ad.
ad.
juv.
ad.
Schreiadler
Flugprofil

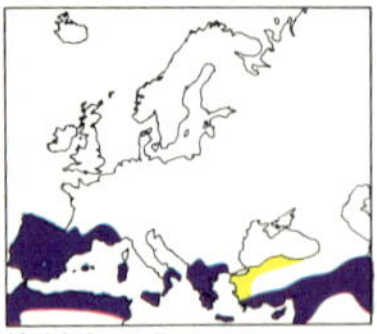
Habichtsadler

Habichtsadler *Hieraaëtus fasciatus* **K:** Etwa so groß wie Schelladler, aber schlanker. Ad. oberseits dunkelbraun mit grauem Schwanz und breiter, dunkler Endbinde. Unterseite weißlich mit schwärzlicher Tropfenfleckung. Augen gelb. Juv. oberseits braun, unterseits mehr oder weniger rostfarben mit feiner dunkler Längsstrichelung. Schwanz mit zahlreichen dunklen Querbinden. Im zweiten Jahr viele Vögel unterseits deutlich heller mit kräftiger Längsfleckung. Dunkle Schwanzbinde deutlicher. Aber auch fast einfarbig braune Stücke. Flugbild durch relativ langen Schwanz charakterisiert. **L:** Um 70 cm. **Sp:** Um 170 cm. **St:** Langgezogenes Pfeifen sowie mehrfach wiederholtes, scharfes „kip". **B:** Vor allem kahle Berge mit Felswänden und Schluchten in geringer Meereshöhe, aber auch in höheren Gebirgen. Meidet ausgedehnte Waldungen. **W:** Jahresvogel.

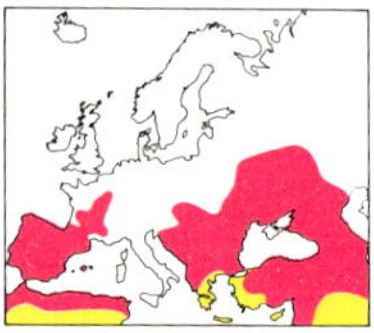
Zwergadler

Zwergadler *Hieraaëtus pennatus* **K:** Ähnlich Habichtsadler, aber kleiner und schlanker. Schwanz relativ länger und ungebändert. Helle Phase unterseits überwiegend cremefarben mit leichter dunkler Längsfleckung. Hand- und Armschwingen dunkel. Schwanz relativ lang, hellbraun, am Ende gerade abgeschnitten. Weiße Schulterflecken. Dunkle Phase überwiegend dunkelbraun, Schwanz heller. Juv. und imm. ähnlich ad. **L:** Um 50 cm. **Sp:** Um 120 cm. **St:** Abfallende „jüg-jüg-. . ."-Rufreihen. **B:** Laub- und Mischwaldungen in der Ebene und in Mittelgebirgen. Horstet auf Bäumen. **W:** Sommervogel, der im tropischen Afrika überwintert.

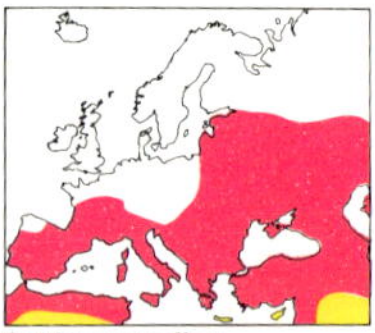
Schlangenadler

Schlangenadler *Circaëtus gallicus* **K:** Auffallend dickköpfig wirkender großer Greifvogel mit unbefiederten grauen Beinen und Füßen. Augen leuchtend gelb. Oberseite graubraun, Schwanz mit 3 bis 4 schmalen Querbinden und einer breiten dunklen Endbinde. Helle Phase Unterseite fast ganz weiß mit wenigen dunklen Fleckchen. Die häufigere dunkle Phase ist auf der Unterseite bis in die Kropfgegend dunkel graubraun und daran anschließend scharf abgesetzt weiß mit spärlicher Flekkung. Steht häufig mit stark gewinkelten Flügeln und hängenden Beinen gegen den Wind in der Luft. **L:** Um 65 cm. **Sp:** Um 180 cm. **St:** Klagende Pfeiflaute sowie ein kräftigeres „jüock". **B:** Offene Landschaften mit Baumgruppen, aufgelockerte Waldungen, felsiges Gelände mit Geröllhängen. Horstet auf Bäumen, seltener in Felswänden. **W:** Teilzieher.

Habichtsadler
juv.
ad.
2jähr.
ad.
1jähr.
ad.
Flugprofil
dunkle Phase
ad.
Zwergadler
helle Phase
ad.
helle Phase
dunkle Phase
dunkle Phase
Flugprofil
Sturzflug
segelnd
Schlangenadler
dunkle Phase
rüttelnd
helle Phase
Flugprofil

Bussarde (Familie Accipitridae) sind mittelgroße, breitflügelige Greifvögel, die häufig kreisen.

Mäusebussard

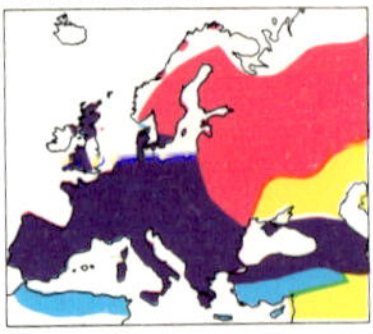

Mäusebussard *Buteo buteo* **K:** Färbung sehr variabel. Oberseite meist dunkelbraun, Unterseite etwas heller mit dunkler Längsfleckung, manchmal auch mit groben Querwellen. Schwanz eng, dunkel quergebändert. Beine unbefiedert gelb. Kreist häufig, rüttelt und setzt sich mit Vorliebe auf einzeln stehende Bäume, Pfähle, Heuhaufen und Telegrafenmasten. **L:** Um 53 cm. **Sp:** Um 130 cm. **St:** Jauchzendes „hiäh", besonders beim Kreisen. **B:** Aufgelockerte Waldungen und offene Landschaften mit Baumgruppen. **W:** Teilzieher.

Rauhfußbussard

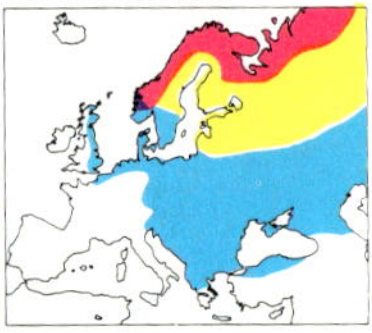

Rauhfußbussard *Buteo lagopus* **K:** Ähnlich Mäusebussard, aber mit bis zu den Zehen herab befiederten Beinen. Einziges sicheres Erkennungsmerkmal! Unterseite meist heller mit dunklem Bauch. Schwanz hell mit breiter, dunkler Endbinde. Es gibt aber auch ähnlich gezeichnete Mäusebussarde! Flügel im allgemeinen etwas schmäler als beim Mäusebussard; Schwanz länger. **L:** Um 60 cm. **Sp:** Um 140 cm. **St:** Ähnlich Mäusebussard. **B:** Offene Tundralandschaft mit felsigen Hügeln und Bergen. Sonst im offenen Gelände. **W:** Überwiegend Sommervogel.

Adlerbussard

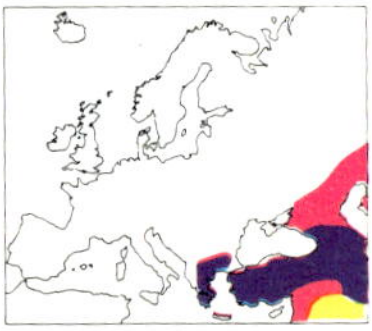

Adlerbussard *Buteo rufinus* **K:** Ähnlich Mäusebussard, aber etwas größer und vor allem langbeiniger. Beine unbefiedert. Färbung sehr variabel. Schwanz meist hell rostbraun. Im Flug wirkt die Unterseite ziemlich hell. Flügel länger und schmäler als beim Mäusebussard. Schwanz relativ länger. **L:** Um 62 cm. **Sp:** Um 145 cm. **St:** Ähnlich Mäusebussard. **B:** Offenes, steppenartiges Gelände, aber auch im Gebirge. **W:** Sommervogel, überwintert in Ostafrika und in Südasien.

Wespenbussard
Wenige Paare brüten in Südengland

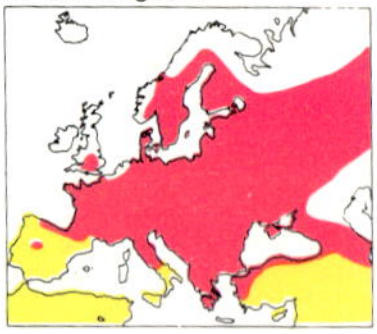

Wespenbussard *Pernis apivorus* **K:** Ähnlich Mäusebussard, aber mit längerem Schwanz, schmäleren Flügeln und kleinerem Kopf. Nasenlöcher schlitzförmig. Färbung sehr variabel. Augen gelb. Schwanz mit einer breiten, dunklen Endbinde und zwei schmäleren Querbinden in der vorderen Schwanzhälfte. Juv. entweder überwiegend dunkelbraun oder unregelmäßig hell und dunkel gefleckt. Augen braun. **L:** Um 55 cm. **Sp:** Um 130 cm. **St:** Klagendes „plihä", höher als ähnlicher Ruf des Mäusebussards. **B:** Wälder mit Lichtungen und angrenzendem offenem Gelände. **W:** Sommervogel, überwintert im tropischen Afrika.

Mäusebussard
unkle Phase
helle Phase
Durchschnitts-
färbung
dunkle
Phase
helle
Flugprofil
Rauhfußbussard
Flugprofil
rüttelnd
helle Phase
Adlerbussard
urchschnittsfärbung
ad.
Flugprofil
ad.
ad.
♀
ad.
elle Phase, juv.
dunkle Phase, juv.
helle Phase, juv.
♂
ad.
Wespenbussard

Sperber und Habichte (Familie Accipitridae) sind mittelgroße Greifvögel mit ziemlich kurzen, gerundeten Flügeln und langen Schwänzen. Kreisen selten, schlagen ihre Beute meist im Überraschungsangriff.

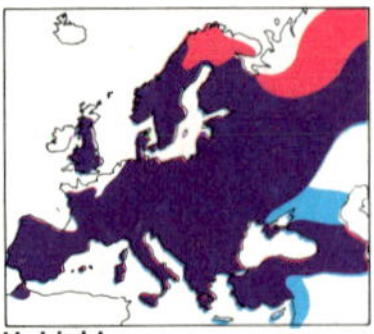
Habicht

Habicht *Accipiter gentilis* **K:** Etwa bussardgroß mit relativ langem Schwanz. Oberseite dunkel- bis schiefergrau, Schwanz mit 4 bis 5 dunklen Querbinden. Kräftiger weißer Überaugenstreif. Unterseite weißlich mit dichter, dunkler Querbänderung. Augen orange. Juv. oberseits dunkelbraun, unterseits bräunlich-weiß oder rostfarben mit kräftiger, dunkler Längsfleckung. Augen gelb. **L:** ♂ um 50 cm, ♀ um 60 cm. **Sp:** Um 110 cm. **St:** Bussardähnliches, aber helleres „hiäh". Am Brutplatz metallisches Gickern. **B:** Vor allem ausgedehnte Wälder. Horstet auf hohen Bäumen. Jagt auch im offenen Gelände mit Baumgruppen. **W:** Überwiegend Jahresvogel. Jungvögel streichen weiter umher.

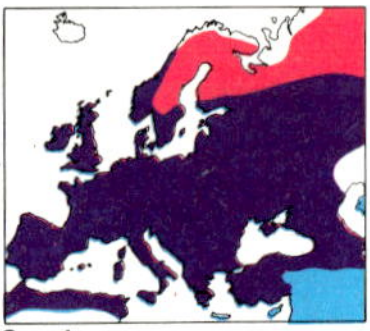
Sperber

Sperber *Accipiter nisus* **K:** Ähnlich Habicht, aber wesentlich kleiner. Altes ♂ oberseits bräunlich grau mit rostfarbenen Wangen. Unterseits weißlich mit rostfarbener Querbänderung. ♀ ähnlich gezeichnet wie alter Habicht. Jungvögel oberseits braun mit grober, dunkler Querbänderung. Augen gelb. **L:** ♂ um 28 cm, ♀ um 38 cm. **Sp:** ♂ ca. 60 cm, ♀ ca. 75 cm. **St:** Wenig lautfreudig. Am Brutplatz helles „gigigigigi". **B:** Wälder, vor allem Nadelwaldungen. Gelegentlich auch in kleineren Waldkomplexen im offenen Gelände. Kommt zum Jagen gelegentlich in Ortschaften. Horstet mit Vorliebe in dichten Nadelholzbeständen. **W:** Teilzieher. Gebietsweise sehr selten geworden.

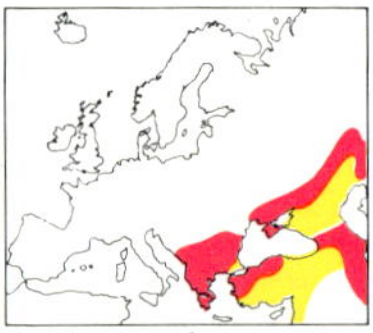
Kurzfangsperber

Kurzfangsperber *Accipiter badius* **K:** Ähnlich Sperber, aber mit 6 bis 7 statt 4 dunklen Querbinden im Schwanz. In allen Kleidern rötliche Augen. Altes ♂ mit grauen, nicht rostfarbenen Wangen. Altes ♀ oberseits grauer als Sperber. Kreist häufiger als dieser und rüttelt ab und zu, ähnlich Turmfalk. **L:** 36 bis 39 cm. **Sp:** Ca. 70 cm. **St:** Ähnlich Sperber, aber auch gellende Doppelrufe. **B:** Aufgelockerte Wälder und offenes Gelände mit Baumgruppen. Horstet auf Bäumen. **W:** Sommervogel, der hauptsächlich im östlichen Afrika und im südlichen Asien überwintert.

Habicht
segelnd, adult
juv.
♂
♀
gleitend, juv.
♀
♀
Sperber
juv.
♂
♀
♀
♂
segelnd
gleitend, juv.
♂
Kurzfangsperber
♂
segelnd
juv.
♂
♀
gleitend, juv.
♂

Milane (Familie Accipitridae) sind mittelgroße Greifvögel mit langen Flügeln und relativ langen gegabelten Schwänzen. Sie kreisen häufig.

Rotmilan

Rotmilan *Milvus milvus* **K:** Überwiegend rötlichbraun mit hellerem Kopf und rostfarbenem tiefgegabeltem Schwanz. Beim Flugbild fallen die überwiegend weißlich-grauen Unterseiten der Handschwingen auf. **L:** Ca. 61 cm. **Sp:** Ca 160 cm. **St:** Jammerndes „wiäh-wíhe-wíhe-wíhe". **B:** Laubwälder, offenes Gelände mit Baumgruppen, Gewässer mit Baumbeständen. **W:** Teilzieher.

Schwarzmilan
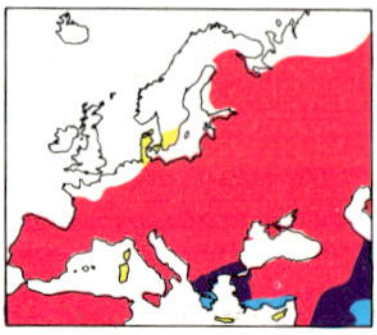

Schwarzmilan *Milvus migrans* **K:** Ähnlich Rotmilan, aber mit weniger tiefgegabeltem Schwanz. Kopf bei Altvögeln fast grau-weiß. Junge mit helleren Tropfenflekken auf dunklem Gefieder. Flugbild von unten fast ganz dunkel wirkend. **L:** Um 57 cm. **Sp:** Ca. 150 cm. **St:** Wiehernde und wimmernde Rufe. **B:** Mehr an Gewässer gebunden als Rotmilan. Wälder und Baumgruppen in der Nähe von Binnengewässern. Vielfach bei Reiherkolonien. **W:** Hauptsächlich Sommervogel, der in Afrika und im südlichen Asien überwintert.

Gleitaar
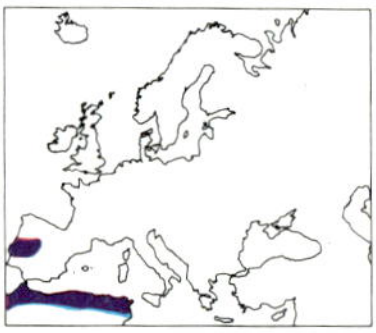

Gleitaar *Elanus caeruleus* **K:** Etwa turmfalkengroß mit schwach gegabeltem Schwanz. Altvögel oberseits überwiegend grau mit dunkleren Flügeln und fast schwarzen Schultern. Unterseite weiß, Augen rot, schwarzer Streif durchs Auge. Jungvögel oberseits graubraun mit hellen Federsäumen. Schultern schwärzlich. Flugbild von unten überwiegend weiß mit schwarzen Flügelspitzen. Rüttelt häufig. Flug möwenartig. **L:** 33 cm. **Sp:** Um 80 cm. **St:** Pfeifendes „kriäh". **B:** Offenes Gelände mit einzelnen Bäumen oder Baumgruppen. Horstet auf Bäumen. **W:** Jahresvogel.

Fischadler (Familie Pandionidae). Bei dieser Familie gibt es nur eine einzige Art. Füße mit Wendezehe.

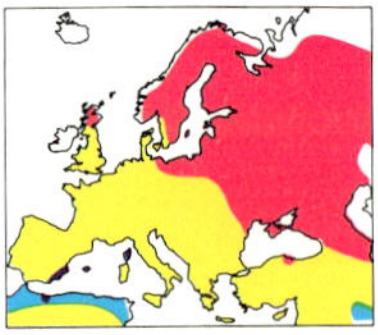
Fischadler

Fischadler *Pandion haliaëtus* **K:** Etwa milangroß mit überwiegend weißem Körper. Kopf weiß mit schwärzlichem Band von der Stirn bis zum Hinterkopf. Beine und Füße unbefiedert grau. Auge gelb. Fliegt häufig mit mehr oder weniger geknickten Flügeln. Rüttelt über dem Wasser und stürzt sich zum Fischfang hinein. **L:** Knapp 60 cm. **Sp:** Um 160 cm. **St:** Helles „kji-kji-kji-kji". **B:** Binnengewässer in Wäldern oder Seen oder Flüssen mit alten Bäumen in der Nähe. Auch an Felsküsten. Horstet auf Bäumen oder in Felswänden. **W:** Überwiegend Sommervogel, der hauptsächlich in Afrika überwintert.

Rotmilan
ad.
juv.
ad.
juv.
Flugprofil
Schwarzmilan
ad.
juv.
juv.
ad.
Gleitaar
ad.
Flugprofil
rüttelnd
juv.
Fischadler
juv.
rüttelnd
ad.
Flugprofil

Weihen (Familie Accipitridae) halten beim Segeln die Flügel V-förmig nach oben. Sie nisten auf dem Boden.

Rohrweihe *Circus aeruginosus* **K:** ♂ überwiegend braun mit hellerem Kopf. Schwanz und Armschwingen grau, Flügelspitzen schwarz. ♀ fast ganz dunkelbraun, Kopf und Kehle sowie Flügelbug weißlich. Juv. entweder ganz dunkelbraun oder mit rötlich lehmfarbenem Kopf. ♂ mit gelben, ♀ mit gelb-braunen, juv. mit dunkelbraunen Augen. **L:** Um 50 cm. **Sp:** Ca. 120 cm. **St:** Dünnes „klieeh“ und pfeifendes „küiih“. **B:** Offene Landschaft mit Gewässern und ausgedehnten Schilfgebieten. **W:** Teilzieher.

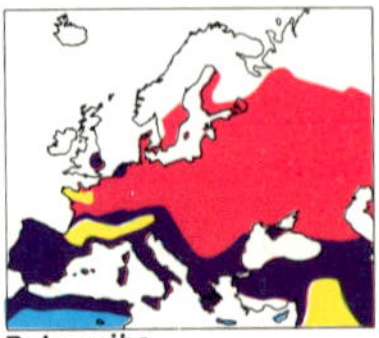
Rohrweihe

Kornweihe
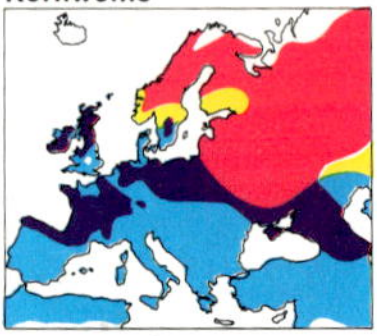

Kornweihe *Circus cyaneus* **K:** ♂ oberseits aschgrau, ebenso Kehle und Kropfgegend. Übrige Unterseite weiß. Schwanz grau, Oberschwanzdecken weiß. Flügelspitzen schwarz. ♀ oberseits bräunlich mit weißen Oberschwanzdecken und graubraunem, dunkelgebändertem Schwanz. Juv. ähnlich ♀, aber mit braunen Augen. Iris der Altvögel gelb. **L:** 47 cm. **Sp:** Ca. 105 cm. **St:** Pfeifendes „kwiäh“ sowie keckernde Laute. **B:** Offenes, meist steppenartiges Gelände, offenes Hügelland. **W:** Teilzieher. In Deutschland seltener Brutvogel.

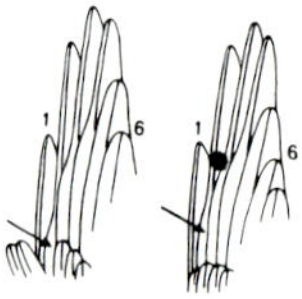

Steppenweihe
Wiesenweihe

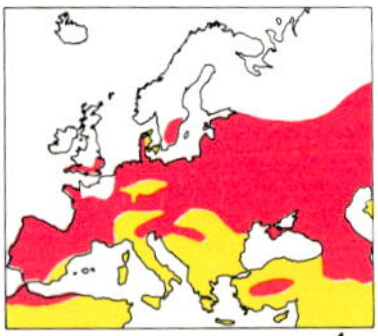

Steppenweihe *Circus macrourus* **K:** Ähnlich Kornweihe, ♂ aber wesentlich blasser. Unterseite völlig weiß. Schwanz mit schwacher, bräunlicher Querbänderung auf den äußeren Steuerfedern. Flügelspitzen weniger ausgedehnt schwarz als bei der Kornweihe. Vorderste Handschwinge grau, nicht schwarz. ♀ und Jungvögel ähnlich Wiesenweihe. **L:** Um 45 cm. **Sp:** Um 100 cm. **St:** Ähnlich den übrigen Weihen. **B:** Steppenartiges Gelände und offenes Hügelland. **W:** Teilzieher.

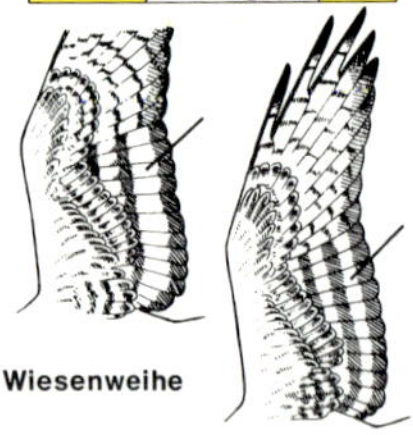
Wiesenweihe
Steppenweihe

Wiesenweihe *Circus pygargus* **K:** Ähnlich Korn- und Steppenweihe, aber schlanker. Ausgefärbtes ♂ überwiegend grau mit hellgrauen Oberschwanzdecken. Brust, Bauch und „Hosen“ weißlich mit spärlicher, hell rotbrauner Längsfleckung. Flügelspitzen schwarz, schwarzer Längsstreif im Flügel. Augen gelb. ♀ ähnlich Kornweihe. Augen braun, bei sehr alten Weibchen gelblicher. Juv. ähnlich ♀, Unterseite rotbraun mit nur undeutlichen dunkleren Schaftstrichen. Augen dunkelbraun. **L:** Um 43 cm. **Sp:** Um 110 cm. **St:** Ähnlich Kornweihe. **B:** Offenes Gelände mit Sumpfvegetation, Dünenlandschaften, Kultursteppe. **W:** Sommervogel, überwintert im tropischen und südlichen Afrika.

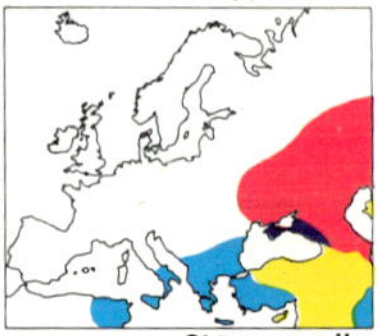
Steppenweihe

Flugprofil
Rohrweihe
♀
♂
juv.
♂
♀
♂
♂
♂
♂
Kornweihe
Wiesenweihe
♀
Weisenweihe, imm.
♀
Kornweihe
♀
♂
♀
juv.
♂
ad.
Wiesenweihe
♂
♂
mausernd (subadult)
Wiesenweihe
imm.
juv.
juv.
Wiesenw.
Steppenw.
♀
juv.
♂
ad.
ad.
♂
♂
subadult
Steppenweihe

Falken (Familie Falconidae) haben lange, spitze Flügel und dunkle Augen.

Gerfalk

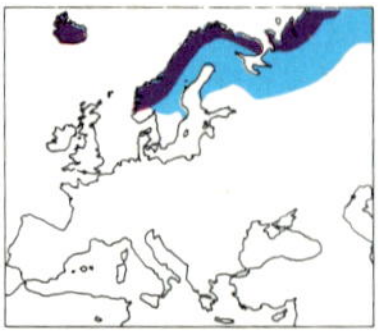

Gerfalk *Falco rusticolus* **K:** Größter europäischer Falke. Färbung sehr variabel. Grönländische Gerfalken oft fast ganz weiß. In Europa dürfte die intermediäre Färbung wohl die häufigste sein. Wachshaut, Beine und Füße gelb, bei jüngeren bläulich. **L:** Um 53 cm. **Sp:** Um 130 cm. **St:** Scharfe „kjäck"- und „gäh"-Rufe sowie rauhes, gereihtes „gerrä". **B:** Felsiges, meist gebirgiges Gelände mit steilen Felswänden; auch in bewaldeten Landschaften. Jagt auch in anderen Biotopen. **W:** Vorwiegend Jahresvogel.

Wanderfalk

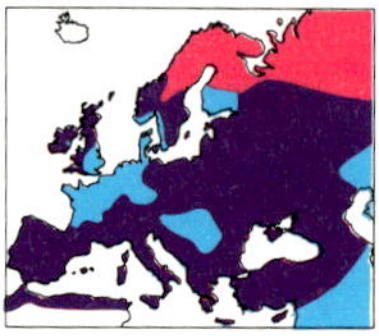

Wanderfalk *Falco peregrinus* **K:** Kleiner als Gerfalk, Oberseite schiefergrau, Kopf dunkler mit breitem Backenstreif und scharf abgesetzter weißer Kehle und Ohrgegend. Wachshaut und Füße gelb. Jungvögel oberseits dunkelbraun, unterseits hellbraun mit dunkler Tropfenfleckung. Wachshaut bläulich, Fänge grünlichgelb. **L:** Um 45 cm. **Sp:** Um 100 cm. **St:** Dohlenartiges „kjak" und scharfes „kozick". Außerdem Rufreihen aus „gjä- und „grä"-Lauten. **B:** Felsige Landschaft mit hohen Wänden. Wälder mit Lichtungen. Hin und wieder in Ortschaften. Jagt oft weit von seinem Brutplatz entfernt. **W:** Teilzieher. Im mittleren Europa überwiegend Jahresvogel. In fast ganz Europa im Bestand bedroht.

Lannerfalk

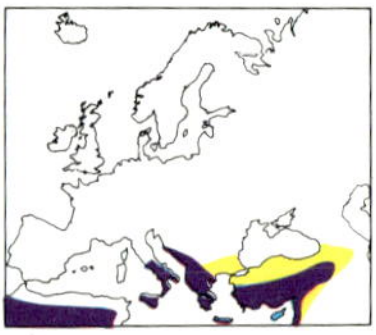

Lannerfalk (Feldeggsfalk) *Falco biarmicus* **K:** Ähnlich Wanderfalk, aber mit schmälerem Bartstreif. Oberseite hell graubraun mit schieferblauem Anflug. Scheitel bei europäischen Vögeln dunkel mit ockerfarbenem Hinterkopf. Unterseite weißlich mit feiner, dunkler Fleckung, die an den Flanken in eine breite Querfleckung übergeht. **L:** Um 45 cm. **Sp:** Um 105 cm. **St:** Weiches Lahnen und durchdringendes „krri-krri . . .". **B:** Felsiges Gelände mit steilen Wänden, an das sich offene Landschaften anschließen. Auch an Felsküsten. **W:** Vorwiegend Jahresvogel.

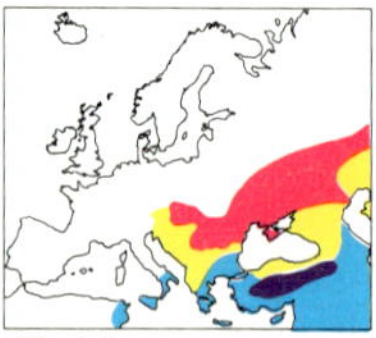

Würgfalk

Würgfalk (Saker) *Falco cherrug* **K:** Oberseite braun, Unterseite weißlich mit dunkler Tropfenfleckung, die an den Flanken immer größer und kräftiger wird. Wachshaut und Fänge gelb. Juv. ähnlich, mit bläulicher Wachshaut und ebensolchen Fängen. **L:** Um 50 cm. **Sp:** Um 115 cm. **St:** Rauhe „kiak-kiak . . ."-Rufreihen und schnelles Gickern. **B:** Weites, meist steppenartiges Gelände mit Baumgruppen oder einzelnen Bäumen sowie auch in Gebirgen. **W:** Teilzieher.

ad. Durchschnittsfärbung
Gerfalk
ad. helle Phase
ad. Durchschnitts-
färbung
juv. dunkle Phase
Wanderfalk
juv.
ad.
ad.
ad. Sturzflug
juv.
ad.
ad.
Lannerfalk
Würgfalk
ad.
ad.
juv.

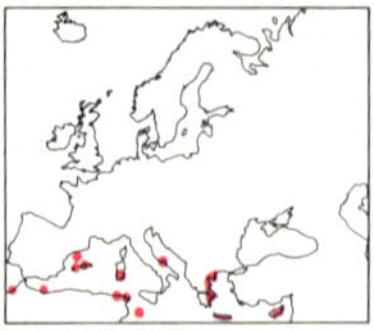

Eleonorenfalk

Eleonorenfalk *Falco eleonorae* **K:** Relativ langschwänziger Falke, der in einer hellen und in einer dunklen Phase auftritt. Dunkle Phase überwiegend schwarzbraun, helle mit weißlicher Kehle und weißlichen Halsseiten. Übrige Unterseite hell rostbräunlich mit dunkler Tropfenfleckung. Wachshaut und Fänge gelb. Juv. oberseits hell geschuppt, unterseits kräftig hell und dunkel längsgefleckt. Meist gesellig. **L:** 38 cm. **Sp:** 90 bis 100 cm. **St:** Heiseres „kjä-kjä-kjä . . .". Am Brutplatz durchdringendes „krriih-krriih-. . .". **B:** Felseninseln des Mittelmeers und vor der nordwestafrikanischen Küste. Meist Koloniebrüter. **W:** Sommervogel, der überwiegend an der Ostküste Afrikas überwintert.

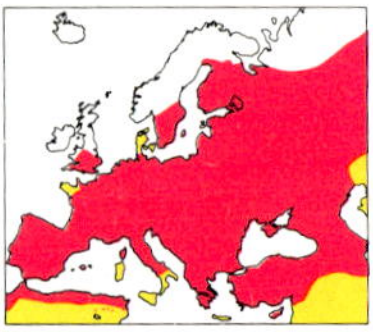

Baumfalk

Baumfalk *Falco subbuteo* **K:** Kleiner Falke mit langen, sichelförmigen Flügeln und relativ kurzem Schwanz. Flugbild mauerseglerartig. Altvögel ähnlich der hellen Phase des Eleonorenfalken, Oberseite aber dunkel schiefergrau und Unterseite weißlich, nicht rostfarben verwaschen, mit dunkler Tropfenfleckung. Auffallende rostfarbene „Hosen". Juv. oberseits dunkelbraun, Unterseite ähnlich Altvögeln, aber bräunlich verwaschen. Keine rostfarbenen „Hosen". Wachshaut bläulich. Fänge blaß grünlich-gelb. Bei Altvögeln gelb. **L:** Um 33 cm. **Sp:** Um 80 cm. **St:** Gedehntes, klagendes „gih-gih-gih . . .". Außerdem ein kurzes „kikiki". **B:** Laub- und Nadelwälder, Parklandschaften, offenes Gelände mit Gehölzgruppen. Brütet in Nestern größerer Vögel auf Bäumen. **W:** Sommervogel, der in Afrika überwintert.

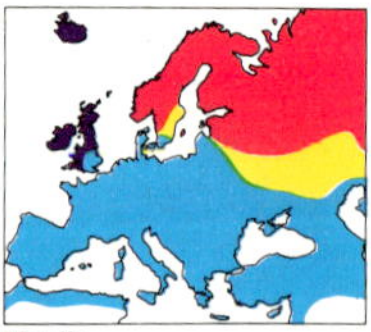

Merlin

Merlin *Falco columbarius* **K:** Kleinster europäischer Falke. Geschlechter verschieden gefärbt. ♂ mit schiefergrauer Oberseite und brauner Genickbinde. Schwanz grau mit breiter, schwarzer Endbinde. Unterseite hell rostfarben mit dunkler Längsfleckung. ♀ oberseits braun mit hell und dunkel gestreifter Binde im Genick. Schwanz braun mit weißlichen Querbinden. Unterseite bräunlich-weiß mit dunkler Längsfleckung. Jungvögel ähnlich ♀. Fliegt häufig dicht über dem Boden dahin und setzt sich mit Vorliebe auf Ackerschollen, Maulwurfshügel usw. **L:** Um 30 cm. **Sp:** Ca. 60 cm. **St:** Turmfalkenähnliches „kvikvikkvik . . .". **B:** Tundralandschaften mit Zwergstrauchheiden, Hochmoore, unkultiviertes Hügelland. Auch in Dünengebieten und im Gebirge. Sonst offene Landschaften aller Art. Nistet hauptsächlich auf dem Boden. **W:** Teilzieher, der in Mitteleuropa als Wintergast auftaucht.

Eleonorenfalk
ad. dunkle Phase
ad. helle Phase
ad. helle Phase
juv. helle Phase
ad. dunkle Phase
Baumfalk
ad.
ad.
juv.
juv.
eine Libelle fressend
Merlin
ad.
♂
♀
♂
jagender Merlin

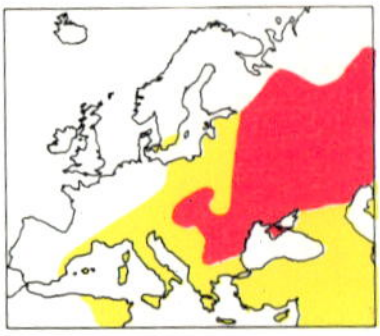

Rotfußfalk
Hat mehrfach in Deutschland gebrütet

Rotfußfalk *Falco vespertinus* **K:** Kleiner, ziemlich langschwänziger Falke. ♂ überwiegend dunkel schiefergrau mit kastanienbraunen „Hosen" und Unterschwanzdekken. Wachshaut, Augenringe und Fänge rot. ♀ oberseits heller schiefergrau mit dunkler Wellenzeichnung. Oberkopf hell rostfarben, Augenumgebung schwarz eingefaßt mit anschließendem schwarzem Backenstreif. Augenringe, Wachshaut und Fänge gelblichrot. Unterseite rötlich-sandfarben mit leichter dunkler Fleckung, besonders an den Flanken. Juv. ähnlich jungem Baumfalk, aber mit hellerer Stirn und kräftigen rostgelblichen Federsäumen auf dem Rücken. Meist gesellig. Rüttelt ähnlich wie Turmfalk. **L:** Um 30 cm. **Sp:** Um 75 cm. **St:** Ähnlich Baumfalk. **B:** Offenes Gelände mit einzelnen Bäumen und Baumgruppen, vor allem Steppengebiete. **W:** Sommervogel, der hauptsächlich in Ost- und Südafrika überwintert.

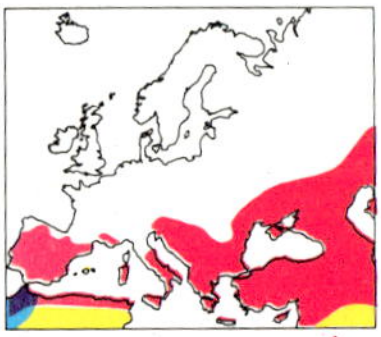

Rötelfalk

Rötelfalk *Falco naumanni* **K:** Kleiner Falke, dem Turmfalken sehr ähnlich. ♂ mit blaugrauem Oberkopf und blaugrauem Schwanz mit breiter, schwarzer Endbinde. Rücken rostbraun ohne jegliche Fleckung. Im Flügel eine blaugraue Zone. Unterseite blaß rostfarben mit spärlicher schwarzer Fleckung. Krallen weißlich. ♀ ähnlich Turmfalken-♀, an Kopf und Nacken vielfach etwas grauer. Juv. ähnlich ♀. Krallen weiß. Flugbild ähnlich Turmfalk, aber mittlere Schwanzfedern meist deutlich verlängert. „Rüttelt" wie Turmfalk. **L:** Ca. 30 cm. **Sp:** Um 65 cm. **St:** Heiseres „tchitche" oder „tschitschetsche". Außerdem gereiztes „krriii". **B:** Felsen und altes Gemäuer im offenen Gelände. Nicht selten in Ortschaften. Nistet meist kolonieweise in Mauerlöchern oder in Felsspalten. **W:** Sommervogel, der in Afrika überwintert.

Turmfalk

Turmfalk *Falco tinnunculus* **K:** Sehr ähnlich Rötelfalk, aber etwas größer. Krallen stets schwarz. ♂ auf dem Rücken stets dunkel gefleckt, ohne blaugraue Zone im Flügel. Unterseite kräftiger längsgefleckt. Mittlere Schwanzfedern nicht deutlich verlängert. Meist einzeln oder paarweise. Steht häufig rüttelnd in der Luft. **L:** Ca. 34 cm. **Sp:** Um 75 cm. **St:** Durchdringendes „kvikkvikkvik . . .", scharfes „zick" und vor allem am Brutplatz klirrendes „krrii", meist gereiht. **B:** Felsiges Gelände, offene Landschaft, Waldränder oder Wälder mit Lichtungen. Nicht selten in Ortschaften sowie bei Burgruinen. Nistet in Felsspalten oder Mauerlöchern, vielfach in Nestern größerer Vögel auf Bäumen. **W:** Teilzieher.

ad.
♂
imm.
♂
ad.
♀
juv.
juv.
♀
♂
Rotfußfalk
Rötelfalk
♂
♀
♂
♂
♀
♂
♂
Turmfalk
♂
rüttelnd
♂
♀
♀

Fliegende Greifvögel sind schwierig zu bestimmen. Man sollte besonders auf die Silhouette des Flugbildes, auf die Länge von Flügeln und Schwanz sowie auf die Haltung der Flügel beim Segeln und Kreisen achten. Wenn Greifvögel größere Wasserflächen überqueren, so konzentrieren sie sich an Vorgebirgen und entlang der Küstenlinie. An solchen Stellen kann man zur Zugzeit viele

Gänsegeier ad.

Seeadler juv.

Steinadler ad.

Schreiadler ad.

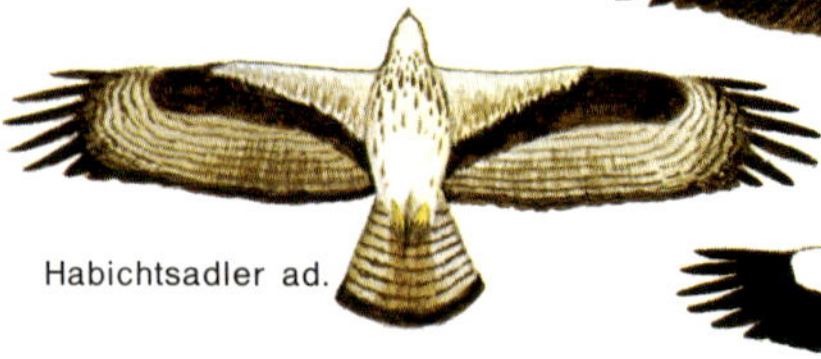

Habichtsadler ad.

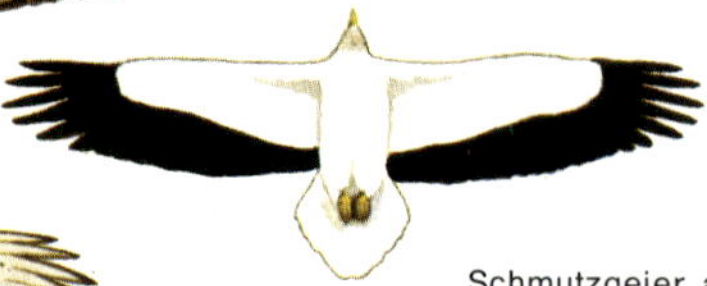

Schmutzgeier ad.

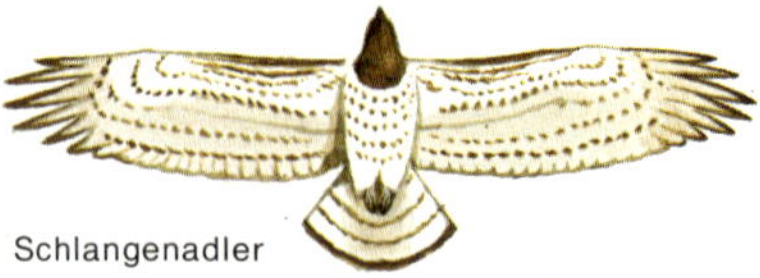

Schlangenadler

Zwergadler, helle Phase

Fischadler ad.

Greifvögel beobachten. Solche Plätze sind bekannt in Falsterbo (Südschweden), am Bosporus und bei Gibraltar, wo über 1000 Greifvögel an einem einzigen Tag beobachtet werden können. Im Winter sind Gebiete, in denen sich auch andere Vögel konzentrieren, ebenfalls gute Beobachtungsplätze für Greifvögel.

Hühnervögel (Ordnung Galliformes) fliegen mit schnellen Flügelschlägen, meist sehr geräuschvoll. Laufen sehr gut und schnell und suchen ihre Nahrung, die vielfach aus Sämereien und Insekten besteht, auf dem Boden. Die Hähne der meisten Arten sind größer und bunter als die Hennen.

Rauhfußhühner (Familie Tetraonidae) sind an den Füßen bis zu den Zehen herab befiedert. Sie legen 5 bis 12 meist dunkelgefleckte Eier.

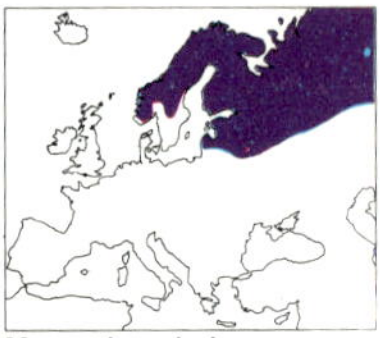
Moorschneehuhn

Moorschneehuhn *Lagopus lagopus* **K:** In allen Kleidern mit völlig weißen Flügeln. ♂ zur Brutzeit rotbraun mit dunkler Querwellung. Über den Augen rote „Rosen". Winterkleid völlig weiß mit schwarzen, äußeren Schwanzfedern. Schaut beim Abflug vielfach zurück. ♀ etwas heller, dafür aber kräftiger dunkel gewellt. Rosen kleiner. Winterkleid ebenfalls völlig weiß mit schwarzen, äußeren Schwanzfedern. Übergangskleider mehr oder weniger weiß gefleckt. **L:** Um 40 cm. **St:** Lautes „gouk-ogogog". **B:** Moorgebiete und Heideflächen mit Birken, Weiden und Wacholder. **W:** Jahresvogel.

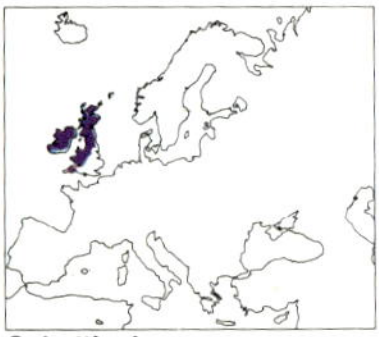
Schottisches Moorschneehuhn

Schottisches Moorschneehuhn *Lagopus lagopus scoticus* und *Lagopus lagopus hibernicus* **K:** Ähnlich Moorschneehuhn, aber in allen Kleidern mit braunen Flügeln. Färbung im allgemeinen kräftiger rotbraun. Sonst wie Moorschneehuhn.

Alpenschneehuhn
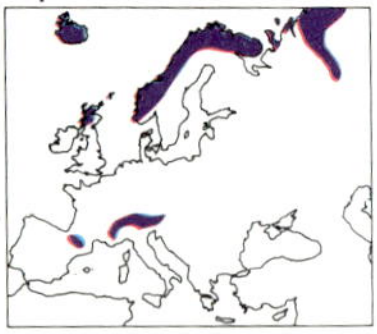

Alpenschneehuhn *Lagopus mutus* **K:** Winterkleid weiß wie Moorschneehuhn, aber ♂ mit schwarzem Streif durchs Auge. ♀ im Winterkleid von Moorschneehuhn nicht zu unterscheiden, schaut aber beim Abfliegen meist nicht zurück. Sommerkleid weniger rötlich mit stets weißem Bauch. Flügel weiß. Oberseite graubräunlich, nicht rötlich. Übergangskleid mehr oder weniger stark weiß gefleckt. ♀ hell und dunkel quergewellt. **St:** Gereihter, kurzer, knarrender Balzruf. **B:** Gebirge oberhalb der Baumgrenze, besonders in der Nähe der Schneegrenze. Im Norden auch Hochmoore und Tundralandschaften. **W:** Jahresvogel.

Kaukasisches Königshuhn

Kaukasisches Königshuhn *Tetraogallus caucasicus.* Gehört nicht zur Familie der Tetraonidae, sondern zur Familie der Eigentlichen Hühner. **K:** Größer als Birkhuhn, überwiegend graubraun mit weißer Kehle. Ohne rote Rosen. Beine unbefiedert. **B:** Bewohnt Bergregionen über der Baumgrenze im Kaukasus. **W:** Jahresvogel.

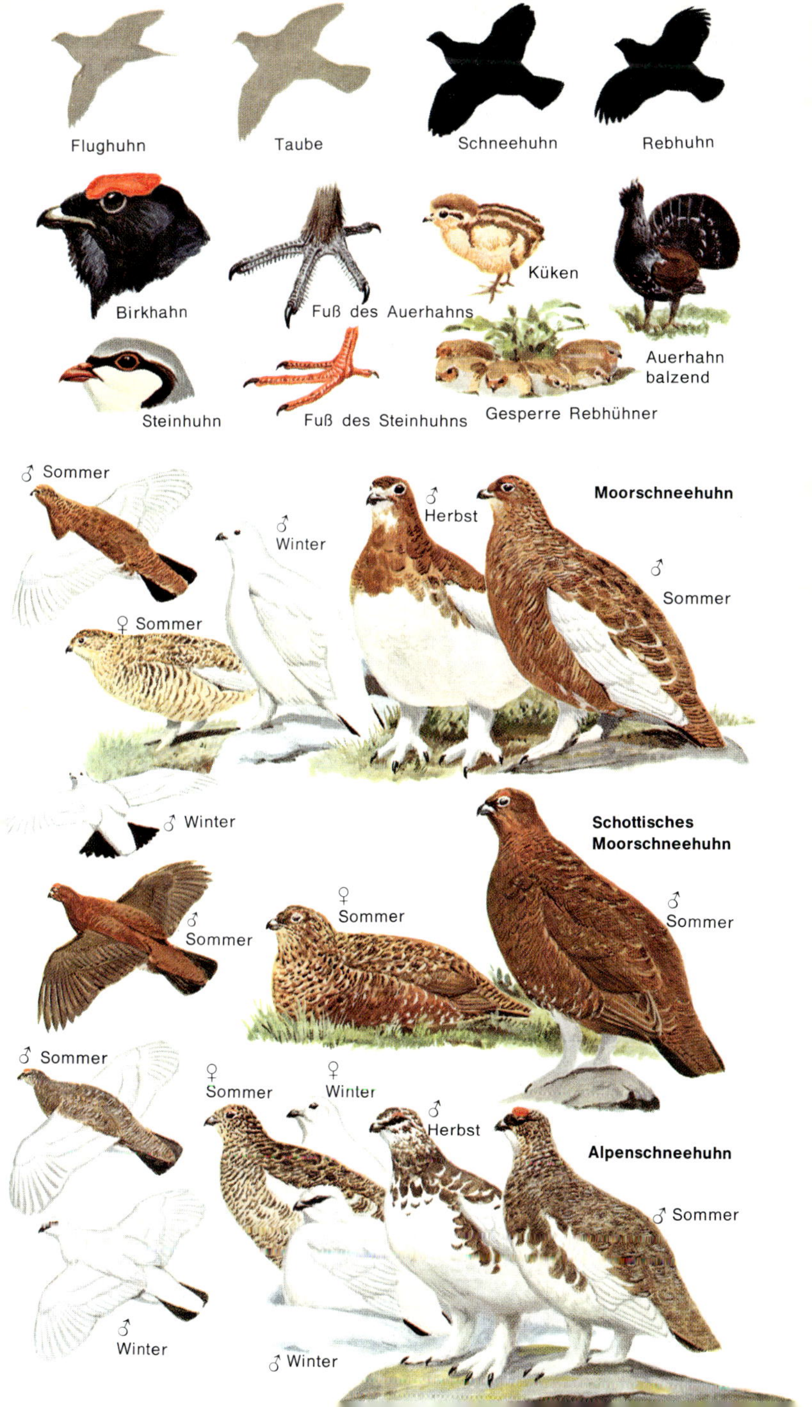
Flughuhn
Taube
Schneehuhn
Rebhuhn
Birkhahn
Fuß des Auerhahns
Küken
Auerhahn balzend
Steinhuhn
Fuß des Steinhuhns
Gesperre Rebhühner
♂ Sommer
♂ Winter
♂ Herbst
Moorschneehuhn
♂ Sommer
♀ Sommer
♂ Winter
Schottisches Moorschneehuhn
♀ Sommer
♂ Sommer
♂ Sommer
♂ Sommer
♀ Sommer
♀ Winter
♂ Herbst
Alpenschneehuhn
♂ Sommer
♂ Winter
♂ Winter

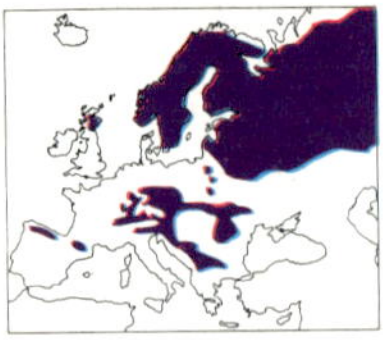

Auerhuhn

Auerhuhn *Tetrao urogallus* **K:** ♂ wesentlich größer als ♀. Hahn überwiegend dunkel schiefergrau mit erzgrünem Glanz in der Kropfgegend. Über den Augen rote Rosen. Schwanz lang, wird bei der Balz aufgerichtet und gefächert. ♀ überwiegend braun, dunkel und hell gebändert und gefleckt. Kropfgegend nahezu einfarbig rotbraun. Schwanz gerundet. Balz auf Bäumen und auf dem Boden. **L:** ♂ 86, ♀ 61 cm. **St:** ♀ ruft nasal „gok-gok", Balzgesang des ♂ sehr leises, hölzernes Knappen, in rhythmischer Folge vorgetragen, schließlich in einen Triller übergehend. Danach folgt der „Hauptschlag", ein Laut, der dem ähnelt, wenn man einen Korken aus der Flasche zieht. Darauf folgt ein gutturales „Wetzen". **B:** Ausgedehnte Misch- und Nadelwälder mit dichter Beerkrautflora. **W:** Jahresvogel.

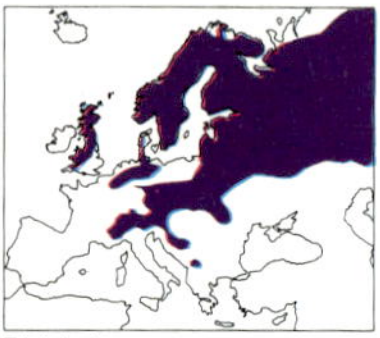

Birkhuhn

Birkhuhn *Tetrao tetrix* **K:** ♂ überwiegend schwarz mit dunkelblauem Erzglanz. Schwanzfedern leierförmig. ♀ ähnlich Auerhenne, aber mit leicht gegabeltem Schwanz und kräftig dunkelgebänderter Kropfgegend. **L:** ♂ 53, ♀ 41 cm. **St:** Hähne kullern zur Balzzeit und lassen dazwischen ein Zischen hören, wobei sie sich hoch aufrichten. Hennen gocken nasal. Zwischen Auer- und Birkhuhn kommen unfruchtbare Bastarde vor, die als Rackelhühner bezeichnet werden. **B:** Moore und Heidelandschaft mit lockerem Baumbestand. Im Gebirge meist in der Nähe der oberen Waldgrenze. **W:** Jahresvogel.

Kaukasisches Birkhuhn

•**Kaukasisches Birkhuhn** *Tetrao mlokosiewiczi* **K:** Ähnlich Birkhuhn, aber ohne weiße Flügelbinde. Schwanzfedern weniger stark leierförmig gebogen. Schwanz des ♀ gerade abgeschnitten. Jahresvogel in buschreichen Gebieten des Kaukasus.

Haselhuhn

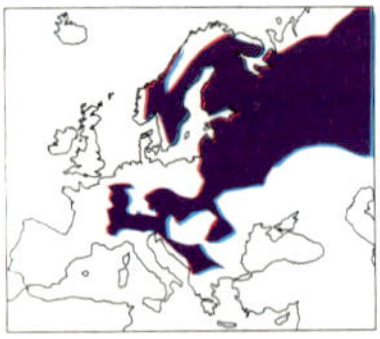

Haselhuhn *Bonasa bonasia* **K:** Etwas größer als Rebhuhn. Überwiegend braun mit dunkler Querwellung auf dem Rücken. Schwanz mit breiter dunkler Endbinde. ♂ mit schwarzer, weiß eingefaßter Kehle und leichtem Federschopf. Über den Augen rote Rosen. ♀ ähnlich ♂, aber ohne schwarze Kehle und ohne Federschopf. Lebt meist paarweise. **K:** Ca. 36 cm. **St:** Balzgesang des ♂ hohes, pfeifendes „sih sih siserihsisisi-sisirihsisisi". **B:** Ältere Mischwälder mit reichem Unterwuchs. **W:** Jahresvogel.

Auerhuhn
Küken
balzender Hahn
Auerhenne
balzender Hahn
Küken
Birkhuhn
balzende Birkhähne
Haselhuhn
Küken

Eigentliche Hühner (Phasianidae) sind kleine bis mittelgroße Hühnervögel, die in offener oder buschreicher Landschaft vorkommen.

Chukarhuhn

Steinhuhn

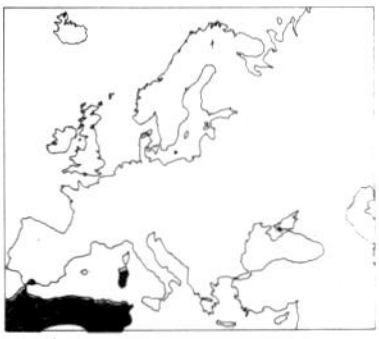
Felsenhuhn

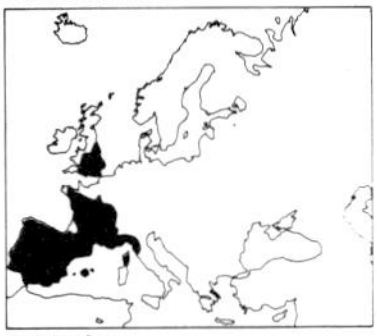
Rothuhn

Rebhuhn

Chukarhuhn *Alectoris chukar* **K:** Etwas größer als Rebhuhn mit roten Beinen. Schnabel rot. Kehle und Vorderhals gelblichweiß, schwarz eingefaßt. Flanken dunkel quergebändert. Schwanz rotbraun. Oberkopf hell graubraun. **L:** 35 cm. **St:** Gackernd und gluckend. **B:** Bewohnt felsige Gegenden in Thrazien und in der Ägäis.

Steinhuhn *Alectoris graeca* **K:** Ähnlich Chukarhuhn, aber mit enger gebänderten Flanken und rein weißer Kehle und Kropfgegend. Oberkopf grau mit hellem Überaugenstreif. Oberseite grauer als beim Chukarhuhn. **L:** 35 cm. **St:** Kleiberähnliches „witt-witt-witt“ sowie zwitschernder, im Stakkato vorgetragener Balzgesang. **B:** felsiges Gelände mit einzelnen Büschen. Im Hochgebirge zwischen Baum- und Schneegrenze. **W:** Jahresvogel. Geht im Winter in tiefere Lagen.

Felsenhuhn *Alectoris barbara* **K:** Ähnlich Steinhuhn, aber mit braunem Oberkopf und braunem, weißlich geflecktem Halsband. Kehle und Wangen grau. **L:** 33 cm. **St:** Gedämpftes „tschuk-tschuk“ sowie rebhuhnartige Rufe. **B:** Felsige mit Gebüsch bewachsene Hänge. Auch in Halbwüsten mit Trockentälern. **W:** Jahresvogel auf Sardinien und Gibraltar.

Rothuhn *Alectoris rufa* **K:** Ähnlich Steinhuhn, weißer Kehlfleck, aber kleiner und schwarzes Begrenzungsband läuft in schwarze Flecken aus. **L:** 34 cm. **St:** Rauhes „schäk“. Gesang des ♂ meist von einem erhöhten Punkt aus vorgetragen. Klingt wie „schäk-schäk-örrr“. **B:** Felsiges Gelände mit Gebüsch, Dünenlandschaften, Sumpfgelände mit Büschen. **W:** Jahresvogel.

Rebhuhn *Perdix perdix* **K:** Überwiegend graubraun mit rotbraunen Kopfseiten und ebensolcher Kehle. ♂ mit deutlichem dunkelbraunem Bauchfleck. Dieser fehlt beim ♀, bzw. ist höchstens schwach angedeutet. **L:** 30 cm. **St:** Durchdringendes „girreck“. **B:** Vor allem offene Kulturlandschaften, auch Grassteppen und Bergmatten. **W:** Jahresvogel.

Frankolin

Frankolin *Francolinus francolinus* Rebhuhngroß. Sehr dunkel mit kastanienbraunem Nacken. Lebt in der Türkei und südöstlich des Kaspi-Sees. Bewohnt Gebiete mit dichter Vegetation.

Chukarhuhn
Steinhuhn
Rothuhn fliegend
Felsenhuhn
juv. Rothuhn
Rothuhn
Rebhuhn
♂
Rothuhn
juv.
♀
♂
Rebhuhn
auffliegendes Gesperre

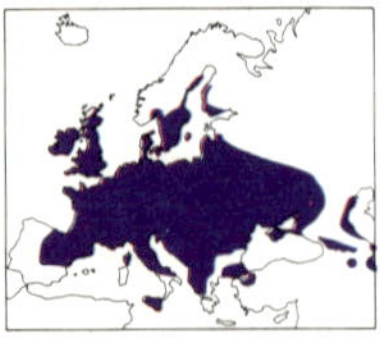

Fasan

Fasan *Phasianus colchicus* **K:** Unter den Hühnervögeln unverkennbar durch den sehr langen Schwanz. ♂ überwiegend bräunlich-kupferfarben mit schwarzen Flekken. Kopf grünlich-schwarz mit nackter, roter Zone um das Auge. Durch das Einkreuzen verschiedener Rassen treten Exemplare mit mehr oder weniger starken weißen Halsringen auf. Auch sehr dunkle Stücke sind bekannt. ♀ überwiegend graubraun, heller und dunkler gefleckt. **L:** ♂ um 80 cm, ♀ um 60 cm. **St:** Balzruf des ♂ ein kehliges „görr-gok", dem ein Flügelschlagen folgt. Sonst gockende Laute. **B:** Vor allem auwaldartige Landschaften mit anschließender Kultursteppe oder Wiesen. Aber auch in Park- und Waldrandgebieten. Auch in anderen Biotopen ausgesetzt. **W:** Jahresvogel. Stammt aus Asien und wurde in Europa eingebürgert.

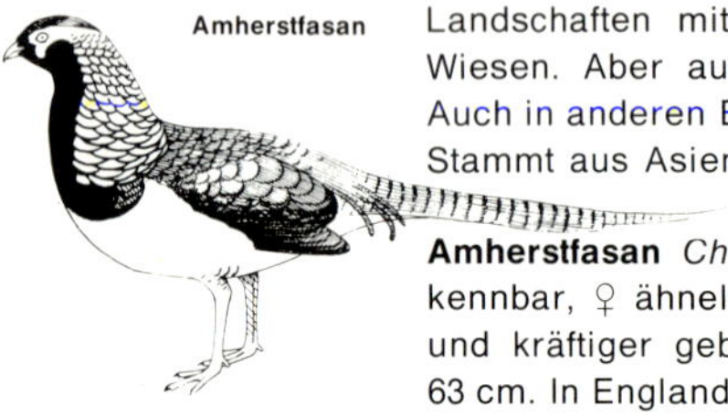

Amherstfasan

Amherstfasan *Chrysolaphus amherstiae* **K:** ♂ unverkennbar, ♀ ähnelt Fasan, aber blasser mit längerem und kräftiger gebändertem Schwanz. **L:** ♂ 89 cm, ♀ 63 cm. In England lokal ausgesetzt.

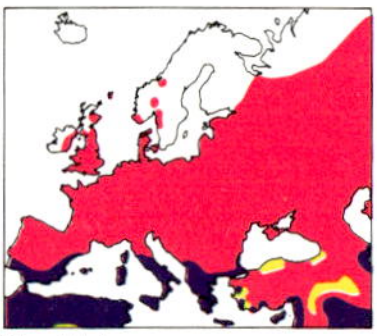

Wachtel

Wachtel *Coturnix coturnix* **K:** Kleinster Hühnervogel. ♂ mit schwarzer Kehle und weißlichem Querband darunter. Sonst überwiegend gelblich-braun gefärbt, Oberseite etwas dunkler mit heller Längsfleckung. ♀ ähnlich ♂, aber mit heller Kehle. Junge ähnlich ♀. **L:** Ca. 18 cm. **St:** Balzruf des ♂ ein dreisilbiges „bick-bibick". Ruft meist aus dichter Vegetation. **B:** Grassteppen, feuchtes Wiesengelände, Getreide- und Kleefelder, Zwergbuschsteppen und Bergmatten. **W:** Teilzieher.

Kampfwachteln

(Ordnung Gruiformes, Familie Turnicidae) sind kleine wachtelähnliche Vögel, die aber mit Kranichen und Rallen verwandt sind. Die Männchen bebrüten das Gelege und ziehen die Jungen auf. Die Weibchen sind meist kontrastreicher gefärbt.

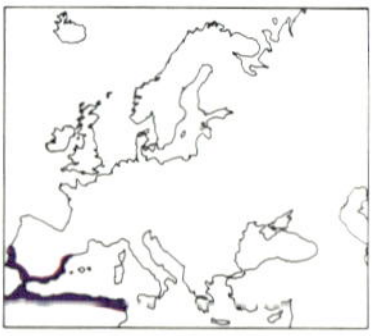

Laufhühnchen

Laufhühnchen *Turnix sylvatica* **K:** Etwa wachtelgroß, aber mit kleinerem Kopf und etwas längerem Schnabel. Flanken mit kräftiger Tropfenfleckung. Kehle und Kropf leuchtend rostrot. Scheitel dunkel mit hellem Mittelstreif. Hinterzehe verkümmert. Geschlechter gleich gefärbt. **L:** Knapp 18 cm. **St:** Gedämpftes „krruu". Bläst sich beim Rufen wie eine Kugel auf. Ruft vor allem in der Dämmerung. **B:** Sandiges Gelände mit Gestrüpp. Ödland mit niedrigem Dickicht. **W:** Jahresvogel.

Fasan
♀
♀
♂
♂
Wachtel
♀
♂
♂
fliegende Wachteln
Laufhühnchen

Kranichartige und Verwandte (Ordnung Gruiformes) sind eine mannigfaltige Gruppe.

KRANICHE (Familie Gruidae) sind große, stattliche Vögel mit langen Beinen. Der lange Hals wird beim Flug ausgestreckt getragen. Außerhalb der Brutzeit gesellig. Geschlechter gleich. Auffallende Trompetenrufe und Balztänze zur Brutzeit. Gelege: 2 Eier. S. 102

TRAPPEN (Familie Otididae) sind mittelgroße, ziemlich langbeinige und langhalsige Vögel. Sie bewohnen hauptsächlich offenes, steppenartiges Gelände. Gelege 2-5 Eier S. 104

RALLEN (Familie Rallidae) sind kleine bis mittelgroße Vögel, die vor allem in Sumpfgebieten oder am Wasser leben. Vielfach dämmerungs- und nachtaktiv. Meist heimliche Lebensweise. Bläßhühner dagegen sind häufiger auf offenen Wasserflächen zu beobachten. Sie unterscheiden sich von den übrigen Rallen dadurch, daß sie Lappen an den Zehen haben. Gelegegröße 5-15 Eier. S. 106-108

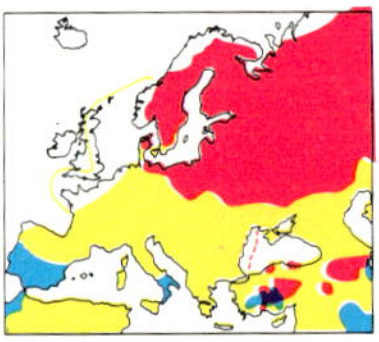
Kranich

Kranich *Grus grus* **K:** Größer als Storch, überwiegend grau mit über den Schwanz herabhängenden sichelartigen inneren Armschwingen. Kopf und Hals schwarz mit weißem Streif auf der Seite. Scheitel rot. Juv. ähnlich, aber mit einfarbig graubraunem Kopf und Hals. **L:** 115 cm. **Sp:** Um 220 cm. **St:** Trompetenartige Rufe. **B:** Aufgelockerte Sumpfwälder mit Wassergräben, Tümpeln und kleinen Inseln. Zur Zugzeit auch auf Äckern. **W:** Überwiegend Sommervogel, der in Afrika überwintert. Viele verbringen den Winter im Süden der Iberischen Halbinsel.

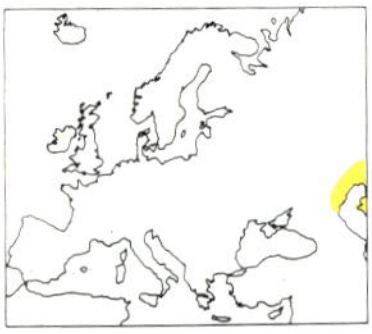
Schneekranich

Schneekranich *Grus leucogeranus* **K:** Schneeweiß mit schwarzen Handschwingen. „Gesicht" unbefiedert rot. Seltener Irrgast aus Asien.

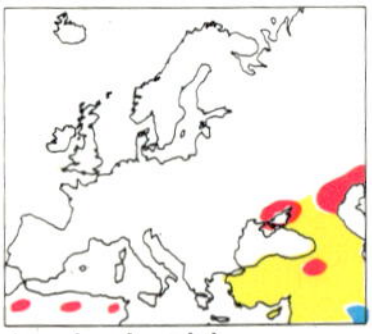
Jungfernkranich

Jungfernkranich *Anthropoides virgo* **K:** Überwiegend grau mit stark verlängerten, über den Schwanz herabhängenden inneren Armschwingen. Kopf und Hals schwarz mit verlängerten Brustfedern. Hinter jedem Auge ein haubenartiges Büschel weißer Federn. **L:** 97 cm. **St:** Ähnlich Kranich. **B:** Offenes, mehr oder weniger ebenes Gelände. **W:** Sommervogel, überwintert in Afrika und Asien.

Ente
Bläßhuhn
Ralle
Reiher
Storch
Kranich
Kraniche balzend
Wasserralle im Schilf
abfliegendes Bläßhuhn
juv.
Kranich
fliegender Kranich
fliegender Jungfernkranich
Schneekranich
Jungfern-kranich

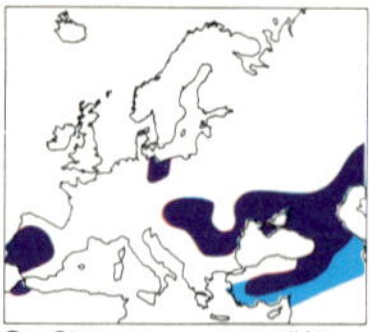

Großtrappe

Großtrappe ♂

Großtrappe *Otis tarda* **K:** Großer, kräftiger Vogel mit langen, ziemlich dicken Beinen. Oberseite braun mit kleiner, schwarzer Wellenzeichnung. Handschwingen schwarz, Armschwingen größtenteils weiß. Kopf und Hals grau. ♂ mit weißem Federbüschel in der Nähe des Schnabelgrundes. Rötlich-braunes Halsband. Bauch weiß. ♀ ähnlich, aber ohne Federbüschel. quiekende Laute. merkwürdige Balzstellung ein. **L:** ♂ 102 cm, ♀ wesentlich kleiner. **St:** Schnarchendes Bellen. **B:** Weites, offenes Gelände mit einzelnen Bäumen. Grassteppen und ausgedehnte Kultursteppe. **W:** Jahresvogel. Europäische Bestände sehr gefährdet.

Zwergtrappe

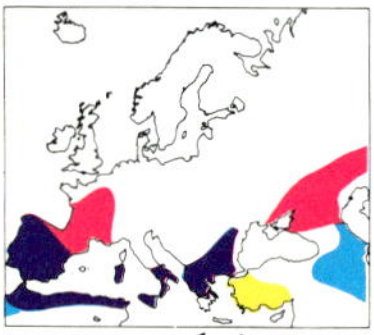

Zwergtrappe ♂

Zwergtrappe *Tetrax tetrax* **K:** Wesentlich kleiner als Großtrappe. ♂ mit schwarz-weiß gezeichnetem Hals, weißem Bauch und bräunlicher, dunkel gewellter und gefleckter Oberseite. Handschwingen schwärzlich, Armschwingen größtenteils weiß. ♀ ähnlich, aber ohne schwarz-weiß gezeichneten Hals. ♂ im Ruhekleid ähnlich ♀, aber mit ungefleckten Flanken. **L:** Ca. 41 cm. **St:** Balzrufe des ♂ ein mehrfach wiederholtes, lautes Knarren. **B:** Trockenes, offenes Gelände mit einzelnen Büschen. Kultursteppen. **W:** Teilzieher.

Kragentrappe

Kragentrappe ♂

Kragentrappe *Chlamydotis undulata* **K:** In der Größe zwischen Groß- und Zwergtrappe. Geschlechter gleich gefärbt. Oberseite samtfarben mit feiner schwärzlicher Zeichnung. Kopf und Hals hellgrau mit schwarzem Streif von der Ohrgegend bis zum Flügelbug, der aus langen herabhängenden Federn besteht. Flugbild ähnlich Zwergtrappe. **L:** Ca. 64 cm. **St:** Wenig lautfreudig. **B:** Steiniges, halbwüstenartiges Gelände. Hin und wieder auch in der Kultursteppe. Brutvogel in Nordafrika und in Wüstengebieten Asiens. **W:** Gelegentlicher Irrgast in den meisten europäischen Ländern.

♂
Großtrappe
♂
♀
♀
Großtrappe-♂ balzend
Zwergtrappe
♀
♂
♂
♀
♀
♂
Kragentrappe

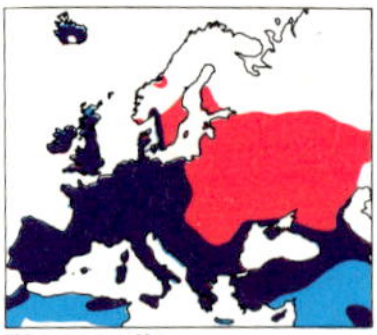

Wasserralle

Wasserralle *Rallus aquaticus* **K:** Langer Schnabel. Oberseite braun mit schwarzer Längsfleckung. Flanken kräftig schwarz und weiß quergebändert. Jungvögel weniger kontrastreich. Küken schwarz. **L:** 28 cm. **St:** Grunzende und quiekende Laute. Balzruf des ♂ „göp-göp-göp-gepgepgirr". **B:** Binnengewässer mit dichter Ufervegetation, Sumpfgebiete. **W:** Teilzieher.

Tüpfelsumpfhuhn

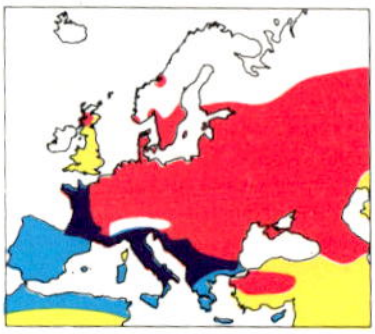

Tüpfelsumpfhuhn (Tüpfelralle) *Porzana porzana* **K:** Beine grünlich. Oberseite deutlich hellgefleckt. Flanken quergebändert. Schnabel an der Wurzel orangegelb, sonst grün mit dunkler Spitze. Juv. ähnlich den Eltern. **L:** 23 cm. **St:** Balzruf des ♂ ein in Intervallen ausgestoßenes „quitt". **B:** Binnengewässer mit Verlandungszonen. **W:** Teilzieher.

Zwergsumpfhuhn

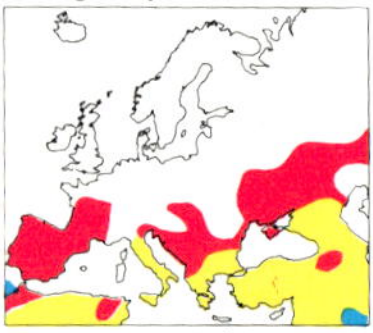

Zwergsumpfhuhn (Zwergralle) *Porzana pusilla* **K:** Kräftige schwarz-weiße Querbänderung an den Flanken. Wangen, Kehle, Hals und Brust blaugrau. Beine fleischfarben. Schnabel grünlich. Jungvögel ähnlich, aber mit hellbräunlicher Brust. **L:** Knapp 18 cm **St:** Balzruf ein froschartiges „rerrr-örrr", das an- und abschwillt. **B:** Binnengewässer mit dichten Verlandungszonen, überwachsene Seen und Teiche. **W:** Sommervogel, der in Afrika und Asien überwintert.

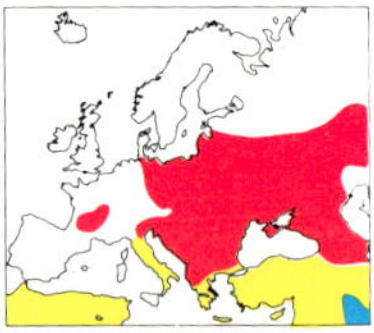

Kleines Sumpfhuhn

Kleines Sumpfhuhn (Kleine Ralle) *Porzana parva* **K:** ♂ ähnlich Zwergsumpfhuhn, aber größer und ohne schwarz-weiße Flankenbänderung. Schnabel mit rötlicher Wurzel. Unterseite bleigrau mit weißlicher Querbänderung auf den hinteren Flanken. Beine grünlich. ♀ähnlich ♂, aber Unterseite überwiegend hellbraun. Juv. ähnlich ♀. **L:** 19 cm. **St:** Hartes „bäk". Bei der Balz werden diese Laute gereiht gebracht und allmählich nahezu zu einem Triller beschleunigt. **B:** Binnengewässer mit Verlandungszonen und ausgedehnten Schilfbeständen. **W:** Sommervogel, der vor allem in Afrika überwintert.

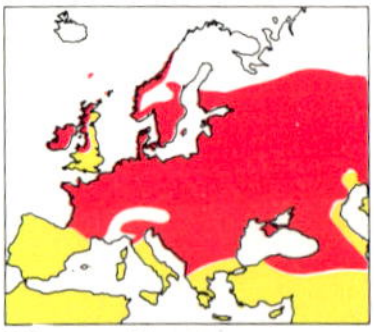

Wiesenralle

Wiesenralle (Wachtelkönig) *Crex crex* **K:** Altvögel oberseits gelblichbraun mit schwarzer Längsfleckung. Flügeldecken kräftig rotbraun. Flanken deutlich braun quergebändert. Kehle weißlich, Hals und Kropfgegend grau. Juv. ähnlich ad., aber brauner und ohne Grau in der Kropfgegend. Küken schwarz. **L:** Um 27 cm. **St:** Knarrendes „errp-errp". **B:** Hochwüchsige Wiesen und Sumpfgebiete mit üppiger Vegetation. **W:** Überwiegend Sommervogel, der im Mittelmeerraum überwintert.

Wasserralle
juv.
Küken
Tüpfelsumpfhuhn
juv.
Zwergsumpfhuhn
juv.
Kleines Sumpfhuhn
juv.
♀
♂
Wiesenralle
juv.
Küken

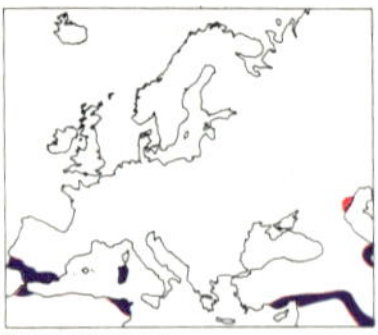

Purpurhuhn

Purpurhuhn (Purpurralle) *Porphyrio porphyrio* **K:** Größer als Bläßhuhn, mit langen, roten Beinen. Körper überwiegend blau mit dunklerem, leicht purpurn schimmerndem Rücken. Auffallend großer Schnabel und Stirnschild rot. Juv. überwiegend blaugrau mit helleren Beinen und Schnabel. **L:** 48 cm. **St:** Laute, trompetenartige Rufe, vor allem in der Dämmerung zu hören. **B:** Größere Binnengewässer mit ausgedehnten, dichten Schilf- und Binsenbeständen. Hauptsächlich dämmerungsaktiv. **W:** Jahresvogel.

Kleines Sultanshuhn (Kleine Sultansralle) *Porphyrio alleni* **K:** Knapp teichhuhngroß mit schwarzer, bronzegrün glänzender Oberseite und rötlich-blauem Schimmer auf der Unterseite. Schnabel rot, Stirnschild grün. Seltener Irrgast aus Afrika.

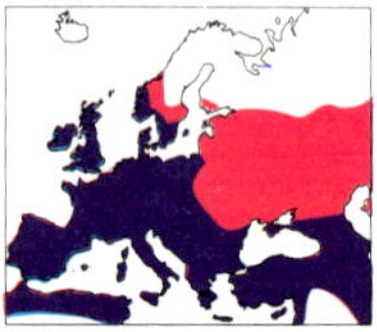

Teichhuhn

Teichhuhn (Teichralle) *Gallinula chloropus* **K:** Dunkle Ralle mit weißen Unterschwanzdecken und weißem Längsstreif an den Flanken. Schnabel rot mit gelber Spitze. Stirnschild rot, Beine grün. Juv. graubraun mit heller Kehle. Schnabel schmutzig-hornfarben. Weißer Flankenstreif deutlich. Küken schwarz mit rotem Schnabel und gelber Schnabelspitze. **L:** 33 cm. **St:** Durchdringendes „kjürrk" und scharfes „kickeck". **B:** Binnengewässer aller Art mit dichter Ufervegetation, auch an Parkteichen und in Brackwassersümpfen. **W:** Teilzieher.

Bläßhuhn, Winter

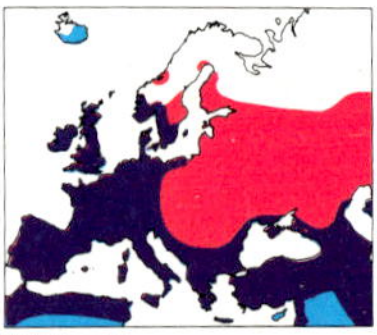

Bläßhuhn

Bläßhuhn (Bleßralle) *Fulica atra* **K:** Schwarzgrauer Wasservogel mit weißem Schnabel und weißem Stirnschild. Beine dunkel mit Lappen an den Zehen. Juv. dunkel-graubraun mit schmutzig-weißlichem Vorderhals. Küken überwiegend schwarz mit rötlicher Bedunung am Kopf. Nackte Hautteile zum Teil bläulich. Schwimmt häufig auf offenen Wasserflächen. **L:** 38 cm. **St:** Scharfes „pitz" und rauhes, bellendes „käw". **B:** Gewässer aller Art mit Ufervegetation. Sumpflandschaften mit offenen Wasserflächen. Vielfach an Parkteichen. **W:** Teilzieher.

Kammbläßhuhn, Winter

Kammbläßhuhn

Kammbläßhuhn (Kammbleßralle) *Fulica cristata* **K:** Sehr ähnlich Bläßhuhn, mit bläulich-weißem Stirnschild und zwei leuchtendroten Höckern dahinter. Juv. dunkel graubraun mit dunklem Vorderhals. **L:** Ca. 40 cm. **St:** Dumpfes „huhu", ganz anders als Bläßhuhn. **B:** Binnengewässer mit ausgedehnten Verlandungszonen und dichterer Vegetation. **W:** Jahresvogel.

Purpurhuhn
juv.
Kleines Sultanshuhn
juv.
Teichhuhn
juv.
ad.
Küken
Bläßhuhn
juv.
Küken
Balz
Kammbläßhuhn
juv.

Die Regenpfeiferartigen (Ordnung Charadriiformes) sind fast alle in irgendeiner Form ans Wasser gebunden.

MÖWEN und SEESCHWALBEN (Familie Laridae) sind mit den Raubmöwen (Familie Stercorariidae) verwandt. Sie sind Bewohner der offenen See, der Küstenregionen oder größerer Binnengewässer. Zehen durch Schwimmhäute verbunden. S. 140

ALKEN (Familie Alcidae) sind gedrungene, kurzflüglige Meeresvögel mit Schwimmhäuten zwischen den Zehen. S. 160

AUSTERNFISCHER (Familie Haematopodidae) sind schwarz-weiße Küstenvögel mit leuchtendroten, langen Schnäbeln. Diese sind seitlich zusammengedrückt und werden zum Öffnen von Muscheln benutzt. S. 112

REGENPFEIFER und SCHNEPFENVÖGEL (Familie Charadriidae und Scolopacidae) sind langbeinige Vögel mit meist langen Schnäbeln. Die meisten sind Zugvögel und treten auf dem Zuge oft in großen Schwärmen auf. Gelege: 2-4 Eier, durch Fleckung sehr gut getarnt. In der Nestumgebung zeigen viele Arten ein „Verleiten", d. h. sie stellen sich flügellahm, um den Feind vom Nest abzulenken. Nestflüchter. Die Rufe der Altvögel sind meist laut und charakteristisch. S. 112

SÄBELSCHNÄBLER und STELZENLÄUFER (Familie Recurvirostridae) sind durch schwarzweißes Gefieder gekennzeichnet. Schnäbel lang und dünn, beim Säbelschnäbler leicht aufwärts gebogen. S. 134

WASSERTRETER (Familie Phalaropodidae) erinnern etwas an Wasserläufer, schwimmen aber korkleicht auf der Wasseroberfläche mit ständig rudernden Beinbewegungen. Zehen mit Lappen. S. 134

TRIELE (Familie Burhinidae) stehen den Regenpfeifern und Schnepfenvögeln recht nahe. S. 136

BRACHSCHWALBEN und RENNVÖGEL (Familie Glareolidae) fallen durch ihre Färbung und ihre Bewegungsweisen auf. S. 136

Die wichtigsten Biotope der bei uns brütenden Regenpfeifer und Schnepfenvögel sind auf der gegenüberliegenden Seite zur Brutzeit und außerhalb der Brutzeit listenartig angegeben.

Zur Brutzeit

Sandige Küsten: Seeregenpfeifer
Steinige Küsten: Kiebitz, Austernfischer, Sandregenpfeifer, Steinwälzer, Thorshühnchen
Sümpfe mit Schlammbänken: Kiebitz, Alpenstrandläufer, Rotschenkel, Teichwasserläufer, Terekwasserläufer, Uferschnepfe, Brachvogel, Bekassine, Doppelschnepfe, Zwergschnepfe, Stelzenläufer, Säbelschnäbler, Brachschwalbe.
Im Binnenland und an Teichen: Flußregenpfeifer, Kiebitz, Triel (in trockenem Gelände)
An Flüssen, Teichen und Seen: Flußregenpfeifer
Hochmoore und Tundra: Austernfischer (lokal), Mornellregenpfeifer, Goldregenpfeifer, Kiebitzregenpfeifer, Kiebitz, Alpenstrandläufer, Temminckstrandläufer, Zwergstrandläufer, Meerstrandläufer, Knutt, Sanderling, Sumpfläufer, Grünschenkel, Bruchwasserläufer, Pfuhlschnepfe, Brachvogel, Regenbrachvogel, Thorshühnchen, Odinshühnchen
Sümpfe und Moore in Wäldern: Flußuferläufer, Dunkler Wasserläufer, Grünschenkel, Bruchwasserläufer, Terekwasserläufer
Wälder: Waldschnepfe

Außerhalb der Brutzeit

Offene See: Thorshühnchen, Odinshühnchen
Sandige Küste: Austernfischer, Sandregenpfeifer, Seeregenpfeifer, Kiebitzregenpfeifer, Knutt, Sanderling, Flußuferläufer
Felsige Küste: Steinwälzer, Meerstrandläufer, Flußuferläufer, Rotschenkel (lokal)
Schlammbänke an der Küste: Austernfischer, Sandregenpfeifer, Flußregenpfeifer, Seeregenpfeifer, Goldregenpfeifer, Kiebitzregenpfeifer, Kiebitz, Zwergstrandläufer, Alpenstrandläufer, Sichelstrandläufer, Knutt, Sumpfläufer, Rotschenkel, Dunkler Wasserläufer, Grünschenkel, Flußuferläufer, Terekwasserläufer, Pfuhlschnepfe, Brachvogel, Regenbrachvogel, Säbelschnäbler
Sümpfe mit einigen Schlammbänken: Goldregenpfeifer, Kiebitz, Temminckstrandläufer, Zwergstrandläufer, Alpenstrandläufer, Sichelstrandläufer, Sumpfläufer, Rotschenkel, Teichwasserläufer, Grünschenkel, Waldwasserläufer, Bruchwasserläufer, Flußuferläufer, Uferschnepfe, Bekassine, Zwergschnepfe, Stelzenläufer
Feldmark im Binnenland: Mornellregenpfeifer, Goldregenpfeifer, Brachvogel, Regenbrachvogel, Doppelschnepfe, Triel
Wälder: Waldschnepfe

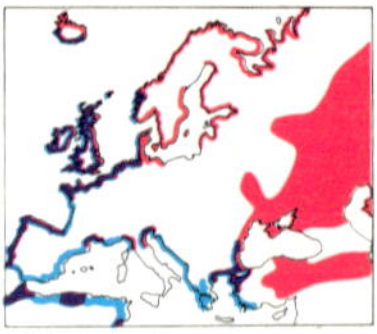

Austernfischer

Austernfischer *Haematopus ostralegus* **K:** Relativ großer, schwarz-weißer Vogel mit langem roten Schnabel und roten Beinen. Oberseite schwarz mit weißem Flügelstreif und weißem Schwanz mit dunkler Endbinde. Kopf und Hals schwarz, Bauch weiß. Imm. mit weißlichem Kehlband. Ruhekleid ähnlich imm. **L:** 43 cm. **St:** Wohltönend „klüiht" und durchdringend „kitt kitt . . .". **B:** Meeresküste, eingedeichtes Gelände in Küstennähe, vor allem Weiden. Manchmal auch weiter von der Küste entfernt. **W:** Teilzieher

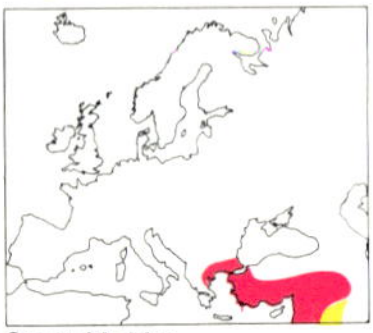

Spornkiebitz

Spornkiebitz *Vanellus spinosus* **K:** Kiebitzartig, auffallend schwarz und weiß. Schwacher, hängender Federschopf. Rücken sandfarbig, Flügelspitzen schwarz. Kopf, Vorderhals, Brust und der größte Teil des Bauches schwarz, Hals, Seiten und Ohrgegend weiß. Am Flügelbug schwacher Sporn. **L:** 27 cm. **St:** Metallisch „pitt" und lärmende zwei- oder mehrsilbige Rufe. **B:** Offenes, meist ebenes Gelände mit spärlicher Vegetation. Vielfach Mündungsgebiet großer Flüsse. **W:** Sommervogel, der in Afrika überwintert.

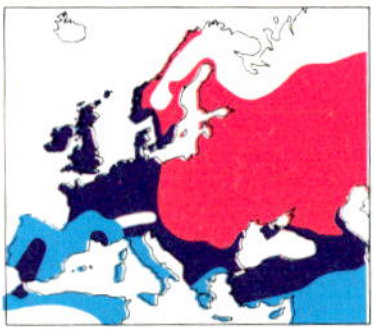

Kiebitz

Kiebitz *Vanellus vanellus* **K:** Überwiegend schwarz und weiß mit kräftigem, aufgerichtetem Federschopf. Rükken mit Erzglanz. Juv. dunkel-graubraun mit weißem Bauch und heller Kehle sowie mit kurzem Schopf. Flug unstet, flatternd und gaukelnd. Flügel wirken lappenartig. Ruft häufig. **L:** Ca. 30 cm. **St:** Gellendes „kiäwitt" und ähnliche Rufe. **B:** Wiesengelände mit zu üppiger Vegetation, ausgedehntere Schlammbänke, feuchtes Ackerland, Rieselfelder. **W:** Teilzieher.

Weißschwanz-Steppenkiebitz

Weißschwanz-Steppenkiebitz *Vanellus leucurus* Ähnlich Steppenkiebitz, aber mit ganz weißem Schwanz und Bauch. Beine gelb. Seltener Irrgast (vor allem im Frühling) aus Westasien.

Steppenkiebitz

Steppenkiebitz *Vanellus gregarius* **K:** Kiebitzgroß mit überwiegend sandfarbiger Oberseite, schwarzem Scheitel, weißem Überaugenstreif und schwarzem Streif durchs Auge. Brust schwarz, am Hinterende bräunlich begrenzt. Beine dunkel. Schwanz weißlich mit breiter, dunkler Endbinde. Imm. überwiegend hell-graubraun mit angedeutetem Überaugenstreif und dunklerer Kopfplatte. Kopfgegend undeutlich quergewellt. **L:** 29 cm. **St:** Kurzes, durchdringendes Pfeifen und heiseres „tchetchetchet". **B:** Steppenartige Landschaften und ödes, mehr oder weniger ebenes Gelände. **W:** Überwiegend Sommervogel.

Austernfischer
Flugformation
Spornkiebitz
Kiebitz
juv.
Steppenkiebitz
imm.

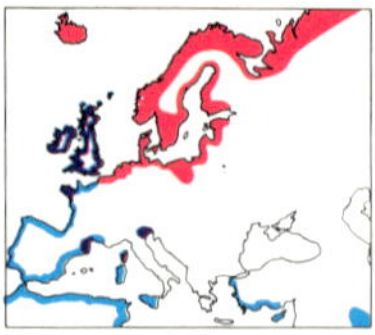
Sandregenpfeifer

Sandregenpfeifer *Charadrius hiaticula* **K:** Klein, mit weißem Halsring und rundem, schwarzem Kropfband. Im Fluge auffallend heller Flügelstreif. Schnabel gelblich mit schwarzer Spitze. Juv. oberseits graubraun mit weißem Halsband. Graubraunes Kropfband, in der Mitte sehr schwach. **L:** 19 cm. **St:** Melodisches „tlüih". Balzgesang wohltönendes Trillern. **B:** Vor allem Meeresstrand, Sand- oder Schlickflächen. Auch an Brackwasserseen im Binnenland. **W:** Teilzieher.

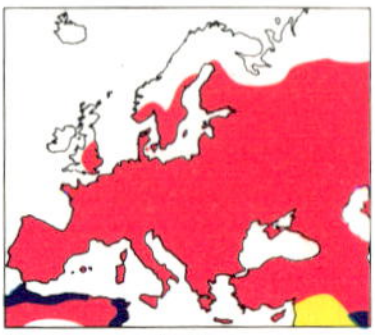
Flußregenpfeifer

Flußregenpfeifer *Charadrius dubius* **K:** Ähnlich Sandregenpfeifer, aber etwas kleiner. Schnabel dunkel. Gelber Augenring. Im Flug kein weißer Flügelstreif. Juv. ähnlich Sandregenpfeifer, aber ohne weißen Flügelstreif. **L:** Knapp 16 cm. **St:** Hoch pfeifendes „tiüh", Balzgesang trillernd. **B:** Mit Sand oder Kies bedeckte Ufer an Binnengewässern. Sonst auch an der Küste. **W:** Überwiegend Sommervogel, der in Afrika überwintert.

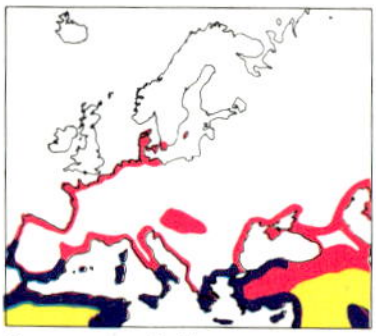
Seeregenpfeifer

Seeregenpfeifer *Charadrius alexandrinus* **K:** Ähnlich Flußregenpfeifer, aber dunkles Kropfband, in der Mitte unterbrochen. Beim ♂ schwarz, beim ♀ braun. Weißer Flügelstreif. Juv. mit angedeutetem Brustband. Alt- und Jungvögel mit dunklen Schnäbeln und schwärzlichen Beinen. **L:** 16 cm. **St:** Ähnlich Sandregenpfeifer, Balzgesang wohltönendes Trillern. **B:** Meeresküsten sowie flache Ufer von Brackwasser- und Salzseen. **W:** Teilzieher.

Wermutregenpfeifer

Wermutregenpfeifer *Charadrius asiaticus* **K:** Mit breitem, kastanienbraunem Kropfband. Kehle weiß. ♀ mit undeutlicherem Brustband. Ruhekleid ähnlich ♀. Juv. überwiegend graubraun mit weißlichem Bauch und verwaschenem Brustband. **L:** Knapp 20 cm. Hauptverbreitungsgebiet in Asien. Brütet in Steppengebieten.

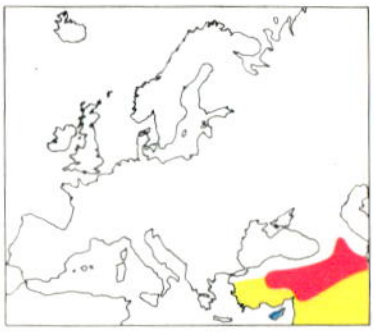
Wüstenregenpfeifer

Wüstenregenpfeifer *Charadrius leschenaulti* **K:** Ähnlich Wermutregenpfeifer, aber größer. Rotbraunes Kropfband, geht allmählich in das Weiß der Brust über. Bei Wermutregenpfeifer schwärzlich begrenzt. Augengegend breit schwarz eingefaßt, Stirn weiß mit schwarzem Stirnband. **L:** 21 cm. Irrgast aus West- und Mittelasien. Langer, schwarzer Schnabel, Beine grünlichgrau.

Keilschwanz-Regenpfeifer *Charadrius vociferus* **K:** Relativ groß mit keilförmigem Schwanz, weißem Halsring und zwei schwarzen Brustbinden. Weißer Flügelstreif **L:** 25 cm. **St:** Lautes „killdih". Irrgast aus Nordamerika.

Wüstenregenpfeifer- ♂
Sommer

juv.
Sandregenpfeifer
juv.
Flußregenpfeifer
juv.
Seeregenpfeifer ♂
juv.
Wermutregen-
pfeifer
Keilschwanz-
Regenpfeifer

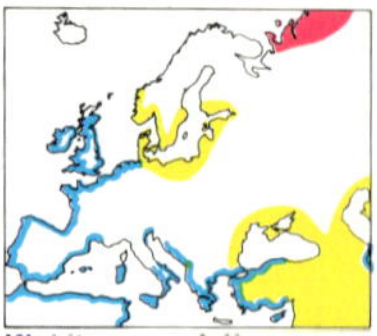

Kiebitzregenpfeifer

Kiebitzregenpfeifer *Pluvialis squatarola* **K:** Im Brutkleid oberseits schwarz und weiß gefleckt, Unterseite schwarz einschließlich Kehle und Kopfseiten. An den Halsseiten weißliche Zone. Ruhekleid oberseits dunkelgrau und weißlich gemustert, Unterseite hell, ohne Schwarz. Undeutlicher, heller Flügelstreif. Von unten gesehen sehr hell mit schwarzen Achselfedern. **L:** 28 cm. **St:** Klagender Pfiff. **B:** Arktische Tundra. Außerhalb der Brutzeit hauptsächlich an der Meeresküste. **W:** Sommervogel

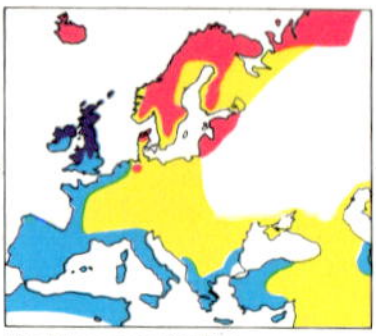

Goldregenpfeifer

Goldregenpfeifer *Pluvialis apricaria* **K:** Ähnlich Kiebitzregenpfeifer, aber oberseits goldgelblich und schwarz gefleckt. Die südliche Rasse hat auf der Unterseite weniger Schwarz. Im Winterkleid fehlt alles Schwarz auf der Unterseite. Kein weißer Flügelstreif. Von unten ganz hell wirkend mit weißlichen Achselfedern. **L:** 28 cm. **St:** Flötendes „tlüh", Balzgesang weicher Triller. **B:** Arktische Heiden, Moore mit niedriger Vegetation. Zur Zugzeit auf Wiesen, Schlammflächen, Äckern. **W:** Teilzieher.

Kleiner Goldregenpfeifer *Pluvialis dominica* **K:** Sehr ähnlich Goldregenpfeifer, aber deutlich kleiner. Achselfedern nicht weiß, sondern grau. Irrgast aus dem arktischen Asien und Nordamerika.

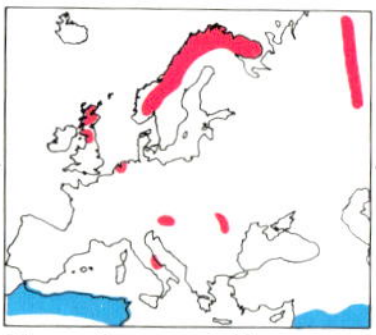

Mornellregenpfeifer

Mornellregenpfeifer *Eudromias morinellus* **K:** Im Brutkleid mit weißem Kropfband, das das Graubraun des Halses vom Rotbraun der Brust trennt. Bauch schwarz. Kehle weißlich. Ruhekleid überwiegend graubraun mit undeutlichem, weißem Kropfband. Von oben einfarbig graubraun. Juv. ähnlich Ruhekleid. **L:** Knapp 22 cm. **St:** Weiche, trillernde Laute. **B:** Baumlose Tundra, nordische Heiden mit niedriger Vegetation und Gebirge oberhalb der Baumgrenze. Außerhalb der Brutzeit vielfach an Ufern von Gewässern. **W:** Überwiegend Sommervogel.

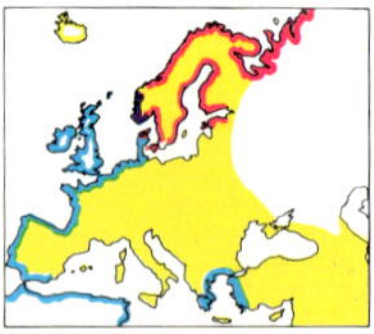

Steinwälzer

Steinwälzer *Arenaria interpres* **K:** Zur Brutzeit mit rotbraunem Rücken, schwarzer V-Zeichnung von den Schultern bis zum Mittelrücken und weißlichem, schwarzgezeichnetem Kopf und Hals. Im Flug 2 weiße Längsstreifen im Flügel. Ruhekleid graubraun mit weißer Kehle und graubraunem Brustband. Juv. ähnlich Ruhekleid. **L: 23 cm** **St:** Gickernde Laute. **B:** Küstengebiete mit spärlicher Vegetation und Geröll- oder Kiesstrand. Tundralandschaften. **W:** Teilzieher.

Kiebitz-
regenpfeifer
Ruhekleid
Ruhekleid
Brutkleid
Goldregenpfeifer
südl. Rasse
Brutkleid
nördl. Rasse
Brutkleid
Ruhekleid
Gold-
regenpfeifer
Ruhekleid
Kleiner
Goldregenpfeifer
Ruhekleid
Ruhekleid
Kleiner Gold-
regenpfeifer
Ruhekleid
Brutkleid
Mornell-
regenpfeifer
Ruhekleid
Steinwälzer
Ruhekleid
Brutkleid
Ruhekleid
Brutkleid

Schnepfen (Familie Scolopacidae) bewohnen Wälder, Sümpfe oder Flußufer. Die meisten Arten leben sehr versteckt.

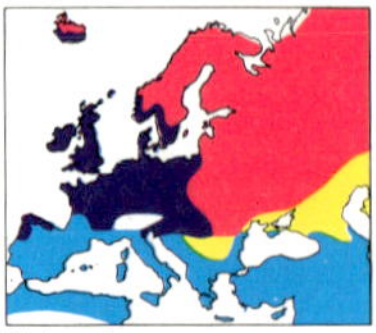
Bekassine

Bekassine *Gallinago gallinago* **K:** Kleine Schnepfe mit auffallend langem Schnabel. Scheitel schwarzbraun mit rahmfarbenem Längsstreif. Deutlicher Überaugenstreif. Außenkanten des Schwanzes mit wenig Weiß. Schnabel wird beim Fliegen abwärts gerichtet. Fliegt mit krächzendem Laut auf und steigt im Zickzack-Flug in die Höhe. Balzflüge mit senkrechtem Abstürzen. Dabei vibrierendes Meckern („Himmelsziege"). **L:** Um 27 cm. **St:** Gesang uhrwerkartiges „tüke-tüke-tüke". Beim Balzflug dumpfes Meckern. **B:** Sumpf und Riedwiesen, Moore. Außerhalb der Brutzeit an Gewässern mit schlammigen Ufern. **W:** Teilzieher.

Stiftbekassine

Stiftbekassine *Gallinago stenura* Ähnlich Bekassine, aber ohne weiße Flügelhinterkante und mit sehr schmalen, äußeren Schwanzfedern. Bewohnt trockeneres Gelände als die Bekassine im nordöstlichsten Europa.

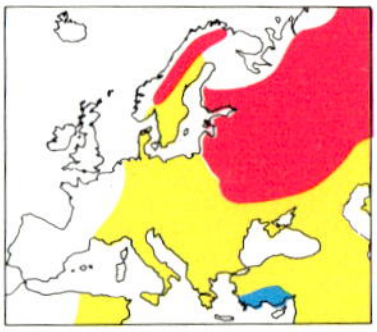
Doppelschnepfe

Doppelschnepfe *Gallinago media* **K:** Etwas größer als Bekassine, mit relativ kürzerem Schnabel. Unterseits kräftiger gefleckt und gebändert, während Bekassine einen weißen Bauch hat. Schwanz mit breiten, weißen Kanten. Fliegt meist stumm auf, Flug geradlinig. Hält im Flug den Schnabel ziemlich waagerecht. **L:** 28 cm. **St:** Zur Brutzeit halblautes „Schnabelknebbern" sowie gurrende Laute. **B:** Sümpfe, Moore und nasse Wiesen. **W:** Sommervogel, der hauptsächlich im tropischen Ostafrika überwintert.

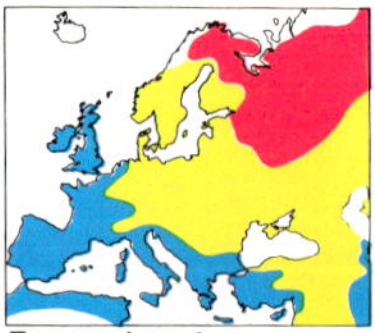
Zwergschnepfe

Zwergschnepfe *Lymnocryptes minimus* **K:** Wesentlich kleiner und vor allem kurzschnäbliger als Bekassine. Auf dem dunklen Scheitel kein heller Mittelstreif. Dafür zwei kräftige Überaugenstreifen. Rücken mit zwei kräftigen Längsstreifen, dazwischen sehr dunkel, fast schwärzlich, manchmal mit grünlichem Erzglanz. Schwanz keilförmig, ohne jegliches Weiß. Fliegt stumm auf und fällt meist kurz darauf wieder ein. **L:** 19 cm. **St:** Beim Balzflug gedämpftes Trommeln. **B:** Sumpfgelände und Moore. **W:** Teilzieher.

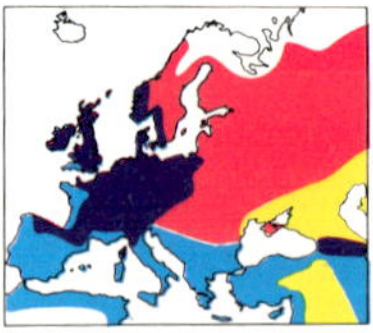
Waldschnepfe

Waldschnepfe *Scolopax rusticola* **K:** Oberseite unregelmäßig braun, schwarz und heller gemustert mit hellen Querbinden auf dem dunklen Oberkopf. Unterseite kräftig quergewellt. Flug zur Balzzeit über Schneisen und Lichtungen. Vor allem dämmerungsaktiv. **L:** 34 cm. **St:** Beim Balzflug dumpfes „Quorren", dem ein scharfes „quitz" folgt. **B:** Wälder mit Lichtungen und Schneisen. **W:** Teilzieher.

Balzflug
Bekassine
Küken
Flugweise einer aufgescheuchten Bekassine
Bekassine
Doppelschnepfe
Flugweise der aufgescheuchten Doppelschnepfe
Doppelschnepfe
Zwergschnepfe
Flugweise einer aufgescheuchten Zwergschnepfe
Waldschnepfe
Küken
aufgescheuchte Waldschnepfe

Brachvögel und Uferschnepfen (Familie Scolopacidae)

sind große, langbeinige und langschnäblige Schnepfenvögel. Geschlechter gleich.

Großer Brachvogel *Numenius arquata* **K:** Großer bräunlicher Schnepfenvogel mit langem, abwärts gebogenem Schnabel. Bürzel weiß. Kopf ohne auffallende Zeichnung. **L:** Um 55 cm. **St:** Flötendes „tlüihd"; Balzstrophe flötender Triller. **B:** Ausgedehntes Wiesen- und Riedgelände in der Ebene. Zur Zugzeit häufig an den Küsten. **W:** Teilzieher.

Großer Brachvogel

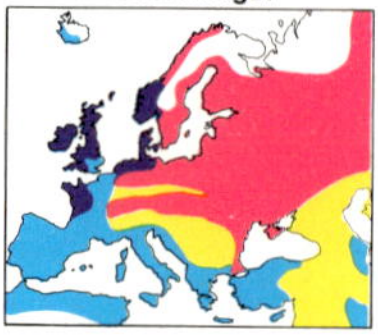

Regenbrachvogel *Numenius phaeopus* **K:** Kleiner und kurzschnäbliger als Großer Brachvogel. Oberkopf dunkel mit hellem Mittelstreif. Außerdem deutlich abgesetzter Überaugenstreif. Oberseits dunkler als Großer Brachvogel. **L:** 41 cm. **St:** Wieherndes Kichern, Balztriller ähnlich Großer Brachvogel. **B:** Moore und Sümpfe mit niedriger Vegetation. Außerhalb der Brutzeit vor allem an der Meeresküste. **W:** Überwiegend Sommervogel. Überwintert hauptsächlich an den Küsten Afrikas.

Regenbrachvogel

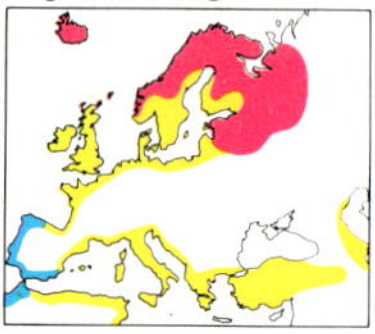

Dünnschnabel-Brachvogel *Numenius tenuirostris* **K:** Ähnlich Großer Brachvogel, aber kleiner, mit kräftigen, immer größer werdenden dunklen Flecken auf der Brust und an den Flanken. Schnabel dünn. Flügelspitzen wesentlich dunkler als die übrigen Flügelteile und der Rükken. **L:** 41 cm. **St:** Ähnlich Großer Brachvogel. **B:** Brütet in sumpfigen Steppengebieten Sibiriens. Auf dem Zuge vor allem an der Meeresküste. **W:** Gelegentlicher Irrgast, vor allem im Mittelmeerraum.

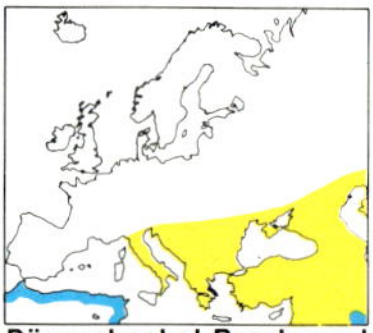

Dünnschnabel-Brachvogel

Uferschnepfe *Limosa limosa* **K:** Im Brutkleid Kopf, Hals und Vorderbrust überwiegend rotbräunlich, Bauch und Flanken kräftig quergebändert. Schwanz weiß mit breiter, schwarzer Endbinde. Weißer Flügelstreif. **L:** Ca. 41 cm. **St:** Hell „gritta"; Balzgesang eine jodelnde Folge aus wie „lüdjo"-klingenden Lauten. **B:** Wiesengelände und Moore. Außerhalb der Brutzeit vor allem an den Küsten. **W:** Teilzieher.

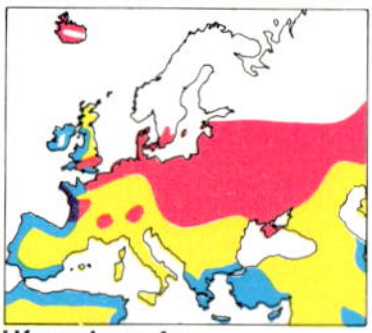

Uferschnepfe

Pfuhlschnepfe *Limosa lapponica* **K:** Ähnlich Uferschnepfe, aber im Brutkleid kräftiger rostrot. Flankenbänderung weniger deutlich. Bürzel und Schwanz weißlich mit dunkler Schwanzbänderung. Kein weißer Flügelstreif. **L:** 38 cm. **St:** Gäckernde Laute. Balzgesang ähnlich Uferschnepfe. **B:** Tundralandschaften und Sümpfe des Nordens. Außerhalb der Brutzeit an der Küste und an Binnengewässern. **W:** Überwiegend Sommervogel.

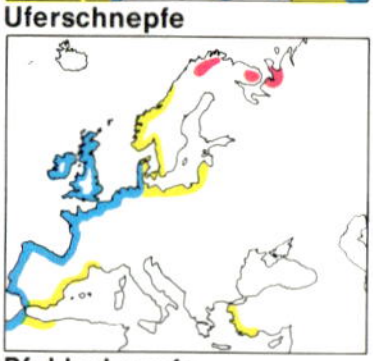

Pfuhlschnepfe

Großer Brachvogel
Regenbrachvogel
Dünnschnabel-
Brachvogel
Brutkleid
Ruhekleid
Uferschnepfe
Brutkleid
Ruhekleid
Brutkleid
Ruhekleid
Pfuhlschnepfe
Brutkleid
fliegender Trupp
Ruhekleid

Größere Wasserläufer (Familie Scolopacidae) haben ziemlich lange, dünne Schnäbel und Beine. Bei der Bestimmung spielt die Zeichnung von Bürzel und Schwanz oft eine große Rolle. Auch die Rufe sind wichtig.

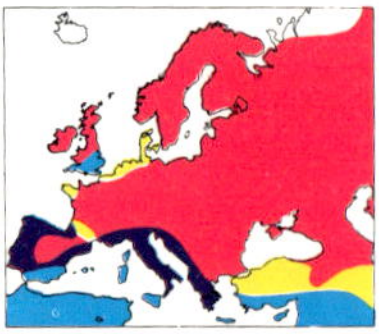

Flußuferläufer

Flußuferläufer *Tringa hypoleucos* **K:** Oberseits graubraun, unterseits überwiegend weißlich. In der Kropfgegend rechts und links wie schmutzig wirkende, graubraune Flecken. Bürzel und Schwanz dunkel, weißer Flügelstreif. Schwanzkanten weißlich mit feiner Querbänderung. Wippt häufig mit dem Schwanz. **L:** Um 20 cm. **St:** Pfeifendes „hididih". **B:** Sandige oder geröllbedeckte Ufer von Binnengewässern. Außerhalb der Brutzeit auch an der Küste. **W:** Teilzieher.

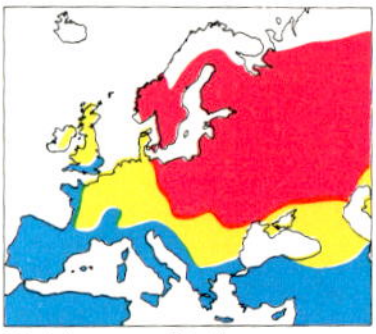

Waldwasserläufer

Waldwasserläufer *Tringa ochropus* **K:** Oberseits dunkel graubraun mit feiner heller Fleckung. Bürzel und Schwanz weiß mit wenigen schwarzen Schwanzbinden. Hals- und Kropfgegend graubraun gefleckt. Unterflügel einfarbig dunkel. Beine grünlich. **L:** 23 cm. **St:** Beim Auffliegen flötendes „tit-lüit". **B:** Vor allem Sumpfwälder. Nistet vielfach in Nestern anderer Vögel auf Bäumen. Außerhalb der Brutzeit sowohl an Binnengewässern als auch an der Meeresküste. **W:** Sommervogel und Teilzieher.

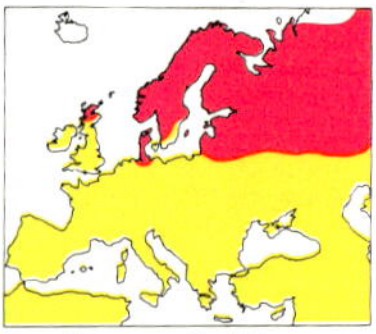

Bruchwasserläufer

Bruchwasserläufer *Tringa glareola* **K:** Ähnlich Waldwasserläufer, aber heller. Weißer Schwanz, dichter und feiner schwarz quergebändert. Oberseite mit größeren, oft fast viereckig wirkenden hellen Flecken. Unterflügel recht hell wirkend. Beine gelb oder gelblichgrün. Wesentlich heller als bei Waldwasserläufer. **L:** 20 cm. **St:** Beim Auffliegen schrill „giffgiffgiff". **B:** Offenes, nicht zu trockenes Wiesengelände, nordische Wälder und Tundra. Auf dem Zuge auf Gewässern aller Art. **W:** Sommervogel.

Terek-Wasserläufer

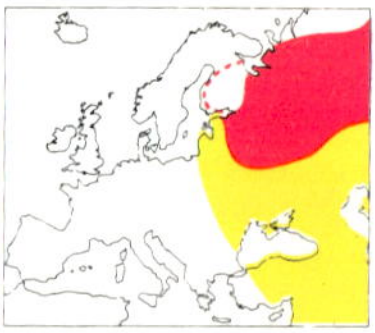

Terekwasserläufer *Tringa terek* **K:** Oberseits graubrauner Wasserläufer mit leicht aufwärts gebogenem Schnabel. Unterseite weißlich. Beine orangegelb. Flügel dunkel mit auffallend hellem Hinterrand der Armschwingen. Wippt häufig wie Flußuferläufer. **L:** Ca. 23 cm. **St:** Eine Folge von flötenden Lauten. **B:** Sumpfgebiete mit Weidengestrüpp. Außerhalb der Brutzeit in Niederungen und an Gewässern. **W:** Sommervogel.

schwanzwippend
Flußuferläufer
Waldwasserläufer
Bruchwasserläufer
Ruhekleid
Terek-Wasserläufer
Ruhekleid
schwanzwippend
wie Flußuferläufer
Brutkleid

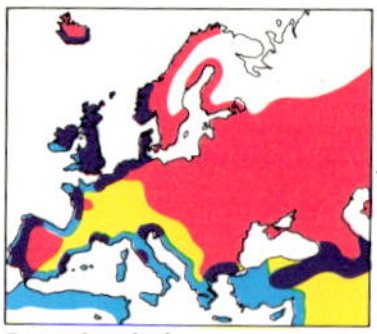

Rotschenkel

Rotschenkel *Tringa totanus* **K:** Graubrauner, dunkel gestreifter Wasserläufer mit leuchtend roten Beinen. Bürzel und Hinterrücken weiß. Im Flug fällt der breite weiße Hinterrand der dunklen Flügel auf. Flügelspitzen dunkel. Juv. mit gelblichen Beinen. **L:** 28 cm. **St:** Flötendes „djüdüdü". Balzgesang melodisches Jodeln. **B:** Feuchtes Wiesengelände, Moore und Brackwassersümpfe. Außerhalb der Brutzeit an schlammigen Ufern und an der Küste. **W:** Teilzieher.

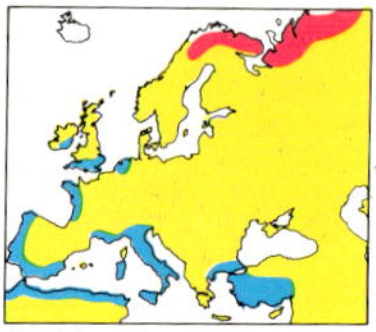

Dunkler Wasserläufer

Dunkler Wasserläufer *Tringa erythropus* **K:** Zur Brutzeit dunkel schwarzgrau mit roten Beinen. Wenige helle Flecken auf der Oberseite. Bürzel bis Mittelrücken weiß, Schwanz weiß, eng quergebändert. Ruhekleid graubraun. Kein Flügelstreif. **L:** Um 30 cm. **St:** Flötendes „tjüit" und hart „tjicktjick . . .". **B:** Lichtungen in nordischen Wäldern. Sonst an ähnlichen Stellen wie Rotschenkel. **W:** Sommervogel.

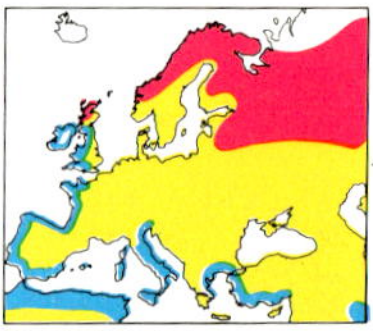

Grünschenkel

Grünschenkel *Tringa nebularia* **K:** Ähnlich Dunklem Wasserläufer, aber in allen Kleidern wesentlich heller. Beine grünlich. Oberseite graubraun, Hals und Kropfgegend dunkel gefleckt. Schnabel dunkel, ganz leicht aufwärts gebogen. **L:** Ca. 30 cm. **St:** Schallend „tütütü". Balzgesang flötendes Trillern. **B:** Moore und Sumpflandschaften. Aufgelockerte nordische Wälder. Zur Zugzeit an der Küste und auf Schlammbänken an Binnengewässern. **W:** Sommervogel.

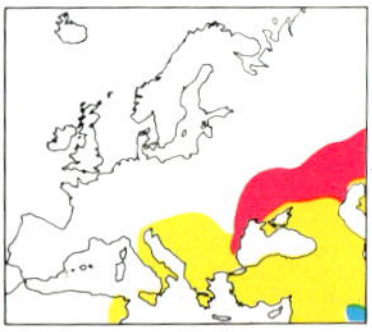

Teichwasserläufer

Teichwasserläufer *Tringa stagnatilis* **K:** Ähnlich Grünschenkel, aber wesentlich kleiner. Schnabel sehr dünn. Brutkleid kräftig gefleckt. Wirkt wesentlich langbeiniger als Grünschenkel. **L:** Ca. 23 cm. **St:** Halblautes „tjü". Balzgesang zwitschernder Triller. **B:** Uferzonen von Binnengewässern, Sumpfgelände. Selten an der Küste. **W:** Sommervogel, der in Afrika überwintert.

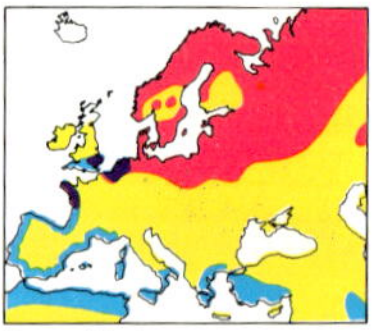

Kampfläufer

Kampfläufer *Philomachus pugnax* **K:** ♂ zur Brutzeit mit auffallend gefärbter Halskrause. Ruhekleid oberseits sandfarben, schwarz-braun gefleckt. Das wesentlich kleinere ♀ ähnelt dem ♂ im Ruhekleid, ist aber auf Hals, Vorderbrust und an den Flanken dunkel quergebändert. Im Flug heller Flügelstreif; Schwanz dunkel, mit je einem großen, weißen Fleck an der Seite. **L:** ♂ um 29 cm, ♀ um 23 cm. **St:** Wenig lautfreudig. **B:** Niederungswiesen, Tundralandschaften, Uferzonen von Gewässern. **W:** Überwiegend Sommervogel.

Rotschenkel
Brutkleid
Dunkler Wasserläufer
Ruhekleid
Brutkleid
Ruhekleid
Grünschenkel
Ruhekleid
Teichwasserläufer
Brutkleid
Ruhekleid
♂
♂
Kampfläufer
balzende Kampfläufer
♀
Brutkleid

Gelegentlich zu beobachtende größere Wasserläufer sind Irrgäste aus Nordamerika. Sie tauchen meist im Herbst an den Küsten des westlichen Europa auf.

Amerikanischer Uferläufer *Tringa macularia* **K:** Ähnlich Flußuferläufer, aber im Brutkleid auf weißlicher Unterseite kräftig schwarz gefleckt. Deutlicher weißer Augenstreif. Ruhekleid sehr ähnlich Flußuferläufer.

Einsamer Wasserläufer *Tringa solitaria* **K:** Ähnlich Waldwasserläufer, mit dunklem Bürzel und Schwanz. Schwanzkanten hell und ziemlich hell gebändert.

Bindenstrandläufer *Micropalama himantopus* **K:** Überwiegend graubraun, dunkel gefleckt. Im Brutkleid mit dunkel quergebänderter Unterseite. Weißer Überaugenstreif, rostfarbener Wangenfleck. Beine grünlich. Bürzel weiß, Schwanz dunkel. Ruhekleid oberseits einfarbiger, ohne rostfarbenen Wangenfleck. Bauch weißlich. Schnabel leicht abwärts gebogen.

Großer Gelbschenkel *Tringa melanoleuca* **K:** Ähnlich Grünschenkel, aber ohne weißen Hinterrücken. Bürzel weiß, Schwanz dunkel quergebändert. Beine gelb. Schnabel leicht aufwärts gebogen.

Gelbschenkel *Tringa flavipes* **K:** Ähnlich Bruchwasserläufer, aber etwas größer mit langen, gelben Beinen. Bürzel weiß, Schwanz dunkel quergebändert. Schnabel dünn und gerade.

Großer Schlammläufer *Limnodromus scolopaceus* **K:** Bekassinenartige Gestalt, aber größer. Bürzel und Hinterrücken weiß. Schwanz weiß mit dunkler Querbänderung. Im Flug weißer Streif auf den Armschwingen. Im Brutkleid Oberseite, Brust, Hals und Bauch rötlich verwaschen. Im Ruhekleid sind diese Partien graubraun. Flanken in allen Kleidern quergebändert. Schnabel auffallend lang, Beine relativ kurz. Irrgast aus NO-Sibirien und Alaska.

Schlammläufer *Limnodromus griseus* **K:** So groß wie Bekassine. Schnabel lang. Hinterrücken und Schwanz eng dunkel quergebändert. Flanken ungebändert.

Präriеläufer *Bartramia longicauda* **K:** Bräunlicher, dunkel gefleckter Wasserläufer mit relativ kurzem Schnabel und sehr langem Schwanz. Bürzel und Oberschwanzdecken schwärzlich.

nsamer
asserläufer
Einsamer Wasserläufer
Brutkleid
Amerikanischer Uferläufer
Wald-
wasserläufer
zum Vergleich
Bindenstrandläufer
Brutkleid
Brutkleid
Binden-
strandläufer
Großer
Gelbschenkel
Gelbschenkel
Gelbschenkel
roßer
chlammläufer
uhekleid
Großer
Schlammläufer
Ruhekleid
Großer Schlammläufer
Brutkleid
Schlammläufer
Ruhekleid
Prärieläufer

Kleine Strandläufer (Familie Scolopacidae) treten außerhalb der Brutzeit meist in größeren Flügen auf. Nicht selten bestehen solche Flüge aus Vertretern mehrerer Arten. Sie halten sich vielfach auf Schlammbänken und am Spülsaum auf.

Knutt

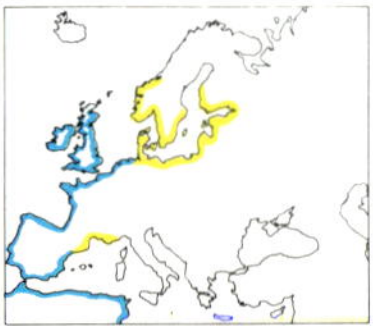

Knutt *Calidris canutus* **K:** Gedrungener Strandläufer, im Brutkleid mit rostroter Unterseite. Schnabel relativ kurz und gerade. Ruhekleid überwiegend graubraun mit weißlicher Unterseite. Im Flug durch helle Flügelbinde und hellen Bürzel gekennzeichnet. **L:** Knapp 26 cm. **St:** Pfeifend „wit-wit" und tief „wut". **B:** Brütet in der arktischen Tundra. Außerhalb der Brutzeit vor allem an der Meeresküste. **W:** Wintergast aus der Arktis. Gelegentlich übersommern einzelne Tiere.

Meerstrandläufer

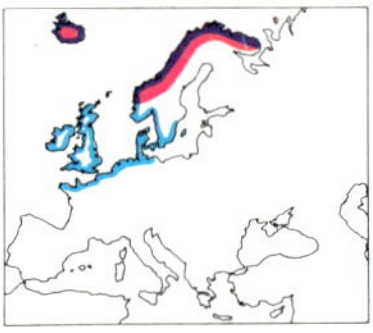

Meerstrandläufer *Calidris maritima* **K:** Gedrungener Strandläufer mit kurzen, gelben Beinen. Brutkleid graubraun mit rostfarbigen Federrändern. Ruhekleid: Kopf, Brust und Oberseite sehr dunkel, weißlicher Bauch. In allen Kleidern heller Augenring. Im Flug mit weißlichem Flügelstreif und dunklem Bürzel und Schwanz. **L:** 21 cm. **St:** Zartes Pfeifen. **B:** Brütet in der Tundra. Außerhalb der Brutzeit an steinigen Meeresküsten. **W:** Teilzieher.

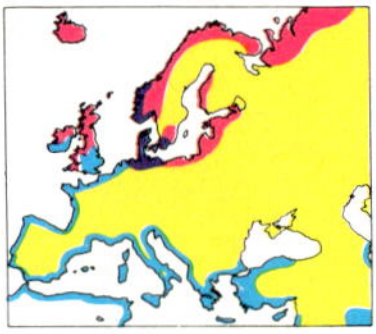

Alpenstrandläufer

Alpenstrandläufer *Calidris alpina* **K:** Im Brutkleid mit rotbrauner, schwarzgefleckter Oberseite und schwarzem Bauch. Schnabel in der vorderen Hälfte leicht abwärts gebogen. Ruhekleid überwiegend graubraun mit hellem Bauch. Im Flug heller Flügelstreif. Bürzel und Schwanz dunkel mit je einem weißlichen Fleck an den Seiten des Schwanzansatzes. **L:** Ca. 18 cm. **St:** Hohes, nasales „trirr". **B:** Moostundra, sumpfige Wiesen, Salzsümpfe an der Küste. Außerhalb der Brutzeit auf Schlickflächen an der Küste und an größeren Binnengewässern. **W:** Teilzieher.

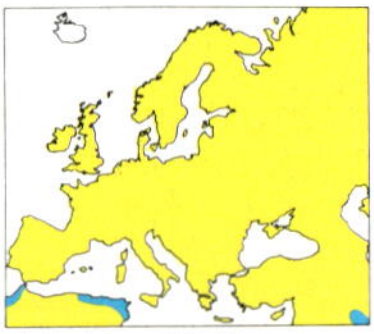

Sichelstrandläufer

Sichelstrandläufer *Calidris ferruginea* **K:** Ähnlich Alpenstrandläufer, aber mit deutlich abwärts gebogenem Schnabel. Bürzel und Oberschwanzdecken weiß. Brutkleid überwiegend rostrot mit dunkler Fleckung auf der Oberseite. Ruhekleid oberseits graubraun. Im Flug weißer Flügelstreif. **L:** 19 cm. **St:** Helles „tschirrip". **B:** Brütet in der arktischen Tundra. Außerhalb der Brutzeit an der Meeresküste und gelegentlich an schlammigen Ufern größerer Binnengewässer. **W:** Wintergast bzw. Durchzügler im Herbst und Frühling, der im arktischen Asien brütet.

Ruhekleid
Brutkleid
Knutt
Ruhekleid
Meerstrandläufer
Ruhekleid
Brutkleid
Ruhekleid
Meerstrandläufer
und Steinwälzer
im Winter
Alpen-
strandläufer
Ruhekleid
Brutkleid
Ruhekleid
Trupp
Sichel-
strandläufer
Alpenstrandläufer
im Brutkleid
Brutkleid
Ruhekleid
Ruhekleid

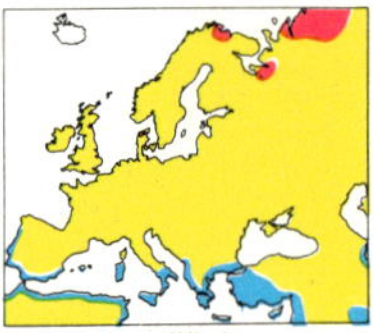

Zwergstrandläufer

Zwergstrandläufer *Calidris minuta* **K:** Sehr kleiner Strandläufer mit relativ kurzen, dunklen Beinen. Brutkleid oberseits rostfarben, weißer Überaugenstreif. Kropfgegend dunkel gestrichelt. Bauch weiß. Ruhekleid ohne rostfarbene Tönung, auf dem Rücken mit mehr oder weniger auffallendem, weißlichem „V". Im Flug helle Flügelbinde. Bürzel und mittlere Schwanzfedern dunkel. Äußere Schwanzfedern hell. Juv. ähnlich Brutkleid. V-Zeichnung auf dem Rücken deutlicher als bei Altvögeln. **L:** Ca. 13 cm. **St:** Klirrendes „trrit". Balzgesang langer Triller. **B:** Tundralandschaften und küstennahe Sümpfe. Auf dem Zuge an der Küste und auch an Binnengewässern. **W:** Sommervogel.

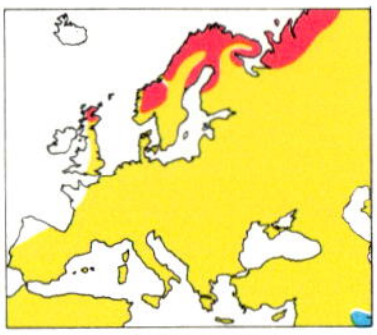

Temminckstrandläufer

Temminckstrandläufer *Calidris temmincki* **K:** Ähnlich Zwergstrandläufer, aber ohne weißliche V-Zeichnung auf dem Rücken. Beine grünlich. Im Flug weißer Flügelstreif. Bürzel und Schwanz ähnlich Zwergstrandläufer, aber äußere Schwanzfedern weiß. Graubraunes Kropfband, deutlich gegen weiße Kehle und weißen Bauch abgesetzt. Ruhekleid oberseits ziemlich einfarbig. **L:** 14 cm. **St:** Kurzes, schwirrendes „tirr". Trillert beim Balzflug. **B:** Vor allem Tundralandschaften. Außerhalb der Brutzeit in Sumpfgebieten und an den Ufern von Binnengewässern. Seltener an der Küste als Zwergstrandläufer. **W:** Sommervogel.

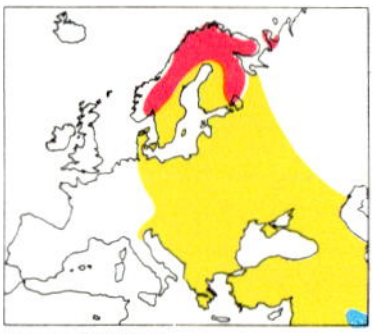

Sumpfläufer

Sumpfläufer *Limicola falcinellus* **K:** Erinnert etwas an eine kleine Bekassine mit sehr kurzen Beinen. Schnabel in der vorderen Hälfte leicht abwärts gebogen. Dunkler Augenstreif und heller Überaugenstreif, der sich hinter dem Auge gabelt. Bürzel und Schwanzmitte dunkel, äußere Schwanzfedern hell und dunkel quergebändert. Ruhekleid etwas grauer mit dunklem Fleck am Flügelbug. **L:** Knapp 17 cm. **St:** Ähnlich Alpenstrandläufer. **B:** Moore und Sumpfgebiete. Auf dem Fluge vor allem im Binnenland an sumpfigen Stellen. Seltener an der Küste. **W:** Sommervogel.

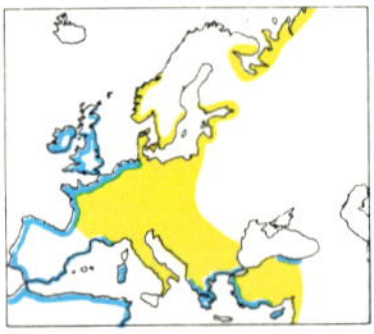

Sanderling

Sanderling *Calidris alba* **K:** Brutkleid ähnlich Zwergstrandläufer, aber mit deutlicher weißer Flügelbinde. Ruhekleid sehr hell mit auffallendem schwarzen Fleck am Flügelbug. Im Flug breiter weißer Flügelstreif. Mittlere Schwanzfedern dunkel. Bürzel und äußere Schwanzfedern heller. Juv. mit rostgelblichem Kropf und ebenso gefärbter Brust. Oberseite dunkel und weiß gefleckt. **L:** 20 cm. **St:** Kurzes „wick". **B:** Steinige Tundralandschaften. Auf dem Zuge vor allem an Meeresküsten mit flachem Sandstrand. Nur gelegentlich an Binnengewässern.

Zwergstrandläufer
Ruhekleid
Ruhekleid
Brutkleid
Temminck-
strandläufer
Ruhekleid
Ruhekleid
Brutkleid
Sumpfläufer
Kopf des Sumpfläufers
von oben
Sanderling
Ruhekleid
Ruhekleid
Brutkleid
Sanderlinge und Sand-
regenpfeifer am Strand

Gelegentlich zu beobachtende kleinere Strandläufer

sind Irrgäste aus Nordamerika und Asien. Sie tauchen hauptsächlich auf dem Herbstzug in Europa auf. Nicht selten sind sie mit europäischen Arten vergesellschaftet.

Amerikanischer Zwergstrandläufer *Calidris minutilla* **K:** Ähnlich Zwergstrandläufer, aber noch etwas kleiner. Beine grünlichgelb. Im Ruhekleid Brust stärker gestreift als beim Zwergstrandläufer. Vom Temminckstrandläufer durch graue, äußere Steuerfedern unterschieden.

Sandstrandläufer *Calidris pusilla* **K:** Sehr ähnlich Temminckstrandläufer, aber etwas grauer und mit dunklen Beinen. Schnabel kräftig, unter der Wurzel ziemlich breit. Weißer Flügelstreif. Schwingen dunkler als Flügeldecken.

Weißbürzel-Strandläufer *Calidris fuscicollis* **K:** Ähnlich Sichelstrandläufer, aber mit kürzerem, geradem Schnabel. Bürzel weiß, Schwanz dunkel. Weißer Flügelstreif.

Graubrust-Strandläufer *Calidris melanotos* **K:** Oberseite mit hellen Längsstreifen ähnlich Bekassine. Heller Überaugenstreif. Hals bis in die Kropfgegend dicht dunkel längsgestreift. Sehr scharf gegen weiße Brust abgesetzt. Schnabel gerade. Bürzel und Schwanzfedern dunkel. **St:** Schnarrendes „krrk". **L:** 19 cm.

Spitzschwanz-Strandläufer *Calidris acuminata* **K:** Ähnlich Graubruststrandläufer, Hals, Kropfgegend und Vorderbrust dunkel gefleckt. Die Fleckung hört bauchwärts allmählich auf. An den Flanken dehnt sie sich am weitesten nach hinten aus. Beine grünlichgrau.

Baird-Strandläufer *Calidris bairdi* **K:** Oberseite dunkel geschuppt wirkend. Kropf und Brust dunkel gelblichbraun. Weißer Überaugenstreif. Bauch weiß. Beine schwärzlich. Flügelspitzen überragen Schwanzspitze.

Grasläufer *Tryngites subruficollis* **K:** Ziemlich langbeiniger und kurzschnäbliger Strandläufer. Beine chromgelb. Gesamte Unterseite hell rötlich-lehmfarben, am Bauch etwas heller werdend. Im Flug kein Flügelstreif. Unterflügel überwiegend weißlich. Vor allem auf kurzrasigen Wiesen.

Amerikanischer Zwergstrandläufer
Ruhekleid
Ruhekleid
Brutkleid
Amerik. Zwergstrandl.
Sandstrandläufer
Sandstrandläufer
Ruhekleid
Ruhekleid
Brutkleid
Weißbürzel-Strandläufer
Ruhekleid
Ruhekleid
Spitzschwanz-Strandläufer
Graubrust-Strandläufer
Graubrust-Strandläufer
Baird-Strandläufer
Baird-Strandläufer
Grasläufer
Grasläufer

Säbelschnäbler und Stelzenläufer (Familie Recurvirostridae) sind vorwiegend schwarz und weiß gefärbte Vögel mit langen Beinen und langen Schnäbeln.

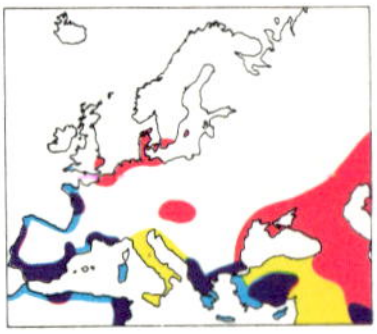
Säbelschnäbler

Säbelschnäbler *Recurvirostra avosetta* **K:** Schwarzweißer Vogel mit langen Beinen und langem, säbelartig aufwärts gebogenem, spitzem Schnabel. Bei juv. sind die schwarzen Partien bräunlich. **L:** 43 cm. **St:** Flötendes „klüit" und scharfes „gip-gip . . .". **B:** Uferzonen von Brackwassern und Salzseen mit dürftiger Vegetation. Meeresküsten. **W:** Teilzieher.

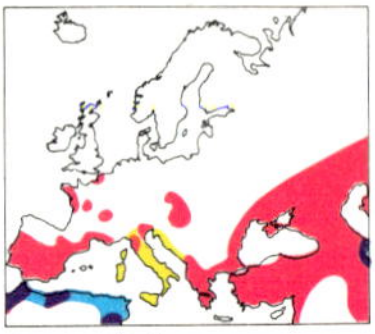
Stelzenläufer

Stelzenläufer *Himantopus himantopus* **K:** Überwiegend weißer Vogel mit schwarzem Rücken und schwarzen Flügeln und sehr langen, roten Beinen. Schnabel lang und spitz. ♂ meist mit dunklem Hinterkopf. Juv. oberseits dunkel-graubraun. **L:** 38 cm. **St:** Gellendes „kwip". **B:** Süß- und Brackwasserseen mit schlammigen Ufern und weiten Verlandungszonen. Salicorniasteppe, Reisfelder. **W:** Sommervogel.

Wassertreter (Familie Phalaropodidae) sehen Strandläufern ähnlich, haben aber Lappen an den Zehen und schwimmen sehr gut. Die Weibchen sind etwas größer und kräftiger gefärbt als die Männchen. Wassertreter schwimmen oft im Kreise und picken dabei laufend auf die Wasseroberfläche.

Amerikan. Odinshühnchen Winter

Amerikanisches Odinshühnchen *Phalaropus tricolor* **K:** Größter Wassertreter. Im Flug kein weißer Flügelstreif. Schnabel sehr lang und spitz. Auffallender, kräftiger, schwarzer, in kastanienbraun übergehender Längsstreif am Hals. Ruhekleid sehr hell. **L:** 23 cm. Irrgast aus Nordamerika.

Thorshühnchen
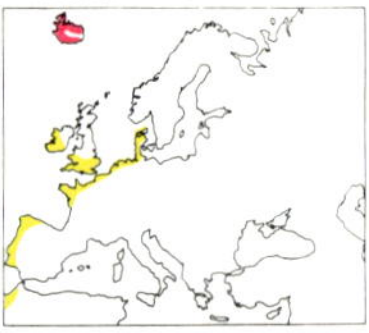

Thorshühnchen (Rostroter Wassertreter) *Phalaropus fulicarius.* **K:** Im Brutkleid mit rostroter Unterseite und weißen Kopfseiten. Schnabel kräftig. Ruhekleid oberseits grau, Unterseite weiß. Im Flug weißer Flügelstreif. **L:** 20 cm. **St:** Schrilles „trit". **B:** Binnengewässer in der Tundra. Außerhalb der Brutzeit vor allem auf dem Meer. **W:** Sommervogel.

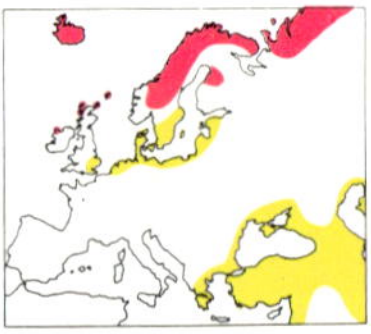
Odinshühnchen

Odinshühnchen (Halsbandwassertreter) *Phalaropus lobatus.* **K:** Zierlicher als Thorshühnchen mit nadelartig dünnem Schnabel. Im Brutkleid mit rostfarbenem Halsband, das beim ♂ nur angedeutet ist. Ruhekleid oberseits dunkler als bei Thorshühnchen und mit heller Streifung. **L:** 18 cm. **St** und **B:** Ähnlich Thorshühnchen. **W:** Sommervogel.

Säbelschnäbler
juv.
Küken
Stelzenläufer
Ruhekleid
♀
♂
Brutkleid
♂
juv.
Brutkleid
Amerikanisches
Odinshühnchen
♂
Ruhekleid
♀
Brutkleid
Thorshühnchen
Brutkleid
♂
Ruhekleid
♀
Brutkleid
Ruhekleid
Odinshühnchen
Ruhekleid
♀
Brutkleid
♂ Brutkleid
Ruhekleid

Triele

Triele (Ordnung Charadriiformes, Familie Burhinidae) sind ziemlich große, sandfarbene und großköpfige Vögel mit auffallend großen, gelben Augen. Sie bewohnen hauptsächlich trockene Biotope. In Europa nur eine Art.

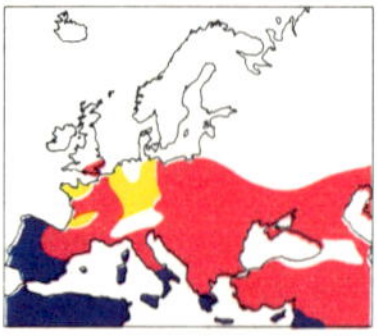
Triel

Triel *Burhinus oedicnemus* **K:** Überwiegend sandfarbener, etwas dunkel längsgestreifter Vogel mit auffallend großen, gelben Augen. Beine lang und gelb. Im Flug zwei helle Flügelstreifen. Flügelspitzen überwiegend schwärzlich, ebenso der Flügelhinterrand. **L:** 40 cm. **St:** Brachvogelähnliches „träüit" und ähnliche, zum Teil schrille Rufe. **B:** Offenes, steppenartiges, trockenes Gelände, Brachflächen, steinige Halbwüsten, Dünengelände. **W:** Teilzieher.

Brachschwalben und Rennvögel

Brachschwalben und Rennvögel (Ordnung Charadriiformes, Familie Glareolidae).

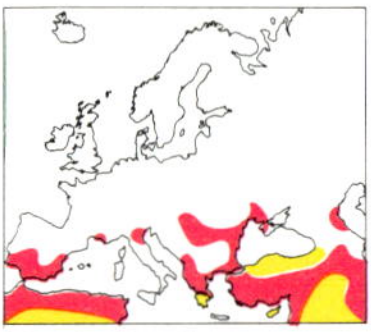
Brachschwalbe

Brachschwalbe *Glareola pratincola* **K:** Im Flug seeschwalbenartig mit tief gegabeltem Schwanz. Flügel lang und spitz. Oberseite olivbraun, Kehle gelblich, schwarz begrenzt. Im Flug von oben weißer Bürzel und schwarze Schwanzgabel sowie dunkle Flügelspitzen auffallend. Unterflügeldecken rötlichbraun. Ruhekleid mit gefleckter Kehle. Juv. dunkler mit hellen Flecken auf der Oberseite. **L:** 23 cm. **St:** Seeschwalbenartiges „kirrä". **B:** Steppenartiges Gelände in Gewässernähe, Brachfelder, Überschwemmungsgebiete. **W:** Sommervogel, der hauptsächlich in Afrika überwintert.

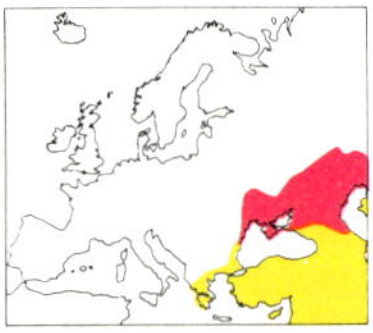
Schwarzflügel-Brachschwalbe

Schwarzflügel-Brachschwalbe *Glareola nordmanni* **K:** Sehr ähnlich Brachschwalbe, aber etwas größer mit schwärzlichen Unterflügeln. **L:** 25 cm. Möglicherweise nur eine geographische Rasse der vorigen Art. **St:** Wie Brachschwalbe. **B:** Wie Brachschwalbe. **W:** Sommervogel.

Brachschwalbe

Rennvogel *Cursorius cursor* **K:** Überwiegend sandfarbener Vogel mit schwarzem Augenstreif und hellem Überaugenstreif. Ziemlich langer Schnabel, an der Spitze leicht abwärts gebogen. Im Flug Flügelspitzen dunkel, Unterflügel einfarbig schwärzlich. Rennt schnell und ausdauernd. Fliegt geschickt. **L:** 23 cm. **St:** Rauh bellende Rufe. **B:** Wüsten und Halbwüsten. Auf dem Zuge vor allem im sandigen Gelände. Brutvogel in Nordafrika und Vorderasien. **W:** Gelegentlicher Irrgast, vor allem im Mittelmeergebiet.

Schwarzflügel-Brachschwalbe

Triel
Brachschwalbe
imm.
Schwarzflügel-
Brachschwalbe
Brachschwalben
beim Insektenfang
Rennvogel

Knutt
Meerstrandläufer
Zwergstrandläufer
Temminckstrandläufer
Amerikanischer Zwergstrandläufer
Sandstrandläufer
Graubrust-Strandläufer
Amerikanisches Odinshühnchen

Ruhekleider kleinerer Strandläufer

Die kleineren Strandläufer treten außerhalb der Brutzeit meist in größeren Flügen auf, die sich vor allem auf Schlammbänken aufhalten. Man muß vor allem auf die Größe, Länge und Gestalt des Schnabels sowie auf die Färbung und Zeichnung von Rücken, Schwingen, Bürzel und Brust sowie auf die Beinfärbung achten. Sehr wichtig sind die Rufe, die beim Auffliegen von den Vögeln ausgestoßen werden.

Raubmöwen

(Ordnung Charadriiformes, Familie Stercorariidae) sehen aus wie dunkle Möwen mit verlängerten mittleren Schwanzfedern. In Europa kommen vier Arten vor. Die drei kleineren treten je in einer hellen und in einer dunklen Phase auf. Alle stoßen auf andere Meeresvögel, um ihnen die Beute abzunehmen. Neben Fischen erbeuten sie auch andere, schwächere Wirbeltiere, vor allem kleinere Meeresvögel und deren Junge. Sie kommen lediglich zum Brüten an die Küsten und sind meist wenig ruffreudig. Unausgefärbte haben nur wenig entwickelte mittlere Schwanzfedern und sind daher schwierig voneinander zu unterscheiden. Gelegegröße 1–3 Eier.

Große Raubmöwe

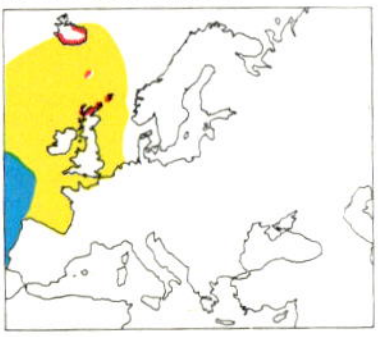

Große Raubmöwe *Catharacta skua* **K:** Kräftiger als Silbermöwe. Mittlere Schwanzfedern nur ganz wenig verlängert. Überwiegend dunkel-graubraun mit je einem hellen Fleck auf den Handschwingen. **L:** 58 cm. **St:** Gutturales Gackern und Bellen. **B:** Moore in Meeresnähe. Außerhalb der Brutzeit auf dem Meer. **W:** Teilzieher.

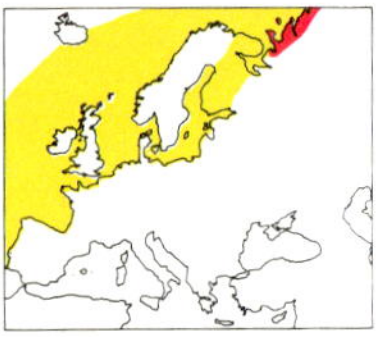

Mittlere Raubmöwe

Mittlere Raubmöwe (Spatelraubmöwe) *Stercorarius pomarinus* **K:** Die beiden mittleren Schwanzfedern sind leicht löffelartig verbreitert. Dunkle Phase überwiegend schwarzbraun mit heller Zone am Grunde der Handschwingen. Helle Phase mit schwarzem Oberkopf, heller Kehle und weißlichem Bauch. Sonst wie dunkle Phase. Juv. überwiegend graubraun mit dunkler Wellenzeichnung auf der Unterseite. Schwanzspieße nur schwach entwickelt. **L:** 51 cm. **St:** Rauh jaulende Rufe. **B:** Ähnlich Große Raubmöwe. **W:** Sommervogel.

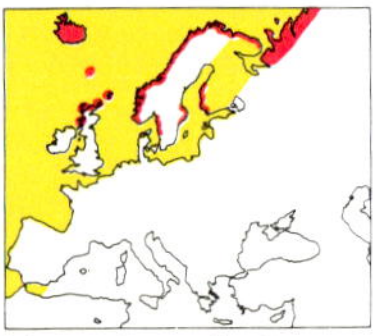

Schmarotzerraubmöwe

Schmarotzerraubmöwe *Stercorarius parasiticus* **K:** Kleiner und schlanker als Spatelraubmöwe mit spitz auslaufenden mittleren Schwanzfedern. Die beiden Farbphasen und Junge ähnlich gefärbt wie Spatelraubmöwe. **L:** 66 cm incl. Schwanzspieße, aber deutlich kleiner als Spatelraubmöwe. **St:** Gackernde und kreischende Laute. **B:** und **W:** Ähnlich Große Raubmöwe.

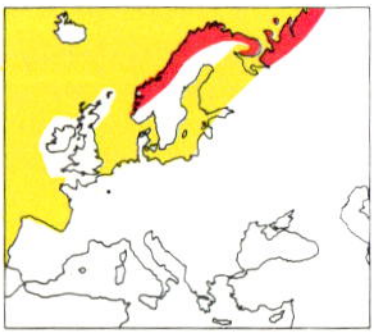

Kleine Raubmöwe

Kleine Raubmöwe (Falkenraubmöwe) *Stercorarius longicaudus* **K:** Sehr ähnlich Schmarotzerraubmöwe, aber mit sehr langen, spitzen Schwanzspießen, die die übrigen Schwanzfedern um das nahezu Doppelte überragen. Flügel schmäler und spitzer. Färbung ähnlich Schmarotzerraubmöwe. Juv. sehr ähnlich Schmarotzerraubmöwe mit ebenfalls sehr kurzen Schwanzspießen. Fliegt seeschwalbenartig und rüttelt. **St:** Schrilles „krih“, **B:** Steinige Tundra; außerhalb der Brutzeit vor allem auf dem Meer.

Sturmtaucher
Falke
Möwe
Seeschwalbe
Schmarotzer-
raubmöwe
Große
Raubmöwe
verfolgt
Dreizehen-
möwe
Große
Raubmöwe
Mittlere
Raubmöwe imm.
Mittlere
Raubmöwe
dunkle Phase
helle Phase
Schmarotzer-
raubmöwe
imm.
imm.
helle
Phase
dunkle Phase
Schmarotzer-
raubmöwe
helle
Phase
Kleine
Raubmöwe
rüttelnd
juv.
Kleine
Raubmöwe

Möwen

(Ordnung Charadriiformes, Familie Laridae, Unterfamilie Larinae) sind recht robuste Vögel mit Schwimmhäuten an den Füßen, langen, spitzen Flügeln und an der Spitze hakenartig gebogenem Schnabel. Der Schwanz ist meist gerade abgeschnitten. Viele ernähren sich von Abfällen. Ihr Flug ist leicht und vielfach segelnd. Die Geschlechter sehen sich sehr ähnlich. Junge und Unausgefärbte sind überwiegend braun gefärbt. Bei den größeren Arten dauert es meistens mehrere Jahre, bis sie das Alterskleid anlegen. Sie brüten hauptsächlich in Kolonien. Gelegegröße gewöhnlich 2 oder 3 Eier.

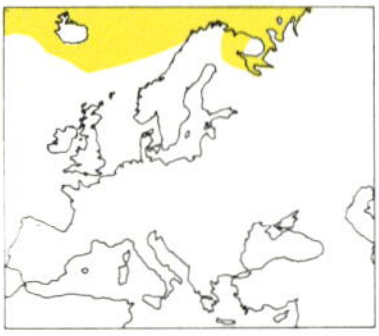

Elfenbeinmöwe

Elfenbeinmöwe *Pagophila eburnea* **K:** Völlig weiße Möwe mit schwärzlichen Beinen und gelblichem Schnabel mit grauer Wurzel. Juv. und imm. mit dunklem Schnabel und dunkler Fleckung am Kopf sowie auf der Oberseite. Spitzen der Handschwingen schwärzlich, ebenso Spitzen der Schwanzfedern. **L:** Knapp 45 cm. **St:** Seeschwalbenartige, schrille Rufe. **B:** Felsiges Gelände in der Packeiszone. Umherstreifende an den Küsten. **W:** Überwiegend Jahresvogel.

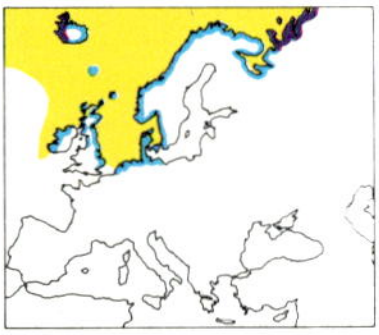

Eismöwe

Eismöwe *Larus hyperboreus* **K:** Größer als Silbermöwe. Völlig weiß mit hellgrauem Rücken und ebensolchen Flügeln. Flügelspitzen weiß. Schnabel gelb mit rotem Fleck am Unterschnabel. Augenring gelblich. Beine und Füße fleischfarben. Juv. überwiegend hellbraun gefleckt und gebändert. Flügel hellbräunlich. Imm. nahezu rein weiß mit dunklem Schnabel und fleischfarbenen Beinen. **L:** Um 70 cm. **Sp:** Um 150 cm. **St:** Ähnlich Silbermöwe. **B:** Felsküsten und Inseln arktischer Meere. Außerhalb der Brutzeit auch weiter südlich. **W:** Teilzieher.

Eismöwe
1. Winter

Polarmöwe

Polarmöwe *Larus glaucoides* **K:** Sehr ähnlich Eismöwe, aber kleiner. Etwa silbermöwengroß. Augenring rötlich. Beine fleischfarben. Nahe verwandt mit der Silbermöwe. **L:** Um 60 cm. **St:** Ähnlich Silbermöwe. **B:** Brutvogel in der Arktis. **W:** Außerhalb der Brutzeit gelegentlich an den Küsten des nördlichen Europa.

Polarmöwe

Sturmtaucher
Falke
Raubmöwe
Seeschwalbe
Möwe

Lachmöwen-
Kolonie

Silbermöwe, Küken und Gelege

imm.
Elfenbeinmöwe
1. Winter
3. Winter
ad.
Eismöwe
1. Winter
3. Winter
ad.
Polarmöwe

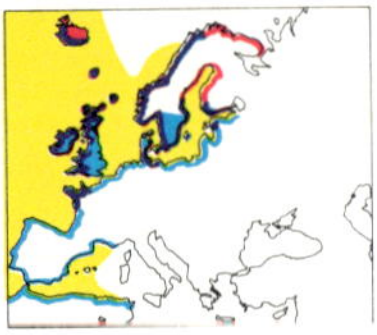

Mantelmöwe

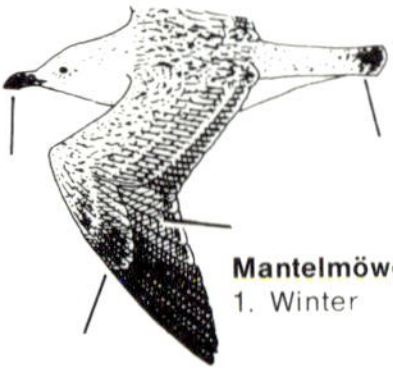

Mantelmöwe
1. Winter

Mantelmöwe *Larus marinus* **K:** Größte Möwe. Altvögel mit weißem Körper und schieferschwarzem Rücken und ebensolchen Flügeln. Hinterrand der Flügel und äußerste Spitzen weiß. Schnabel gelb. Im Ruhekleid graue Flecken am Kopf. Imm. mit dunklen Handschwingen und dunkel gefleckter, weißlicher Oberseite. Schwanz mit dunkler Endbinde. Beine in allen Kleidern fleischfarben. **L:** 74 cm. **St:** Rauhes „ouk“, häufig gereiht. **B:** Moore und steiniges Gelände in Küstennähe oder auf Inseln, manchmal in der Nähe größerer Binnengewässer. Außerhalb der Brutzeit an den Küsten und auf dem Meer. **W:** Teilzieher.

Heringsmöwe

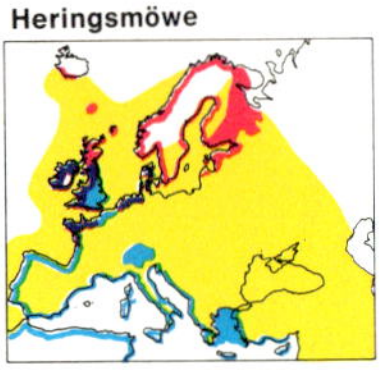

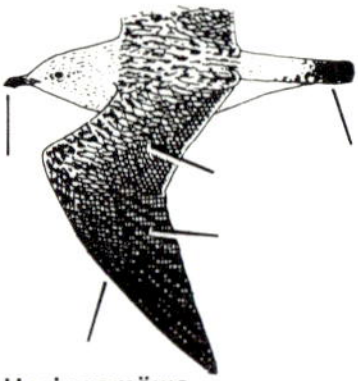

Heringsmöwe
1. Winter

Heringsmöwe *Larus fuscus* **K:** Sehr ähnlich Mantelmöwe, aber kleiner. Rücken und Flügel meist nicht ganz so schwarz wie bei der Mantelmöwe. Weißer Streif am Hinterrand der Flügel ist meist nur an den Armschwingen deutlich, an den Handschwingen kaum noch sichtbar. Beine gelb. Ruhekleid ähnlich Mantelmöwe. Imm. ähnlich Mantelmöwe, aber mit deutlich dunklerem Rükken. **L:** 53 cm. **St:** Ähnlich Silbermöwe, aber tiefer. **B:** Küstengebiete aller Art; auch an größeren Binnengewässern. **W:** Teilzieher.

Silbermöwe

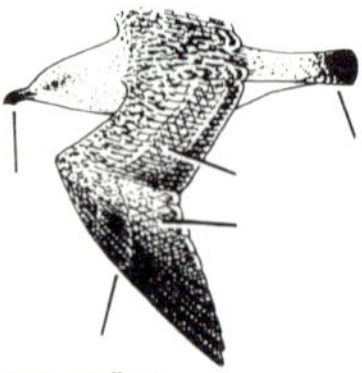

Silbermöwe
1. Winter

Silbermöwe *Larus argentatus* **K:** Häufigste Möwe an den Küsten. Altvögel weiß mit grauem Rücken und Flügeln. Flügelspitzen schwarz. Beine fleischfarben. Ruhekleid mit grauer Sprenkelung am Kopf. Unausgefärbte ähnlich Heringsmöwe, aber nie mit dunklerem Rücken, sondern eher mit hellerer Färbung. Dunkle Endbinde, meist weniger deutlich vom dicht graubraun gefleckten Schwanz abgesetzt. Handschwingen deutlich dunkler als Armschwingen. Im ersten Jahreskleid sind Arm- und Handschwingen bei Heringsmöwen gleichmäßig dunkel gefärbt. Die Mittelmeerrasse der Silbermöwe hat gelbe Beine. Auf der Oberseite ist sie etwas dunkler. Silber- und Heringsmöwe sind sehr nahe miteinander verwandt. **L:** 56 cm. **St:** Jaulende Rufe und weit hörbare, jauchzende Rufreihen. **B:** Meeresküsten aller Art, Inseln in Küstennähe sowie größere Binnengewässer. **W:** Teilzieher.

1. Winter
Mantelmöwe
ad.
Heringsmöwe
L.f.graellsii
(Britische Rasse)
L.f.fuscus
(Skandinav.
Rasse)
2. Winter
ad.
Silbermöwe
2. Winter
Silbermöwen auf
Müllplatz
1. Winter

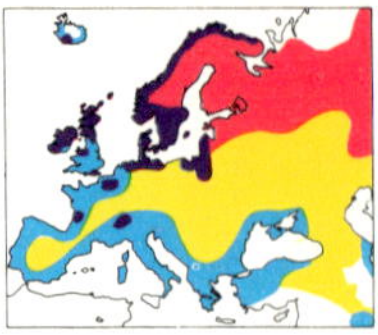

Sturmmöwe

Sturmmöwe *Larus canus* **K:** Mittelgroße Möwe, Beine und Schnabel grünlich-gelb. Imm. oberseits überwiegend graubraun mit einfarbig dunklen Handschwingen. Schwanz weißlich mit breiter, dunkler Endbinde. **L:** Ca. 40 cm. **St:** Kreischendes „giejä" und gackernde Laute. **B:** Meeresküsten, Inseln sowie an Binnengewässern. **W:** Teilzieher.

Korallenmöwe

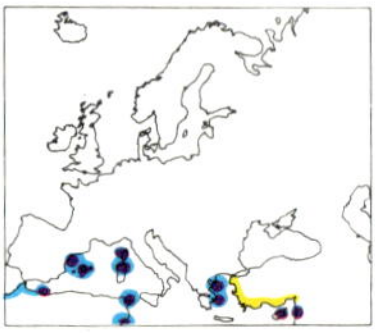

Korallenmöwe *Larus audouini* **K:** Deutlich größer als Sturmmöwe, Schnabel korallenrot mit schwarzer Querbinde und gelber Spitze. Beine dunkel. Imm. ähnlich anderen immaturen Möwen, mit gelbem Schnabel und schwarzer Querbinde in der Nähe der Spitze. **L:** Um 50 cm. **St:** Gänseartige Rufe sowie rauhes „kiärk". **B:** Felsige Inseln des Mittelmeeres. Außerhalb der Brutzeit auf dem Meere und an den mediterranen Küsten. **W:** Jahresvogel.

Dünnschnabelmöwe

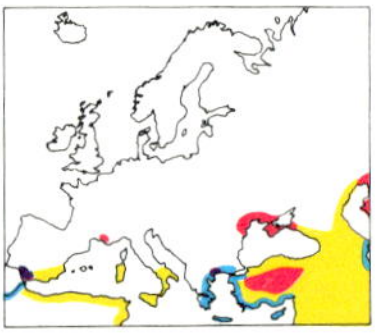

Dünnschnabelmöwe *Larus genei* **K:** Ähnlich Lachmöwe, aber mit weißem Kopf. Schnabel relativ lang und dünn, leuchtend rot. Roter Augenring. Beine rot. Schwanz leicht keilförmig. Vordere Handschwingen überwiegend weiß. Imm. ähnlich Lachmöwe, aber heller mit deutlich längerem, schwach keilförmigem Schwanz. Ohrgegend mit graubraunem Fleck. Beine bräunlichgelb. **L:** 43 cm. **St:** Nasale Rufe sowie ein hartes „gack-gack- . . .". **B:** Brackwasserseen und süße Binnengewässer im offenen Gelände. Ausgedehnte Flußdeltas. **W:** Teilzieher.

Ringschnabelmöwe

Ringelschnabelmöwe *Larus delawarensis* Ähnlich kleiner Silbermöwe, aber schwarz-gelbe (ad.), bzw. fleischfarben-schwarze (juv.) Schnabelzeichnung typisch. Schwanz mit schwarzer Binde. Sehr seltener Irrgast aus Nordamerika.

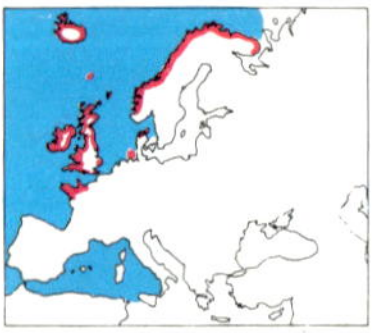

Dreizehenmöwe

Dreizehenmöwe *Larus tridactylus* **K:** Ähnlich Lachmöwe, aber mit dunklen Beinen und grünlichgelbem Schnabel. Kopf weiß. Flügelspitzen wie in Tusche getunkt schwarz ohne weiße Flecken. Füße mit drei Zehen. Imm. mit dunkler Binde im Genick und graubraunem Fleck in der Ohrgegend. Flügelspitzen schwarz. Flügeldecken graubraun gemustert. Die dunkle Zeichnung bildet auf jedem Flügel des fliegenden Vogels etwa ein „V". Schwanz leicht eingebuchtet mit dunkler Endbinde. **L:** Um 41 cm. **St:** Durchdringendes „kitti-wääk" und heiseres Gackern. **B:** Felseninseln im Meer und steile Klippen. Nistet kolonienweise an Felsen, manchmal auch an Gebäuden. Außerhalb der Brutzeit auf dem Meer und an den Küsten, selten im Binnenland. **W:** Teilzieher.

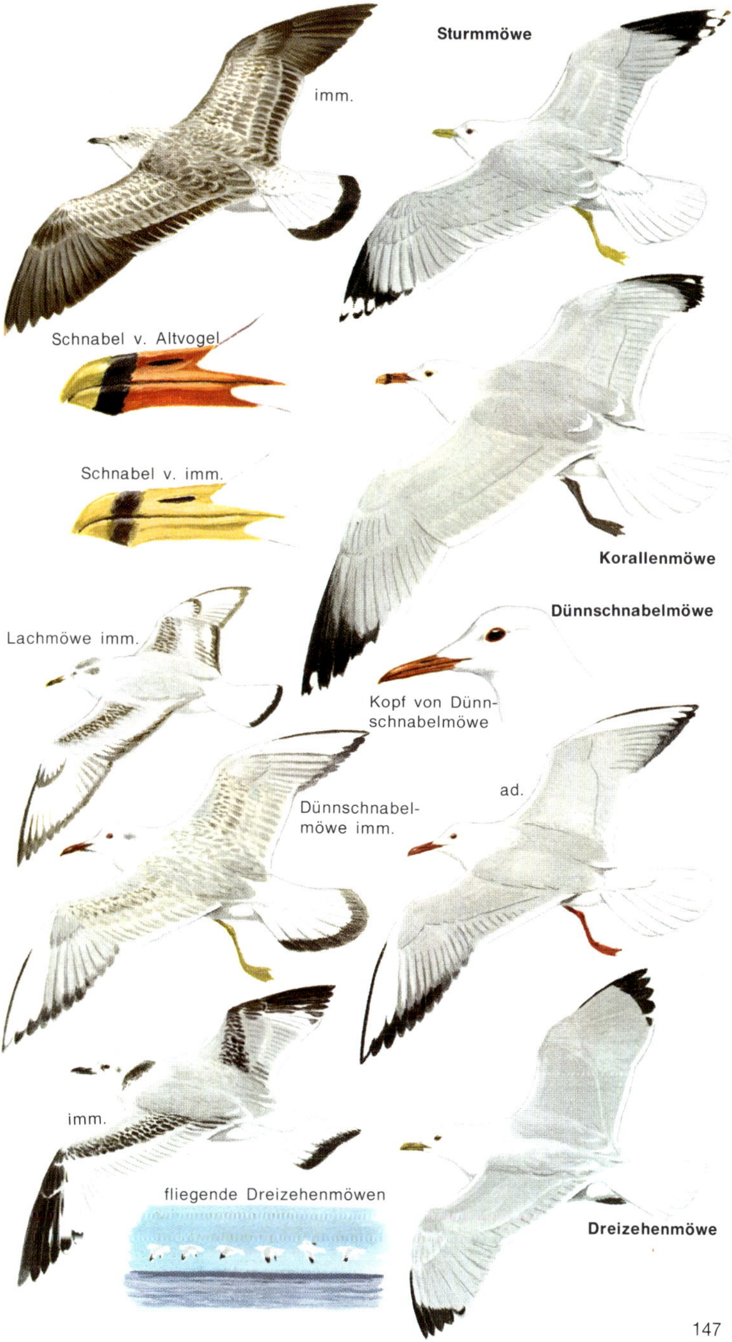

Sturmmöwe
imm.
Schnabel v. Altvogel
Schnabel v. imm.
Korallenmöwe
Dünnschnabelmöwe
Lachmöwe imm.
Kopf von Dünnschnabelmöwe
ad.
Dünnschnabelmöwe imm.
imm.
fliegende Dreizehenmöwen
Dreizehenmöwe

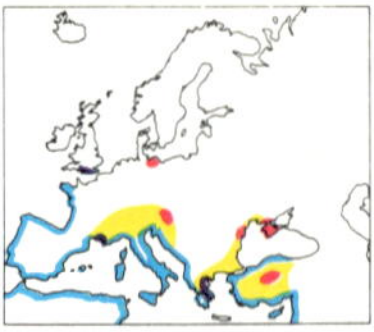

Schwarzkopfmöwe
Hat in Deutschland und Holland gebrütet

Schwarzkopfmöwe *Larus melanocephalus* **K:** Ähnlich Lachmöwe, aber mit kräftigerem Schnabel und hellen Flügelspitzen. Ruhekleid ähnlich Lachmöwe. Ebenso imm., aber Flügelspitzen dunkel. **L:** Um 40 cm. **St:** Nasales „äaa“. **B:** Binnengewässer mit Verlandungszonen, Brackwasserseen an der Küste und im Binnenland. Außerhalb der Brutzeit an Gewässern aller Art. **W:** Teilzieher.

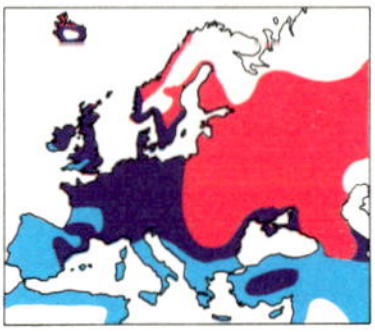

Lachmöwe

Lachmöwe *Larus ridibundus* **K:** Ähnlich Schwarzkopfmöwe, aber Kopf im Brutkleid schwarzbraun, nicht schwarz. Schnabel schlanker und Spitzen der Handschwingen schwarz. Vordere Handschwingen überwiegend weiß, die übrigen hellgrau wie der Rücken. Ruhekleid ähnlich Schwarzkopfmöwe; von dieser aber durch weißliche vordere Handschwingen und schwarze Schwingenspitzen unterschieden. Imm. sehr ähnlich imm. Schwarzkopfmöwe, aber mit überwiegend weißlichen Handschwingen. **L:** Knapp 40 cm. **St:** Kreischendes „krrjääh“. **B:** Offenes Sumpfgelände, Flußdeltas, Küstenzonen. Außerhalb der Brutzeit an Gewässern aller Art. Brüten meist in großen Kolonien. **W:** Teilzieher.

Bonaparte-Möwe *Larus philadelphia* **K:** Sehr ähnlich Lachmöwe, aber kleiner. Im Brutkleid Kopf und Schnabel schwarz. Unterseite leicht rosa angehaucht. Ruhekleid ähnlich Lachmöwe, aber mit schwarzem Schnabel. Imm. sehr ähnlich imm. Lachmöwe, aber mit überwiegend dunklen ersten Handschwingen. Danach folgt eine größere weiße Zone im Flügel. Beine bei ad. orangefarben. bei juv. schwärzlich. Flug seeschwalbenartig. **L:** 32 cm. **St:** Krächzende Rufe. **B:** Ähnlich Lachmöwe. **W:** Irrgast aus Nordamerika.

Aztekenmöwe

Aztekenmöwe *Larus atricilla* **K:** Altvögel im Brutkleid mit schwarzem Kopf und grauem Rücken. Jungvögel überwiegend nußbraun mit weißem Flügelhinterrand. **W:** Sehr seltener Irrgast aus Nordamerika.

Schwarzkopfmöwe
Ruhekleid
imm.
Brutkleid
Lachmöwe
imm.
Brutkleid
Brutkleid
Lachmöwe
Ruhekleid
Brutkleid
Brutkleid
Bonaparte-Möwe
Bonaparte-
Möwe
Ruhekleid
imm.

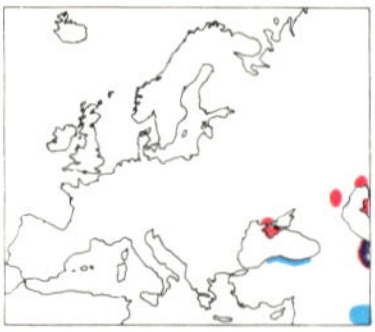

Fischmöwe

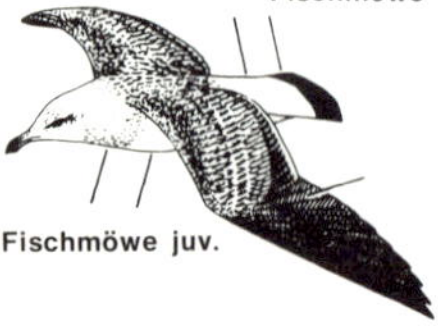

Fischmöwe juv.

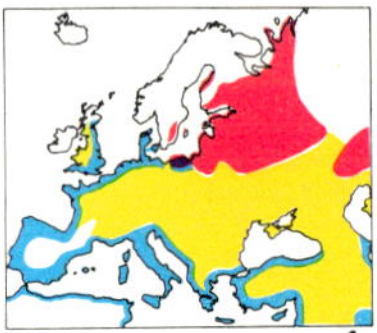

Zwergmöwe

Zwergmöwe zum 1. Winter mausernd

Schwalbenmöwe

Fischmöwe *Larus ichthyaetus* **K:** Etwa so groß wie Mantelmöwe, aber überwiegend weiß. Im Brutkleid mit schwarzem Kopf und weißen Augenringen. Beine gelblich, Schnabel gelb mit schwarzer Querbinde in der Nähe der Spitze. Ruhekleid mit graubraun geflecktem Oberkopf. Imm. mit überwiegend schwärzlichen ersten Handschwingen. Schwanz weiß mit breiter dunkler Endbinde. **L:** Um 64 cm. **St:** Krähenartige Rufe. **B:** Mündungsgebiete von größeren Strömen, größere Binnengewässer mit flachen Küsten. **W:** Sommervogel.

Zwergmöwe *Larus minutus* **K:** Kleinste Möwe. Im Brutkleid ähnlich Lachmöwe, aber völlig schwarzer Kopf. Spitzen der hellgrauen Arm- und Handschwingen weiß. Beine rot. Im Flug Unterflügel auffallend dunkel. Flügel wesentlich rundlicher als bei Lachmöwe. Imm. ähnlich imm. Dreizehenmöwe, aber ohne dunkle Querbinde im Genick und deutlicher ausgeprägter „V"-Zeichnung auf den ausgebreiteten Schwingen. Unterseite, auch Flügelunterseite, überwiegend weiß. Flug seeschwalbenartig. **L:** 28 cm. **St:** Halblautes Keckern. **B:** Ähnlich Lachmöwe, vor allem im Binnenland. **W:** Teilzieher.

Schwalbenmöwe *Larus sabini* **K:** Im Brutkleid unverkennbar. Kopf dunkel-schiefergrau, in eine schwarze Binde übergehend, die den Kopf vom weißen Hals trennt. Flügel spitz mit schwärzlichen ersten Handschwingen. Beine dunkel. Schwanz deutlich gegabelt. Kopf im Ruhekleid ähnlich gezeichnet wie Lachmöwe. Imm. mit graubraunem Rücken und ähnlich gezeichneten Flügeln wie bei ad. Gabelschwanz mit dunkler Endbinde. **L:** 33 cm. **St:** Rauhes „gäck-gäck", **B:** Arktische Tundra sowohl an der Küste als auch im Binnenland. Außerhalb der Brutzeit vor allem an den Meeresküsten. **W:** Überwiegend Sommervogel.

Rosenmöwe *Rhodostethia rosea* **K:** Zur Brutzeit unverkennbar mit hellgrauer Oberseite und zartrosa gefärbtem Körper. Um den Hals schwarzer Ring. Schnabel schwärzlich, Beine rot. Schwanz deutlich keilförmig. Ruhekleid mit etwas graugeflecktem Kopf und Rosafärbung weniger deutlich. Imm. mit ähnlicher Zeichnung der Flügeloberseite wie Dreizehenmöwe, aber am deutlich keilförmigen Schwanz von dieser zu unterscheiden. Flug taubenartig. **L:** 32 cm. **St:** Melodische, wie „awo" klingende Rufe. **B:** Sumpfgebiete in der arktischen Tundra. Auf dem Zuge vor allem an den Meeresküsten. **W:** Irrgast aus NO-Sibirien.

Fischmöwe
Ruhekleid
Brutkleid
imm.
Zwergmöwe
Brutkleid
Brutkleid
imm.
imm.
Ruhekleid
Schwalbenmöwe
Brutkleid
Ruhekleid
imm.
Rosenmöwe
imm.
ad.

Unausgefärbte Möwen sind sehr schwierig zu bestimmen. Die Zeit, bis Möwen völlig ausgefärbt sind, variiert von Art zu Art sehr. Im allgemeinen dauert es bei kleinen Möwen zwei Jahre, bei größeren vier. So bekommt zum Beispiel die Lachmöwe ihr Altersgefieder im zweiten

Winter nach Teilmausern im Herbst und Frühjahr. Die größere Silbermöwe bekommt ihr Alterskleid im vierten Herbst nach zwei Teilmausern im ersten Jahr und einer Voll- sowie einer Teilmauser jeweils im folgenden Jahr. So sind auch die „Übergangskleider" zu erklären.

Seeschwalben (Ordnung Charadriiformes, Familie Laridae, Unterfamilie Sterninae) sind schlanke Vögel mit langen, schmalen Flügeln, gegabelten Schwänzen und spitzen Schnäbeln. Der Flug ist unstet. Häufig brüten sie in Kolonien. Gelegegröße: 1-4 Eier.

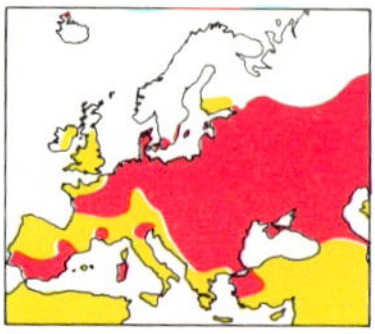

Trauerseeschwalbe

Trauerseeschwalbe *Chlidonias niger* **K:** Im Brutkleid sehr dunkle Seeschwalbe mit schwärzlichem Körper und weißen Unterschwanzdecken. Flügelunterseite hell, wird im Laufe des Sommers fleckig. Im Ruhekleid mit grauer Oberseite und weißer Unterseite. Kopf mit schwärzlicher Kappe und weißer Stirn. An den Halsseiten beiderseits ein dunkler Fleck. Imm. Oberseite überwiegend graubraun, Unterseite weißlich. Beine in allen Kleidern schwärzlich. **L:** 24 cm. **St:** Kreischendes „krihk". **B:** Binnengewässer mit Verlandungszonen. Auf dem Zuge auch an der Küste. **W:** Sommervogel, überwintert in Afrika.

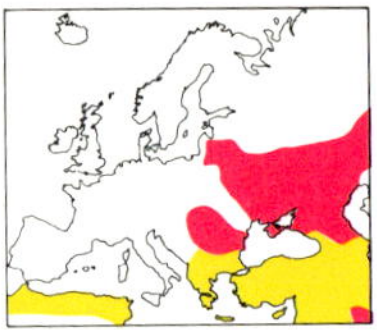

Weißflügelseeschwalbe

Weißflügelseeschwalbe *Chlidonias leucopterus* **K:** Sehr ähnlich Trauerseeschwalbe, im Brutkleid aber mit weißen Flügeldecken. Schwanz weiß; Beine und Schnabel rot. Unterflügel schwärzlich. Ruhekleid ähnlich Trauerseeschwalbe, aber mit roten Beinen und ohne schwärzlichen Fleck an den Halsseiten. Schwanz weiß; Oberseite wesentlich heller. Imm. mit hellerer Flügeloberseite als Trauerseeschwalbe. Schwanz weißlich. **L:** 24 cm. **St:** Schnarrendes „krrk". **B:** Ähnlich Trauerseeschwalbe. **W:** Sommervogel, der in Afrika überwintert.

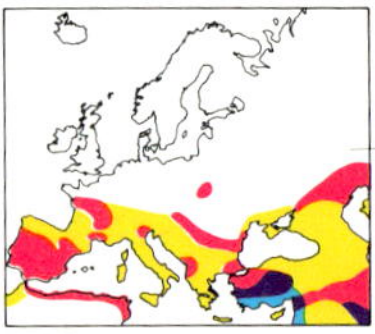

Weißbartseeschwalbe

Weißbartseeschwalbe *Chlidonias hybrida* **K:** Im Brutkleid ähnlich Trauerseeschwalbe, aber mit hellerer Flügeloberseite. Schnabel und Beine rötlich. Oberkopf schwarz. Kehle und Wangen weiß, allmählich in das Schwarzgrau der Unterseite übergehend. Unterschwanzdecken weiß. Ruhekleid ähnlich Weißflügelseeschwalbe, jedoch nur eine dunkelgraue Zone, die sich von den Augen über den Hinterkopf zieht. **L:** 25 cm. **St:** Kreischend „schriäh" und hart, „kät-kät". **B:** Ähnlich Trauerseeschwalbe. **W:** Sommervogel; überwintert in Afrika.

Weißflügelseeschwalbe, juv.

Rußseeschwalbe *Sterna fuscata* **K:** Mittelgroße Seeschwalbe mit rußschwarzer Oberseite und tief gegabeltem, weiß gesäumtem, rußschwarzem Schwanz. Oberkopf schwarz, Stirn weiß, Schnabel und Beine schwärzlich. Imm. oberseits bräunlicher. **L:** 43 cm. **B:** Küstengebiete und Inseln tropischer Meere **W:** Irrgast.

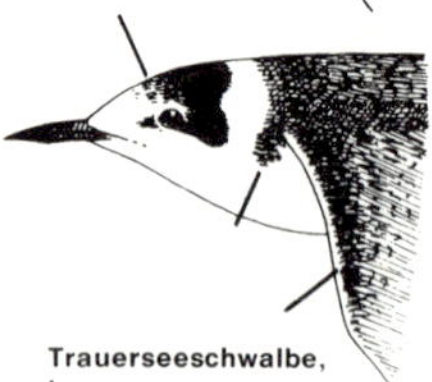

Trauerseeschwalbe, juv.

Sturmtaucher
Raubmöwe
Möwe
Seeschwalbe
imm.
mausernd
Trauer-
seeschwalbe
Brutkleid
Trauer-
seeschwalbe
über Sumpf
Trauerseeschwalbe
Ruhekleid
Brutkleid
imm.
Weißflügel-
seeschwalbe
mausernd
Weißflügelseeschwalbe
Ruhekleid
Weißbartseeschwalbe
Brutkleid
imm.
Weißbart-
seeschwalbe
Ruhekleid
Rußseeschwalbe

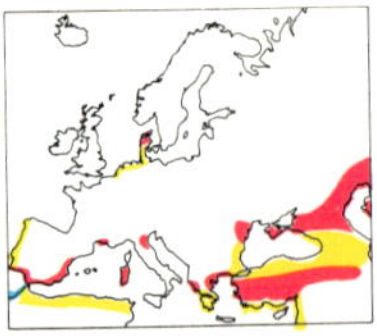

Lachseeschwalbe
Brütet auch an Lagunen im südspan. Binnenland

Lachseeschwalbe *Sterna nilotica* **K:** Mittelgroße Seeschwalbe mit kräftigem, fast möwenartigem, schwarzem Schnabel. Im Brutkleid mit schwarzer Kopfkappe. Beine schwarz. Ruhekleid mit weißem Kopf und grauer Zone im Genick. Umgebung des Auges dunkel. Imm. Rücken und Flügeldecken graubraun gefleckt, Hinterkopf graubraun. Beine relativ lang. **L:** Um 35 cm. **St:** Lachendes „hägägägä". **B:** Brackwasserseen im Binnenland und an der Küste. Gelegentlich auch am Süßwasser. Brütet auch an flachen Inseln mit Sandstrand. **W:** Sommervogel, der in Afrika überwintert.

Brandseeschwalbe
Brütet auch an der Küste Südenglands

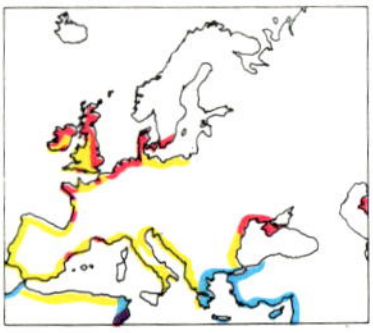

Brandseeschwalbe *Sterna sandvicensis* **K:** Ähnlich Lachseeschwalbe, aber mit längerem, spitzerem Schnabel, der eine gelblich-weiße Spitze hat. Schwanz länger und tiefer gegabelt. Beine schwarz. Oberkopf schwarz mit etwas verlängerten, struppig wirkenden schwarzen Federn am Hinterkopf. Ruhekleid mit weißer Stirn und dunkelgestreiften Hinterkopffedern. Imm. ähnlich Ruhekleid, aber Rücken und Flügeldecken dunkel graubraun gefleckt, ebenso der gegabelte Schwanz. Schnabel nahezu einfarbig schwärzlich, manchmal mit heller Spitze. **L:** Ca. 40 cm. **St:** Kratzendes „kirrik", **B:** Flache, sandige Meeresküsten mit spärlicher Vegetation. Inseln mit Sanddünen. **W:** Sommervogel, der hauptsächlich an der Küste Westafrikas überwintert.

Brandseeschwalbe, juv.

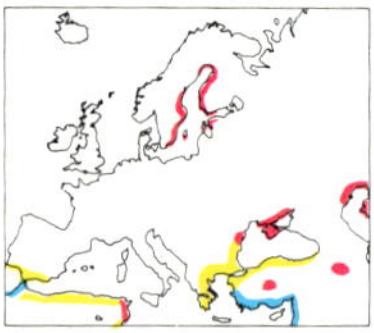

Raubseeschwalbe

Raubseeschwalbe *Hydroprogne caspia* **K:** Sehr große Seeschwalbe, fast so groß wie Silbermöwe. Schnabel sehr kräftig, leuchtend rot; Oberkopf im Brutkleid schwarz, im Ruhekleid hell und dunkel gestreift. Nakkenfedern können bei Erregung gesträubt werden. Beine schwarz. Im Flug wirken Handschwingen von unten dunkel. Imm. oberseits graubraun gefleckt. **L:** Ca. 53 cm. **St:** Graureiherartige, krächzende und kreischende Rufe. **B:** Meeresküsten mit Sand- oder Geröllstrand, küstennahe Lagunen, Binnengewässer mit Salz- oder Süßwasser und flachen Uferzonen, größere Flußniederungen. Auf dem Zug an Gewässern aller Art, vor allem an der Meeresküste. **W:** Sommervogel, der an den Küsten tropischer Meere überwintert.

Lachseeschwalbe
imm.
Brutkleid
Ruhekleid
Brandseeschwalbe
Ruhekleid
Brutkleid
Brutkolonie
imm.
Raubseeschwalbe
Ruhekleid
Brutkleid

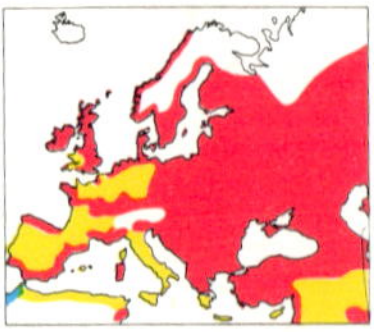

Flußseeschwalbe

Flußseeschwalbe *Sterna hirundo* **K:** Seeschwalbe mit langen Schwanzspießen, schwarzer Kopfplatte und orangerotem Schnabel mit dunkler Spitze. Flügelspitzen von unten ziemlich dunkel wirkend. Flügelschläge härter als bei der Küstenseeschwalbe. Ruhekleid ähnlich Brutkleid, aber mit weißlicher Stirn. Beine rot. Imm. Oberseite graubraun gefleckt. **L:** Um 35 cm. **St:** Kreischend „kiärr" sowie hart „kit-kit-kit-kirr". **B:** Binnengewässer mit Verlandungszonen, Strandwiesen, Flußmündungen, Küstengebiete. **W:** Sommervogel, überwintert in Westafrika.

juv.

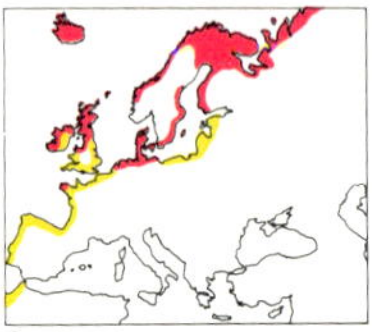

Küstenseeschwalbe

Küstenseeschwalbe *Sterna paradisea* **K:** Sehr ähnlich Flußseeschwalbe, aber Flügelspitzen weniger schwärzlich. Beine und Schnabel dunkelrot. Schwanz etwas länger als bei Flußseeschwalbe. Unterseite grauer. Flügelschläge weicher. Ruhekleid ähnlich Flußseeschwalbe, aber Stirn und Oberkopf weiß. Schnabel schwarz. Imm. ähnlich Flußseeschwalbe. **L:** 38 cm. **St:** Ähnlich Flußseeschwalbe. **B:** Flache Meeresküsten mit spärlicher Vegetation, sumpfige Küstenstreifen. **W:** Sommervogel, der vor allem an den südlichen Küsten Afrikas überwintert.

juv.

Rosenseeschwalbe *Sterna dougalli* **K:** Ähnlich Küstenseeschwalbe, aber heller mit längerem Schwanz. Schnabel schwärzlich, im Brutkleid an der Wurzel etwas rötlich. Kopfkappe schwarz. Im Ruhekleid Stirn weißlich und Schnabel schwarz. Beine rot. Imm. ähnlich Küstenseeschwalbe. **L:** 38 cm. **St:** Ähnlich Küstenseeschwalbe. **B:** Flache, sandige Meeresküsten mit spärlicher Vegetation. **W:** Sommervogel, der vor allem an der Westküste Afrikas überwintert.

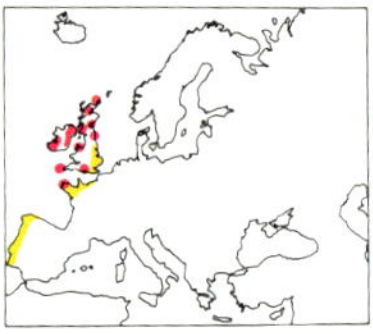

Rosenseeschwalbe
evtl. gelegentlicher Brutvogel an den Küsten SW-Europas

Zwergseeschwalbe *Sterna albifrons* **K:** Sehr kleine Seeschwalbe mit gelben Beinen. Schnabel gelb mit dunkler Spitze. Oberkopf zur Brutzeit schwarz mit weißer Stirn. Im Ruhekleid mit dunkler Binde von den Augen über das Genick. Rüttelt häufig über dem Wasser. Im Flug fallen die vorderen dunklen Handschwingen auf. Jugendkleid ähnlich Ruhekleid, oberseits dunkel gefleckt. **L:** Um 23 cm. **St:** Scharfes „kitt-kitt" sowie schnatterndes „kirri-kirri-kit". **B:** Flache Küsten mit Sandstrand, Dünengelände, vegetationsarmes Gelände an Brackwassertümpeln. **W:** Sommervogel, überwintert an den Küsten Westafrikas.

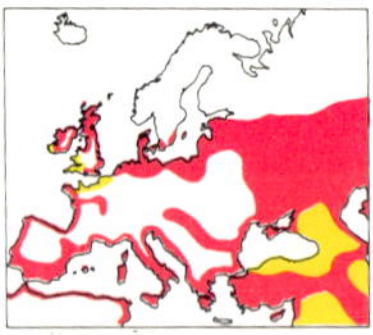

Zwergseeschwalbe

Flußsee-
schwalbe
Küstensee-
schwalbe
Rosensee-
schwalbe
Ruhekleid
Flußseeschwalbe
Brutkleid
Küsten-
seeschwalbe
Brutkleid
Ruhekleid
Flußsee-
schwalbe
Küstensee-
schwalbe
Rosensee-
schwalbe
Rosen-
seeschwalbe
Brutkleid
Ruhekleid
Flußseeschwalbe
stoßtauchend
Zwergseeschwalbe
Ruhekleid
Brutkleid

Alken (Ordnung Charadriiformes, Familie Alcidae) sind schwarz und weiß gefärbte Meeresvögel mit kurzen Schwänzen und schmalen Flügeln, die sich überwiegend von Fischen ernähren. Sie fliegen mit raschen Flügelschlägen. Außerhalb der Brutgebiete sind sie schweigsam. Nur zum Brüten kommen sie an die Küste. Sie brüten hauptsächlich an steilen Klippen mit Felsbändern und Höhlungen. Beim Schwimmen unter Wasser benützen sie ihre Flügel zum Rudern. Gelegegröße: 1-2 Eier.

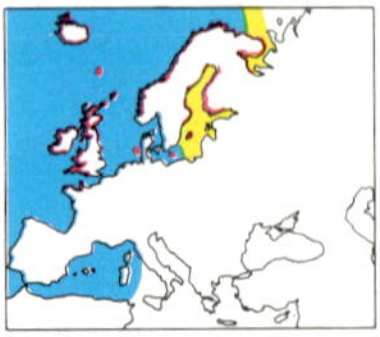

Tordalk
Unregelmäßiger Brutvogel auf Helgoland

Tordalk *Alca torda* **K:** Oberseits schwarzer, unterseits weißer Alkenvogel mit auffallend breitem Schnabel. Weißer Streif vom Auge bis in die Gegend der Nasenlöcher. Vordere Schnabelhälfte schwarz und weiß quergestreift. Im Ruhekleid sind Kehle und Wangen wie die übrige Unterseite weiß. Imm. ähnlich Ruhekleid mit schwächerem Schnabel. **L:** Ca. 40 cm. **St:** Tief und rauh „karrr“. **B:** Felsküsten mit Steilwänden, Felsinseln. Außerhalb der Brutzeit hauptsächlich auf dem Meer. **W:** Teilzieher.

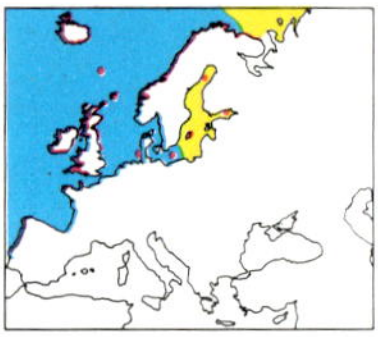

Trottellumme
Brutvogel auf Helgoland

Trottellumme *Uria aalge* **K:** Ähnlich Tordalk, aber mit dünnerem, spitzem Schnabel ohne weiße Zeichnung. Manchmal mit weißem Augenring, der in einen weißen Strich bis über die Ohrgegend ausläuft („Ringellumme“). Ruhekleid mit weißer Kehle und weißen Wangen. Imm. ähnlich Ruhekleid. **L:** 42 cm. **St:** Rauhes „arrr“ und schnarrendes „ärra“. **B:** Ähnlich Tordalk, nicht selten mit diesem vergesellschaftet. **W:** Teilzieher.

Dickschnabellumme

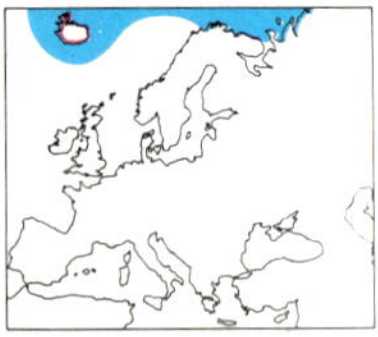

Dickschnabellumme *Uria lomvia* **K:** Ähnlich Trottellumme, aber mit dickerem Schnabel und weißlichem Streif auf der hinteren Hälfte des Oberschnabelrandes (weißlicher „Schnabelwinkel“). Ruhekleid ähnlich Trottellumme, aber Oberkopf bis in die Höhe der Schnabelspalte dunkel. Imm. ähnlich Ruhekleid. **L:** 42 cm. **St:** Wie Trottellumme. **B:** Wie Trottellumme. **W:** Teilzieher.

Seetaucher
Kormoran
Trauerente
Krabbentaucher
Lumme
Ruhekleid
Tordalk
Lummenkolonie
Brutkleid
imm.
Trottellumme
Brutkleid
„Ringellumme“
Ruhekleid
Ruhekleid
Brutkleid
Dickschnabellumme

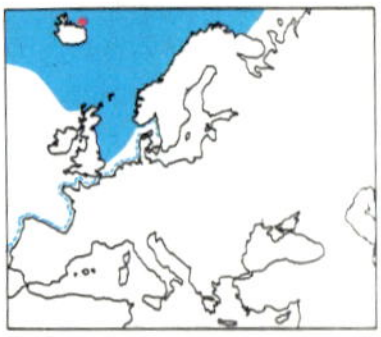
Krabbentaucher

Krabbentaucher *Plautus alle* **K:** Etwa starengroß. Schnabel auffallend kurz. Kopf relativ dick wirkend. Im Brutkleid ähnlich Tordalk. Ruhekleid mit weißer Kehle und weißen Wangen sowie mit schwarzbraunem, in der Halsmitte unterbrochenem Band. **L:** 20 cm, **St:** Schrille, schnatternde Laute. **B:** Felswände an der Küste. Nistet in Höhlungen und Spalten. Außerhalb der Brutzeit auf dem Meer. **W:** Überwiegend Teilzieher.

Gryllteiste
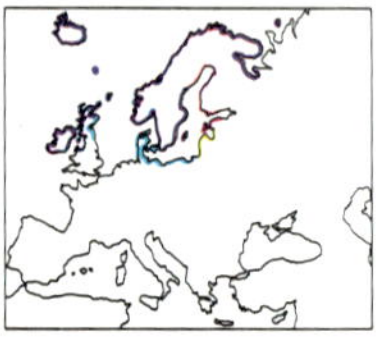

Gryllteiste *Cepphus grylle* **K:** Kleiner als Trottellumme. Überwiegend schwarz mit roten Beinen und Füßen sowie scharf abgesetztem, weißem Flügelfleck. Öffnet beim Rufen den Schnabel weit; dabei wird der leuchtendrote Rachen sichtbar. Ruhekleid sehr hell mit weißlicher Unterseite und dunkel und hell gefleckter Oberseite. Flügel schwärzlich, mit großem, weißem Flügelfleck. Imm. ähnlich Ruhekleid. **L:** 33 cm. **St:** Leises „ssih". **B:** Felsige Meeresküsten und Inseln. Außerhalb der Brutzeit vor allem in küstennahen Gewässern. **W:** Teilzieher.

Gryllteiste, juv.

Papageitaucher
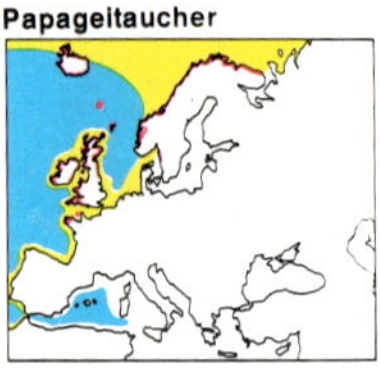

Papageitaucher *Fratercula arctica* **K:** Unverkennbar mit sehr hohem Schnabel, der auffallend schwarz, gelb und rot gefärbt ist. Beine und Füße leuchtend rot. Kopfseiten weiß, im Ruhekleid grauer. Schnabel zu dieser Zeit weniger auffallend gefärbt. Imm. ähnlich Ruhekleid, aber mit wesentlich weniger hohem Schnabel und undeutlicher Streifung. **L:** 32 cm. **St:** Tief knarrende Rufe. **B:** Steile Klippen am Meer mit Höhlen oder grasbewachsenen Bändern. Vielfach an mehr oder weniger steilen grasbewachsenen Hängen an der Küste. Gräbt Bruthöhlen in den lockeren Grasboden oder benutzt vorhandene Höhlungen in Wänden. Außerhalb der Brutzeit hauptsächlich auf dem Meer. **W:** Teilzieher.

Krabbentaucher
Trupp im Ruhekleid
Ruhekleid
Brutkleid
Gryllteiste
Ruhekleid
Brutkleid
am Brutplatz
Papageitaucher
imm.
Brutkleid
Ruhekleid
vor der Bruthöhle

Flughühner

(Ordnung Columbiformes, Familie Pteroclididae) sind mittelgroße Vögel, die mit den Tauben recht nahe verwandt sind. Sie haben sehr kurze Schnäbel und Beine, ziemlich spitze Flügel und einen spitzen Schwanz. Männchen und Weibchen unterscheiden sich im Gefieder. Der Flug ist schnell und erinnert an Tauben. Flughühner treten meist in größeren Verbänden auf. Sie nisten auf dem Boden, und ihr Gelege besteht meist aus 2 oder 3 Eiern. Sie sind Bewohner von steppenartigem oder halbwüstenartigem, offenem Gelände.

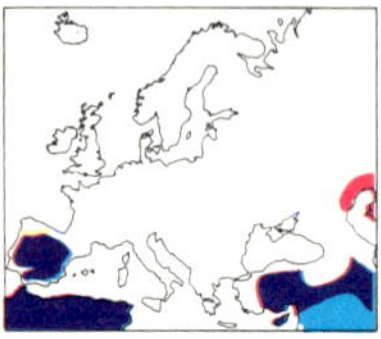
Sandflughuhn

Sandflughuhn *Pterocles orientalis* **K:** Bräunliches Flughuhn mit schwarzem Bauch. Schwanz ziemlich kurz und spitz. Flügelspitzen auffallend dunkler als die übrige Oberseite. ♂ mit rotbrauner Kehle und schwarzem Fleck darunter. In der Kropfgegend schwarze Querbinde. ♀ oberseits stärker gefleckt mit heller Kehle, angedeutetem schwarzen Kehlband und kräftiger Fleckung in der Kropfgegend, die durch ein schwarzes Band von der hellen Brust abgegrenzt wird. Juv. ähnlich ♀. **L:** 35 cm. **St:** Glucksende, tiefe „djürr-djürr- . . .“-Laute. **B:** Steppengebiete, brachliegende Felder und offenes, sandiges und vegetationsarmes Gelände. **W:** Überwiegend Jahresvogel.

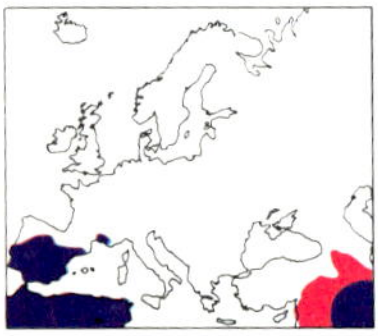
Spießflughuhn
Brutvogel in der Crau (Südfrankreich)

Spießflughuhn *Pterocles alchata* **K:** ♂ und ♀ mit weißem Bauch. Mittlere Schwanzfedern spießartig verlängert. ♂ mit schwärzlicher Kehle und schwarzem Augenstreif, ♀ mit weißlicher Kehle. Jungvogel ähnlich ♀. **L:** 32 cm. **St:** Nasales „kätarr-kätarr- . . .“. **B:** Steppengebiete mit spärlicher Vegetation, steinige Halbwüsten. **W:** Überwiegend Jahresvogel.

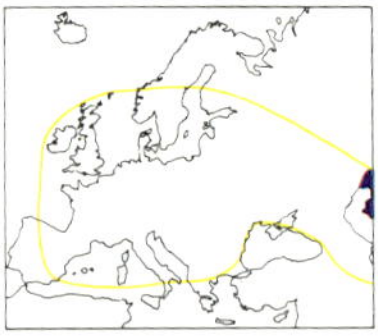
Steppenhuhn

Steppenhuhn *Syrrhaptes paradoxus* **K:** Ähnlich Spießflughuhn mit langen Schwanzspießen, aber ♂ und ♀ ohne schwarze Zeichnung am Kopf. **L:** 37 cm. **St:** Schrille Rufe. **B:** Offenes, steppenartiges Gelände, sandige Halbwüsten. Brütet im äußersten Südosten der Sowjetunion sowie im mittleren und östlichen Asien. **W:** Teilzieher; wandert gelegentlich ins westliche Europa.

Rebhuhn
Gold-
regenpfeifer
Felsentaube
Flughuhn
Spießflughühner an Wasserstelle
♂
Sandflughuhn
♀
fliegender Trupp
♂
♀
Spießflughuhn
♂
♀
Steppenhuhn

Tauben Ordnung Columbiformes, Familie Columbidae) sind mittelgroße, kompakt gebaute Vögel mit spitzen Flügeln und ziemlich langen Schwänzen. Außerhalb der Brutzeit leben die meisten Arten gesellig. Mit Ausnahme der Felsentaube, der Stammutter der Haustaube, brüten Tauben einzeln; Felsentauben dagegen vielfach in lockeren Kolonien. Das Gelege besteht meist aus 2 Eiern.

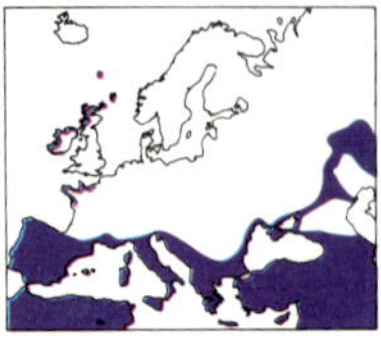

Felsentaube

Felsentaube *Columba livia* **K:** Stammutter der Haustaube. Bürzel weiß, beim Fliegen zwei dunkle Binden im Flügel. Auge rot. **L:** 33 cm. **St:** Haustaubenartiges Gurren. **B:** Felsige Landschaften und einsame Ruinen größerer Gebäude. Vergesellschaftet sich nicht selten mit verwilderten Haustauben. Häufig Mischpopulationen. **W:** Überwiegend Jahresvogel.

Hohltaube *Columba oenas* **K:** Ähnlich Felsentaube, aber mit grauem Hinterrücken und Bürzel. Im Flügel höchstens angedeutete, dunkle Querbinden. **L:** 33 cm. **St:** Hohles „húhwup“, das mehrmals wiederholt wird. **B:** Größere Waldungen mit alten Bäumen sowie Parkanlagen mit älterem Baumbestand. Nistet in Baumhöhlen, vor allem in Schwarzspechthöhlen. **W:** Teilzieher.

Hohltaube

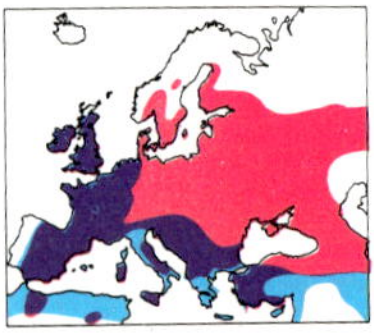

Ringeltaube *Columba palumbus* **K:** Größte Wildtaube. Ad. und imm. durch weißen Flügelbug gekennzeichnet. Ad. mit weißem Fleck an den Halsseiten. Auge gelb. Schwanz dunkel, von unten mit heller Querbinde in der Mitte. Im Flug weißer Flügelstreif auffallend. Fliegt sehr geräuschvoll auf. **L:** Um 41 cm. **St:** Hohles „grugrúh-grugru“, mehrfach wiederholt sowie ähnliche Laute. **B:** Waldungen aller Art, Parks, Gartengelände mit Bäumen. Außerhalb der Brutzeit manchmal in Schwärmen auf Feldern. Brütet nicht selten mitten in Ortschaften. Nest auf Bäumen und höheren Büschen. **W:** Teilzieher.

Ringeltaube

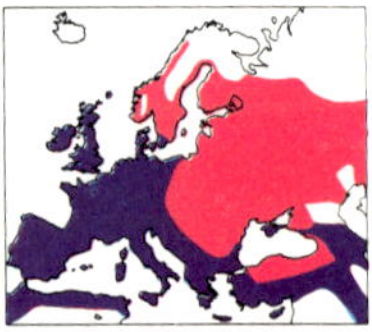

Dohle
Falke
Gold-
regenpfeifer
Flughuhn
Felsentaube
Ringeltauben
Haustauben
Felsentaube
Hohltaube
imm.
Ringeltaube
ad.

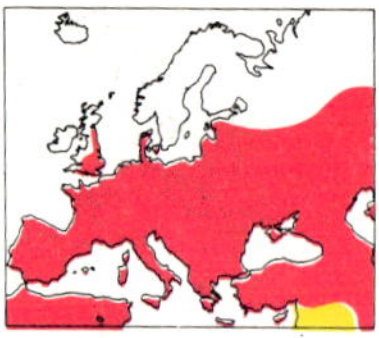

Turteltaube

Turteltaube *Streptopelia turtur* **K:** Kleine Taube mit spitzen Flügeln und rasantem Flug. Rücken braun mit schwarzer Fleckung. Halsseiten mit drei schwärzlichen, weiß begrenzten Querstreifen. Schwanz dunkel, am Ende scharf abgesetzt weiß. **L:** 27 cm. **St:** Anhaltendes Gurren wie „turr-turr- . . .“. **B:** Auwälder, offenes Gelände mit Feldgehölzen und Hecken, lichte Mischwälder, Parks. **W:** Sommervogel, der in Afrika überwintert.

Orient-Turteltaube *Streptopelia orientalis* **K:** Ähnlich Turteltaube, aber größer. Streifen an den Halsseiten nicht weiß, sondern blaugrau begrenzt. Unterschwanzdecken grau, nicht weiß wie bei der Turteltaube. Unterflügel dunkler. Von unten gesehen ist das Weiß des Schwanzes weiter ausgedehnt. Brutvogel in Asien. Gelangt gelegentlich als Irrgast bis ins westliche Europa.

Türkentaube

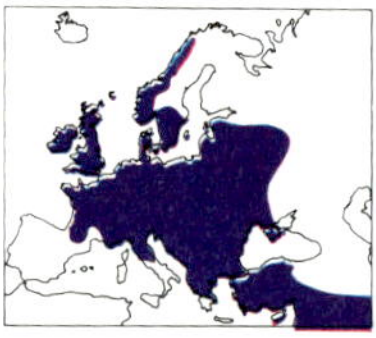

Türkentaube *Streptopelia decaocto* **K:** Ähnlich Turteltaube, aber mit ungeflecktem Rücken. Altvögel mit schwarzem, nach oben weiß begrenztem Nackenband. Augen tiefrot. **L:** 28 cm. **St:** Hohles „hu-húh-hu“. Außerdem ein kichernder Laut **B:** Parks und Gartengelände, auch mitten in Ortschaften. In Westeuropa selten weiter von menschlichen Siedlungen entfernt. **W:** Überwiegend Jahresvogel.

Palmtäubchen

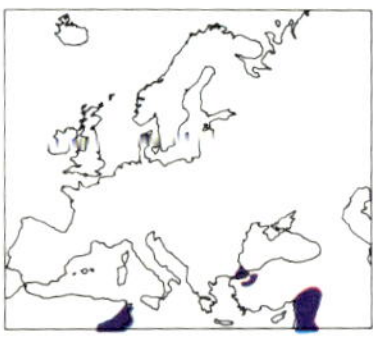

Palmtäubchen *Streptopelia senegalensis* **K:** Kleiner als Turteltaube, mit blaugrauen Flügeldecken. Schwärzlich gestrichelte, breite Kropfbinde. Flügelunterseiten im Flug auffallend dunkel. Oberseite überwiegend dunkelrot-bräunlich. **L:** 26 cm. **St:** Kuckucksartiges „guguh-gugugu“. **B:** Brutvogel in Afrika und Asien, in Europa nur in der europäischen Türkei. Bewohnt offenes Gelände mit Büschen und Baumgruppen sowie Ortschaften. **W:** Jahresvogel.

Turteltaube
Orient-Turteltaube
Türkentaube
Palmtäubchen

Kuckucke (Ordnung Cuculiformes, Familie Cuculidae) sind mittelgroße, langschwänzige Vögel mit spitzen Flügeln. Alle europäischen Arten sind Brutparasiten. Zwei Zehen nach vorne und zwei nach hinten gerichtet.

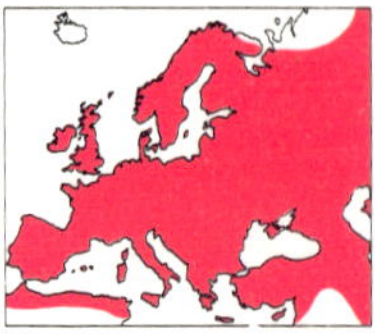
Kuckuck

Kuckuck *Cuculus canorus* **K:** Etwa taubengroß, mit sehr langem Schwanz. Flugbild erinnert etwas an Turmfalk. Zwei Farbphasen: oberseits schiefergrau und oberseits rötlichbraun. Unterseite „gesperbert". ♂ von Kinn bis Kropf einfarbig grau, ♀ und juv. auf der gesamten Unterseite gesperbert. Männchen treten anscheinend nur in der grauen Phase auf. **L:** 33 cm. **St:** ♂ rufv hohl „guguck". Bei Erregung dreisilbig. Außerdem heiseres Fauchen. ♀ ruft gellend „quickwickwick . . .". **B:** Offenes Gelände, Waldränder und aufgelockerte Waldungen. **W:** Sommervogel, überwintert in Afrika.

Waldkuckuck

Waldkuckuck *Cuculus saturatus* **K:** Sehr ähnlich Kuckuck, aber mit breiterer und weniger dichter Sperberung auf der Unterseite. Unterflügel gelblichrot, nicht weiß wie beim Kuckuck. **L:** Um 31 cm. **St:** Hohle, viersilbige Rufe. **B:** Ausgedehnte Waldungen, vor allem Nadelwälder, auch Waldrandgebiete. **W:** Sommervogel, der im südlichen Asien überwintert.

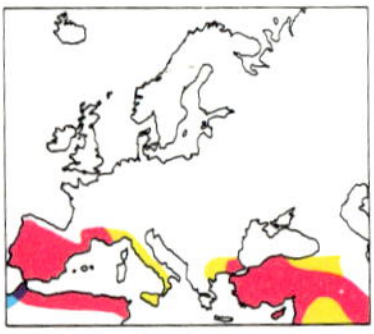
Häherkuckuck

Häherkuckuck *Clamator glandarius* **K:** Größer als Kuckuck, mit Federhaube auf dem Kopf und graubrauner, weiß gezeichneter Oberseite. Unterseite gelblichweiß. ♀ mit schwächerem Schopf und dunklerem Kopf. Imm. ähnlich ♀, aber ohne Schopf, mit stärker gefleckter Oberseite und bräunlicherer Unterseite. **L:** 39 cm. **St:** Gellend „tscheckscheckscheck . . ." sowie heiser „krähk". **B:** Offene Landschaften mit Büschen und Baumgruppen. Legt seine Eier vor allem in Elsternester. **W:** Sommervogel, überwintert in Afrika.

Gelbschnabelkuckuck *Coccyzus americanus* **K:** Etwas kleiner als Kuckuck. Unterschnabel gelb. Schwanzunterseite auffallend schwarz und weiß gezeichnet. Beim Fliegen fällt im Flügel eine rostbraune Zone auf. **St:** Schnelle Folge aus gutturalen Lauten. **W:** Irrgast aus Nordamerika.

Schwarzschnabelkuckuck *Coccyzus erythrophthalmus* **K:** Ähnlich Gelbschnabelkuckuck, aber mit schwarzem Schnabel, rotem Augenring und ohne auffällige Schwarz-Weißzeichnung auf der Schwanzunterseite. Im Flügel kein Rotbraun. **St:** Kuckucksähnlich. **W:** Irrgast aus Nordamerika.

Ziegen-
melker
Falke
Sperber
Taube
Kuckuck
♀ rotbraune Phase
♂
imm.
Kuckuck
balzend
♂
Waldkuckuck
Dorngrasmücke
füttert jungen
Kuckuck
♀
♂ ad.
Häherkuckuck
imm.
Gelbschnabel-
kuckuck
Schwarzschnabel-
kuckuck

Eulen

(Ordnung Strigiformes, Familie Tytonidae – Schleiereulen – und Familie Strigidae – alle übrigen Eulen) sind kleine bis große, dickköpfige und kurzhalsige Vögel mit meist nächtlicher Lebensweise. Das Gehör der Eulen ist hervorragend ausgebildet. Die Augen sind an Dämmerungssehen angepaßt. Bei Tage sehen Eulen aber mindestens ebenso gut. Die Stimmen der meisten Arten sind dumpf, heulend oder pfeifend. Kleinere Eulen nisten meist in Höhlungen. Die Eier sind mehr oder weniger rundlich und reinweiß.

Zwergohreule

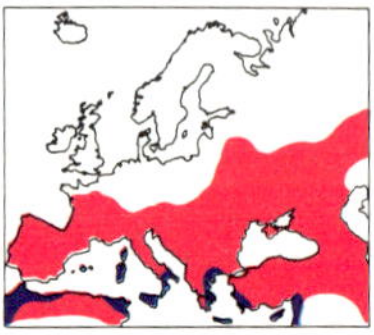

Zwergohreule *Otus scops* **K:** Kleine Eule, mit bräunlichem oder grauem, rindenartig gezeichnetem Gefieder. Kleine Ohrbüschel, die nicht immer sichtbar sind, Augen gelb. **L:** 19 cm. **St:** In kurzen Abständen wiederholtes „kjüh". **B:** Offenes Gelände mit Bäumen oder Baumgruppen, bei Ruinen und in felsigem Gelände. **W:** Teilzieher.

Sperlingskauz

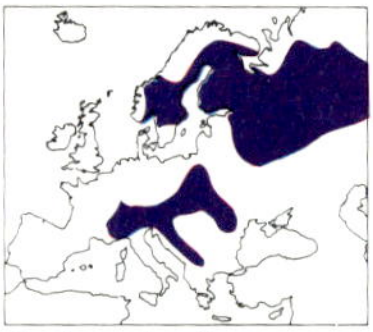

Auch in den Vogesen

Sperlingskauz *Glaucidium passerinum* **K:** Knapp stargroß mit weißlich quergebändertem Schwanz. Dieser wird häufig gestelzt und ruckartig hin und her bewegt. Schwacher Gesichtsschleier mit dunkler konzentrischer Wellenzeichnung. Augen ziemlich klein und gelb. Setzt sich gern auf Baumspitzen. Vorwiegend tagaktiv. **L:** Um 17 cm. **St:** Monotone Folgen aus „düh"-Rufen, an die häufig ein halblautes Vibrieren angehängt wird. Auch aufsteigende Tonleitern aus 4–8 „ü"-Rufen. **B:** Ausgedehnte Nadelwälder, vor allem im Gebirge. **W:** Jahresvogel.

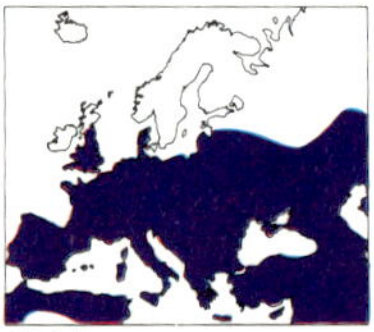

Steinkauz

Steinkauz *Athene noctua* **K:** Kleiner, auffallend kurzschwänziger Kauz mit ziemlich großen, schwefelgelben Augen. Kopf wirkt ziemlich flach. **L:** 23 cm. **St:** Nasales, ansteigendes „guhk" sowie gellendes „kwiff-kwiff . . .". **B:** Offenes Gelände mit Baumgruppen, z. B. älteren Obstbäumen oder Kopfweiden. Bei Feldscheuern und altem Gemäuer sowie in felsigem Gelände. Auch in Dörfern. **W:** Jahresvogel.

Rauhfußkauz

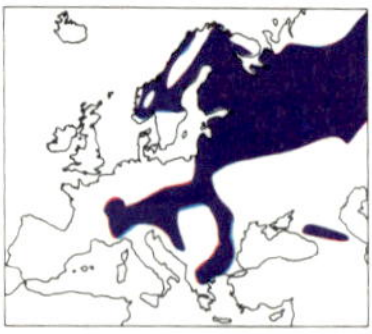

brütet auch in der „Côte d'Or" und in den Pyrenäen sowie in den Vogesen

Rauhfußkauz *Aegolius funereus* **K:** Ähnlich Steinkauz, aber dickköpfiger mit tiefgelben Augen. Jungvögel überwiegend schokoladebraun mit weißen Abzeichen im Gesicht. **L:** 25 cm. **St:** Etwa alle 2–3 Sekunden wiederholtes, anschwellendes „bubububububu" mit Okarina-Klangfärbung. Außerdem schnalzendes „zjuck" und nasales „kuwäck". **B:** Ausgedehnte Wälder mit alten Bäumen, vor allem im Gebirge. **W:** Jahresvogel.

Sumpfohreule
Waldkauz
Sperbereule
Sperlingskauz
graue Phase
braune Phase
Zwergohreule
Sperlingskauz
Wellenflug des Steinkauzes
Steinkauz
Rauhfußkauz
juv.

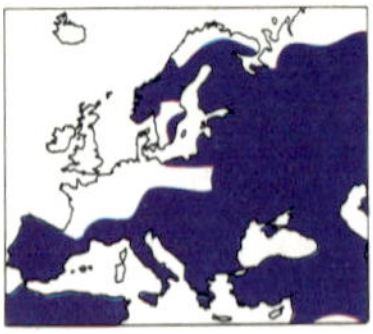

Uhu
in weiten Gebieten Mitteleuropas ausgerottet

Uhu *Bubo bubo* **K:** Größte europäische Eule mit orangefarbenen Augen und auffallenden Federohren. **L:** Um 70 cm. **Sp:** Um 170 cm. **St:** Dumpfes, abfallendes „wúoh". ♀ ruft höher „huhuh". Außerdem glucksende, kichernde und krächzende Laute. **B:** Felsiges Gelände mit Schluchten. Ausgedehnte Waldungen. Brütet meist in Felsnischen, manchmal in Horsten großer Vögel oder auf dem Boden. **W:** Jahresvogel.

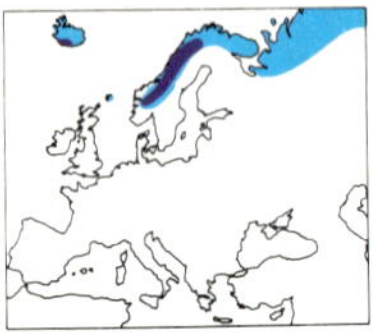

Schnee-Eule

Schnee-Eule *Nyctea scandiaca* **K:** Knapp uhugroß, überwiegend weiß mit mehr oder weniger stark ausgeprägter dunkler Fleckung, die beim ♀ kräftiger ausgebildet ist als beim ♂. **L:** 57 cm. **St:** Schallendes, tiefes „hohoh". Außerdem krächzende Laute und helles „rick". **B:** Offene Tundralandschaft und nahezu vegetationsloses Hügelland. Auf dem Zuge im offenen Gelände. **W:** Teilzieher.

Bartkauz

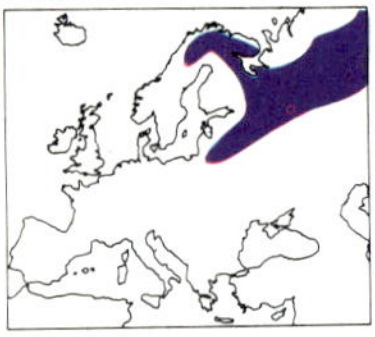

Bartkauz *Strix nebulosa* **K:** Knapp uhugroß. Überwiegend grau wirkend mit auffallend kleinen, gelben Augen. Gesichtsschleier mit dunkler, konzentrischer Wellenzeichnung. Unter dem Schnabel schwarzer, bartartiger Fleck. **L:** Knapp 70 cm. **Sp:** Um 140 cm. **St:** Allmählich abfallende, dumpfe Rufreihen wie „húwe-húwe . . .", deren Lautfolge gegen das Ende beschleunigt wird. **B:** Ausgedehnte Wälder des Nordens. Brütet meist in verlassenen Greifvogelhorsten. **W:** Überwiegend Jahresvogel.

Habichtskauz

Habichtskauz *Strix uralensis* **K:** Kleiner als Bartkauz mit relativ langem Schwanz und kräftiger, dunkler Längsfleckung. Gesichtsschleier ungezeichnet. Augen relativ klein und schwarzbraun. **L:** Um 60 cm. **Sp:** Um 120 cm. **St:** Weitschallendes „wúhu", dem nach 3–4 Sekunden ein etwas gedämpfteres „huw hu" folgt. Außerdem lautes „huäck" sowie bellendes „gwáoh". **B:** Wälder mit Altholzbeständen. Brütet in weiten Baumhöhlen oder in Greifvogelhorsten. **W:** Überwiegend Jahresvogel.

Uhu
Schnee-Eule
Bartkauz fliegend
Bartkauz
Habichtskauz

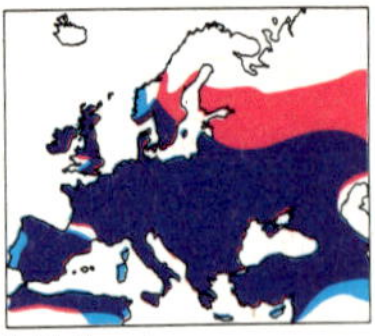

Waldohreule

Waldohreule *Asio otus* **K:** Etwa krähengroß mit auffallenden Federohren. Augen orange. **L:** 34 cm. **St:** Etwa im Atemabstand ausgestoßenes, dumpfes „huh". Außerdem bellendes „wägwägwäg". Juv. betteln hoch fiepend. **B:** Wälder mit Lichtungen, Feldgehölze, Parks. Brütet vor allem in Krähen- und Elsternestern. **W:** Teilzieher. Außerhalb der Brutzeit meist in Trupps, die gemeinsame Schlafplätze haben, z. B. auf Friedhöfen.

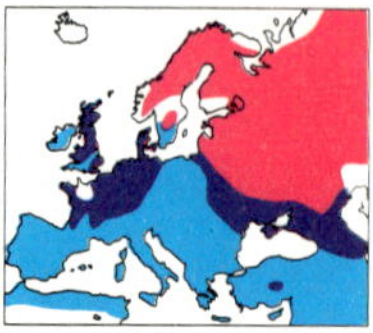

Sumpfohreule

Sumpfohreule *Asio flammeus* **K:** Ähnlich Waldohreule, aber mit winzigen, kaum sichtbaren Federohren. Unterseite kräftig längsgestreift. Augen gelb. Vorwiegend tagaktiv. **L:** Um 38 cm. **Sp:** Um 100 cm. **St:** Dumpfes „wudwudwud ...", sitzend und im Fluge. Außerdem bellendes „kiäw" und miauende Rufe. **B:** Offene Landschaften, vor allem Riede, Moore und Sumpfwiesen. Auch steppenartiges Gelände, nordische Tundren und Dünengebiete. **W:** Teilzieher.

Kapohreule

Kapohreule *Asio capensis* **K:** Ähnlich Sumpfohreule, aber dunkler mit braunen Augen. Brütet in Afrika; Irrgast in Südspanien.

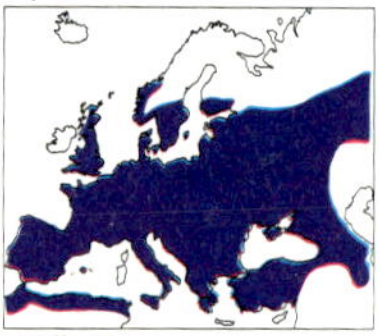

Waldkauz

Waldkauz *Strix aluco.* **K:** Häufigste Eulenart. Graue und braune Phase. Keine Federohren. Augen schwarzbraun. **L:** Um 38 cm. **St:** Heulendes „huuh", dem ein kurzes „hu" sowie ein tremolierendes „huuuh" folgt. Außerdem Schnurren auf „u" oder „ü" sowie ein gellendes „kjuwitt". **B:** Wälder, Parks, Gartengelände und felsige Landschaften. Vielfach in Dörfern und Städten. **W:** Jahresvogel.

Schleiereule

Schleiereule *Tyto alba* **K:** Sehr helle Eule mit herzförmigem Gesichtsschleier und langen Beinen. Gefieder wirkt wie mit einem zarten Schleier überzogen. Unterseite weiß bis gelblichbraun mit oder ohne schwärzliche Pünktchen. **L:** 34 cm. **St:** Schnarchendes „chrrrüüh". **B:** Offenes Gelände mit Ruinen oder Scheunen, Ortschaften, felsiges Gelände und Parks. **W:** Überwiegend Jahresvogel. – Die Schleiereule ist die einzige europäische Eule, die zur Familie der Tytonidae gehört.

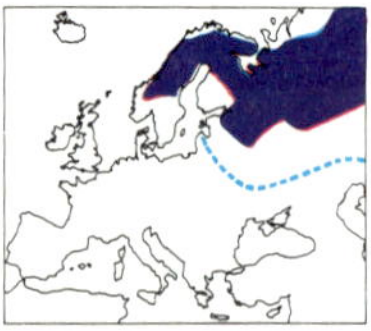

Sperbereule

Sperbereule *Surnia ulula* **K:** Auffallend langschwänzige Eule mit kräftiger Sperberung auf der Unterseite. Augen leuchtend gelb. Vielfach tagaktiv, setzt sich gern auf Baumspitzen und stelzt den Schwanz. **L:** Um 40 cm. **Sp:** Um 75 cm. **St:** Gellendes „kwickwickwick ..." und durchdringendes „krrriiii". Balzgesang schnelle Folge von „hu"-Rufen. **B:** Wälder des Nordens mit Lichtungen. **W:** Teilzieher.

am Tages-
schlafplatz
sich tarnend
entspannt (auch im Flug!)
Waldohreule
sich tarnend
Sumpfohreule
graue Phase
Waldkauz
rotbraune Phase
Sperbereule
dunkle Form
Schleiereule
helle Form

Ziegenmelker oder Nachtschwalben (Ordnung Caprimulgiformes, Familie Caprimulgidae)

Ziegenmelker oder Nachtschwalben (Ordnung Caprimulgiformes, Familie Caprimulgidae) sind nächtliche, insektenfressende Vögel mit flachen Köpfen und kleinen Schnäbeln. Die Mundspalte reicht jedoch bis unter das Auge. Ihr Gefieder ist rindenartig gezeichnet. Verschiedene Arten haben weiße Abzeichen an den Flügeln und am Schwanz. Am Tage sitzen sie häufig auf dem Boden oder in Längsrichtung auf dickeren Ästen. Durch ihre Schutzfärbung sind sie äußerst schwer zu erkennen. Sie legen ihre 2 Eier direkt auf den Boden. Ein Nest wird nicht gebaut.

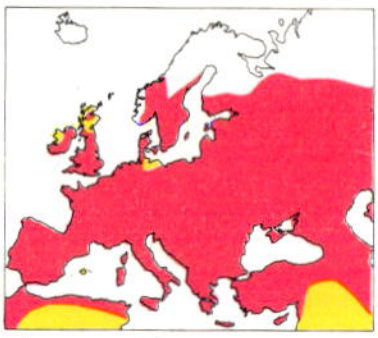

Ziegenmelker

Ziegenmelker *Caprimulgus europaeus* **K:** Rindenfarbiger Vogel mit großen, dunklen Augen, die beim Sitzen bis auf einen schmalen Spalt geschlossen werden können. Flugbild falkenartig mit spitzen Flügeln und langem Schwanz. Fliegt hauptsächlich in der Dämmerung und nachts. ♂ mit weißem Abzeichen auf den Handschwingen und an den Schwanzseiten. ♀ ohne diese Abzeichen. **L:** Um 27 cm. **St:** Schnurrende Strophen wechselnder Höhe wie „errrrr . . .örrrrr . . .errrrr . . .“. Gelegentlich gedämpfte, nasale und gickernde Laute. **B:** Moore und Heideflächen mit lockerem Baumbestand, lichte Wälder mit Schneisen, vor allem in trockenen Kiefernwaldungen. **W:** Sommervogel, der in Afrika überwintert.

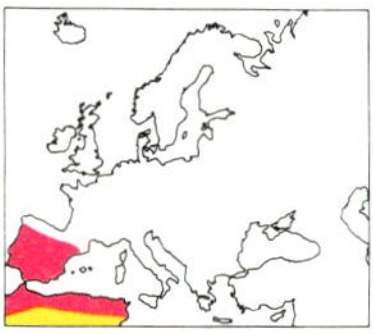

Rothals-Ziegenmelker

Rothals-Ziegenmelker *Caprimulgus ruficollis* **K:** Ähnlich Ziegenmelker, aber mit weiter ausgedehnt heller Kehle und rostfarbenem Nackenband. ♂ und ♀ mit weißen Abzeichen. **L:** Um 30 cm. **St:** Im Rhythmus einer tickenden Uhr anhaltend vorgetragenes, hohles „tschücku-tschücku-tschücku-. . .“. **B:** Offene Landschaft mit Busch- oder Baumgruppen, mediterrane Buschwälder, Pinienwäldchen. **W:** Sommervogel, der in Afrika überwintert.

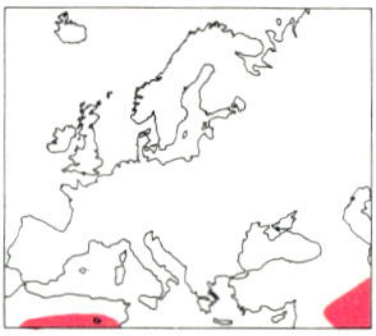

Ägypt. Ziegenmelker

Ägyptischer Ziegenmelker *Caprimulgus aegyptius* **K:** Ähnlich Ziegenmelker, aber überwiegend sandfarbig mit dunkler Wölkung. Weiße Abzeichen wenig auffällig. **L:** 25 cm. **St:** Ähnlich Ziegenmelker. **B:** Irrgast aus afrikanischen und asiatischen Wüstengebieten.

Eule
Sperber
Falke
Segler
Ziegenmelker
♂
♂
Ziegenmelker
♀
♀
auf Aststumpf sitzend
Rothals-
Ziegenmelker
Balzflug
Ägyptischer
Ziegenmelker
♂

Segler (Ordnung Apodiformes, Familie Apodidae) erinnern etwas an Schwalben und ernähren sich ausschließlich von fliegenden Insekten, die sie in reißendem Fluge erbeuten. Beine sehr kurz, alle vier Zehen nach vorne gerichtet und mit kräftigen Krallen versehen (Klammerfuß). Flügel lang und sichelförmig. Schwanz kurz und leicht gegabelt. Sie nisten in Höhlen und Spalten; Gelegegröße 2–3 weiße Eier.

Haussegler

Mauersegler
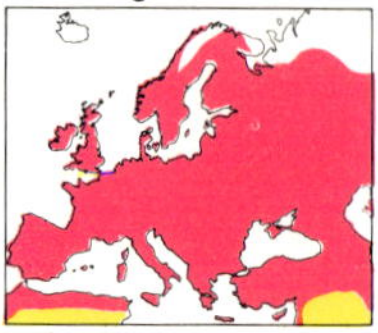
Kaffernsegler
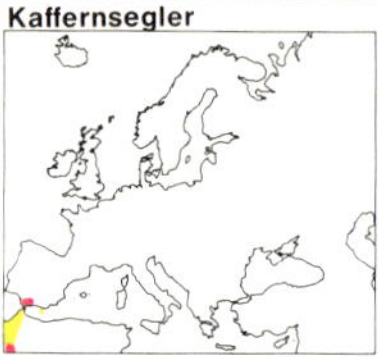

Haussegler
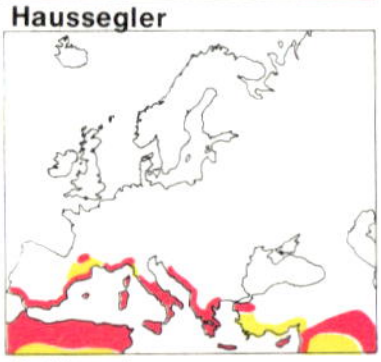
Fahlsegler
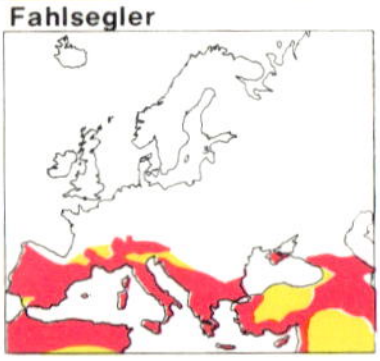
Alpensegler

Mauersegler *Apus apus* **K:** Überwiegend grauschwarz mit etwas hellerer Kehle. Unterflügel schwärzlich. Jungvögel mit hellen Federsäumen. **L:** Um 17 cm. **St:** Gellendes „srih", meist gereiht, von Trupps dahinjagender Mauersegler ausgestoßen. **B:** Vor allem Ortschaften und felsiges Gelände. Nistet hier in Spalten und Höhlungen. Kann zum Jagen überall auftauchen. **W:** Sommervogel, der im südlichen Afrika überwintert.

Kaffernsegler *Apus caffer* **K:** Kleiner als Mauersegler, mit weißem Bürzel. **B:** Nistet in felsigen Landschaften Südspaniens. Im östlichen und südlichen Afrika weit verbreitet. **W:** Sommervogel.

Haussegler *Apus affinis* **K:** Ähnlich Kaffernsegler, aber kein gegabelter Schwanz. Weißer Bürzelfleck größer. **W:** Seltener Irrgast aus Nordafrika und Asien.

Fahlsegler *Apus pallidus* **K:** Sehr ähnlich Mauersegler, aber blasser, mit weiter ausgedehnter weißlicher Zone an der Kehle. Unterflügel bräunlich. **L:** Um 17 cm. **St:** Ähnlich Mauersegler, aber rauher und tiefer. Rufe fallen in der Tonhöhe vielfach ab. **B:** Ähnlich Mauersegler, mit Vorliebe an Steilküsten mit großen Höhlen und Überhängen. **W:** Sommervogel, der in Afrika überwintert.

Alpensegler *Apus melba* **K:** Wesentlich größer als Mauersegler mit graubrauner Oberseite und weißer Unterseite mit graubraunem Kropfband. **L:** 21 cm. **Sp:** 53 cm. **St:** Durchdringende, trillernde Rufe. **B:** Felsige Landschaft mit hohen Wänden. Auch in Ortschaften mit größeren Gebäuden. Nistet in Felsspalten und unter Dächern. **W:** Sommervogel, der in Afrika überwintert.

Falke
Ziegen-
melker
Schwalbe
Segler

Mauersegler
Trupp Mauersegler
Fahlsegler
Alpensegler
Kaffern-
segler

Rackenvögel

(Ordnung Coraciiformes) bilden eine Gruppe von sehr unterschiedlichen, meist recht buntgefärbten Vogelarten.

EISVÖGEL (Familie Alcedinidae) halten sich meist am Wasser auf. Nicht gesellig. Die meisten Arten brüten in selbstgegrabenen Röhren in Steilufern. Gelegegröße 3–8 weiße Eier.

BIENENFRESSER (Familie Meropidae) sind sehr bunt, und ihre mittleren Schwanzfedern sind spießartig verlängert. Ihre Nahrung besteht hauptsächlich aus Insekten, die sie im Fluge erbeuten. Koloniebrüter. Sie legen 4–7 weiße Eier in eine erweiterte Höhlung am Ende einer selbstgegrabenen Röhre.

BLAURACKEN (Familie Coraciidae) sind taubengroße, überwiegend blaugefärbte Vögel. Sie ernähren sich hauptsächlich von Insekten und kleineren Wirbeltieren, die sie auf dem Boden fangen. Sie nisten in Baumhöhlen oder in Höhlungen von Steilufern oder Felswänden. Als einzige Vertreter der Rackenvögel tragen sie etwas Nistmaterial ein. Gelegegröße 4–5 weiße Eier.

HOPFE (Familie Upupidae) sind mittelgroße Vögel mit runden Flügeln und langer, aufrichtbarer Federhaube. Die Schnäbel sind lang und leicht abwärts gebogen. Sie nisten in Höhlungen aller Art. Gelegegröße etwa 6 grünlich-graue Eier. Nahrung vor allem Insekten und ihre Larven, besonders solche, die im Dung leben.

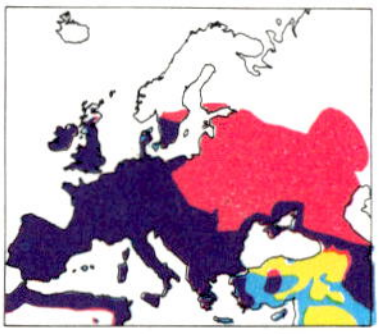

Eisvogel

Eisvogel *Alcedo atthis* **K:** Oberseits türkisfarbener Vogel mit weißlicher Kehle und hellrotbrauner Unterseite. Kurze Beine rot. Schnabel lang und spitz. Flug rasch mit schnellen Flügelschlägen. Rüttelt hin und wieder über dem Wasser. Fängt kleine Fische stoßtauchend. **L:** Um 16 cm. **St:** Scharfer, kurzer Pfiff wie „tiht“. Außerdem kurzes Trillern zur Balzzeit. **B:** Klare Bäche und andere, nicht zu stark verschmutzte Gewässer mit Steilufern bzw. Erd- oder Sandwänden in der Nähe. Bevorzugt Gewässer mit überhängenden Zweigen am Ufer. Auf diese setzt er sich gern, um von da aus zu jagen. **W:** Teilzieher.

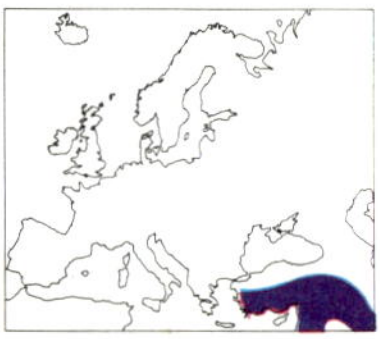

Graufischer

Graufischer *Ceryle rudis* **K:** Größer als Eisvogel. Oberseits schwarz-weiß gefleckt mit kurzer, struppiger Haube. **L:** 25 cm. **St:** Ähnlich Eisvogel. **B:** An Gewässern. **W:** Jahresvogel in Afrika und Asien. Einzelne verfliegen sich ins südöstliche Europa.

Wiedehopf
Blauracke
Eisvogel
Bienenfresser
Wiedehopf an Bruthöhle
Blauracke an Bruthöhle
Bienenfresser von Niströhren in Sandwand
Eisvogel vor Brutröhre in Steilufer
Fuß des Eisvogels
rüttelnd
Eisvogel
Graufischer

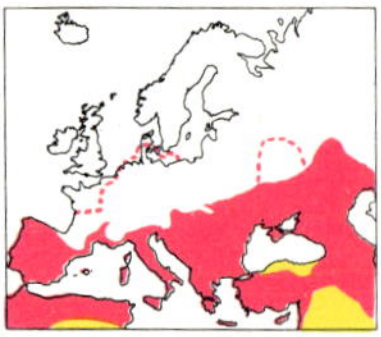

Bienenfresser
Brütet in geringer Zahl in Süddeutschland

Bienenfresser *Merops apiaster* **K:** Wohl buntester europäischer Vogel. Nacken und Vorderrücken rotbraun, Kehle leuchtend gelb, schwarzer Augenstreif. Gelbe Kehle gegen türkisfarbene übrige Unterseite durch ein schwarzes Band begrenzt. Dieses fehlt bei Jungvögeln. Augen rot, bei juv. dunkel-rötlichgrau. Flug schwalbenartig. **L:** Um 28 cm. **St:** Rollendes „brüb" oder „trürr" sowie scharfes „pitt". **B:** Offene Landschaften mit einzelnen Bäumen oder Büschen. Brutkolonien in Sandgruben mit Steilwänden oder an mehr oder weniger steilen Böschungen. Gebietsweise werden die Röhren auch in den ebenen Boden gegraben. **W:** Sommervogel, der in Afrika überwintert.

Blauwangenspint

Blauwangenspint *Merops superciliosus* **K:** Ähnlich Bienenfresser, aber überwiegend grün mit wesentlich längeren Schwanzspießen. Kinn gelb, Kehle rostrot. Schwarzer Augenstreif beiderseits hellblau begrenzt. Unterflügel rostrot. **L:** Um 30 cm. **St:** Wie Bienenfresser. **B:** Steppenartiges, offenes Gelände. **W:** Sommervogel, der in Afrika und Arabien überwintert.

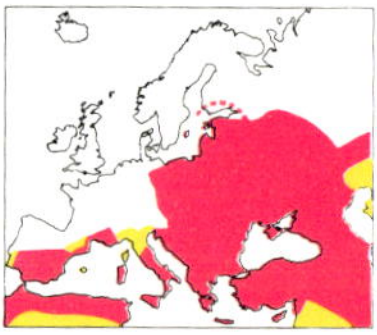

Blauracke

Blauracke *Coracias garrulus* **K:** Taubengroß mit kastanienbraunem Rücken, sonst überwiegend blau. Armschwingen unterseits veilchenblau. Juv. matter gefärbt; die blauen Körperpartien bräunlich überhaucht. **L:** Um 30 cm. **St:** Hartes „rack" und krähenartiges „kraah". Bei Balzflügen läßt das Männchen ein hölzernes „rärrärrärrärr" hören. Juv. betteln jaulend. **B:** Offenes, steppenartiges Gelände mit Baumgruppen oder einzelnen Bäumen, aufgelockerte Waldungen sowie bei Sandgruben und steilen Böschungen. **W:** Sommervogel, der in Afrika überwintert.

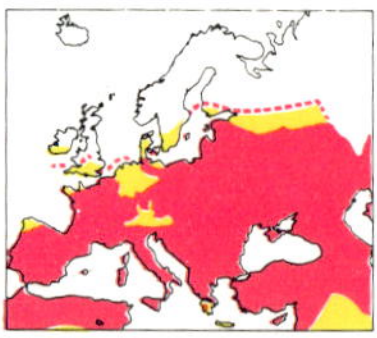

Wiedehopf
In weiten Teilen Mitteleuropas verschwunden, bzw. selten.

Wiedehopf *Upupa epops* **K:** Unverkennbar mit langer, aufrichtbarer Federholle. Rundliche Flügel und Rücken leuchtend schwarz-weiß gestreift. Flug manchmal fast schmetterlingsartig. **L:** 28 cm. **St:** Hohles „huwuwup". Außerdem krächzende Laute. **B:** Offenes Gelände mit Baumgruppen, Obstbaugebiete, Parks, Waldränder und baumlose, steinige Gegenden mit Legmauern oder Ruinen sowie in und bei Ortschaften. **W:** Überwiegend Sommervogel, der in Afrika überwintert. Einige verbringen den Winter in Südspanien.

Bienenfresser
Blauwangenspint
Blauracke
imm.
Wiedehopf
Haube
aufgerichtet
Haube
zusammen-
gefaltet

Spechte (Ordnung Piciformes, Familie Picidae) sind mittelgroße Vögel mit langen Meißelschnäbeln, mit denen sie im Holz nach hier lebenden Insekten und deren Larven suchen. Dieses „Zimmern“ an Ästen und Baumstämmen hat nichts mit dem „Trommeln“ zu tun. Dazu suchen sich die Spechte vor allem dürre Äste mit guter Resonanz. Darauf schlagen sie dann ihre Trommelwirbel. Diese dienen der Revieranzeige und dem Zusammenfinden der Geschlechter. Der Flug der Spechte ist wellenförmig. An Baumstämmen klettern sie hinauf, indem sie den Schwanz als Stütze benutzen. Sie haben eine lange Zunge, die sie in geöffnete Höhlungen hineinstecken, um Beutetiere herauszuholen. Einige Arten „züngeln“ Ameisen und deren Puppen aus Ameisenhaufen. Neben dem Trommeln verfügen Spechte noch über schallende Lautäußerungen. Alle nisten in Höhlen, die sie bis auf den Wendehals selbst zimmern. Gelegegröße 4–8 weiße Eier, die meist in weniger als 12 Tagen von beiden Partnern abwechselnd ausgebrütet werden.

Grünspecht

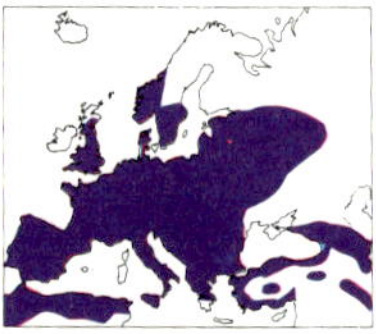

Grünspecht *Picus viridis* **K:** Etwa taubengroßer, oberseits grüner Specht mit leuchtendrotem Oberkopf. Augenumgebung schwarz; breiter schwarzer Backenstreif, beim ♂ mit roten Federn durchsetzt. Imm. ähnlich ad., aber mit dunkel gefleckter und gesperberter Unterseite. Oberseits mit hellen Flecken. **L:** 32 cm. **St:** Schallendes Lachen wie „gjügjügjüg . . .“. Trommelt selten. **B:** Lichte Wälder, Parks, Obstbaumgelände. **W:** Jahresvogel.

Grauspecht

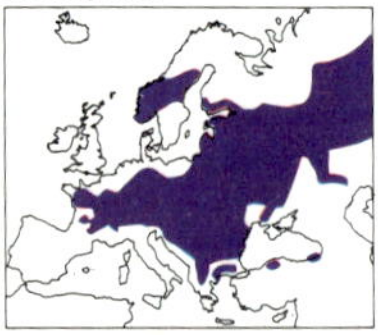

Grauspecht *Picus canus* **K:** Ähnlich Grünspecht, aber kleiner mit grauem Kopf. ♂ mit roter Stirn, Augenumgebung nur mit wenig Schwarz eingefaßt. Dünner, schwarzer Bartstreif. ♀ ähnlich ♂, aber ohne Rot am Kopf. Imm. ähnlich ♀, aber unterseits undeutlich gefleckt. Junge Männchen mit etwas Rot auf der Stirn. **L:** Um 26 cm. **St:** Melancholisches, weiches, gegen das Ende zu abfallendes „gigigigügügü“. Die Lautfolge wird gegen das Ende zu langsamer. Die Rufreihen werden von ♂ und ♀ gebracht und lassen sich leicht nachpfeifen. Damit kann man die Vögel im Frühling anlocken. Trommelt nicht selten. **B:** Ähnlich Grünspecht, manchmal mitten in Ortschaften. **W:** Jahresvogel.

Baumläufer Kleiber Specht

Buntspecht an Nisthöhle

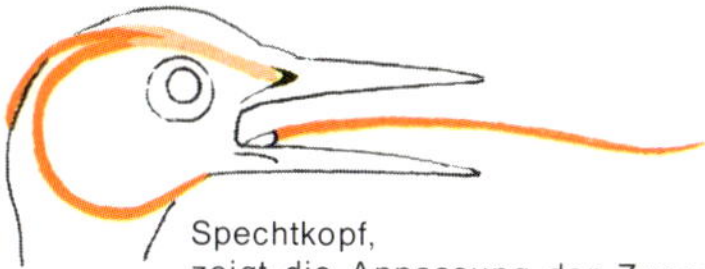

Spechtkopf,
zeigt die Anpassung der Zunge

wellenförmiger Spechtflug

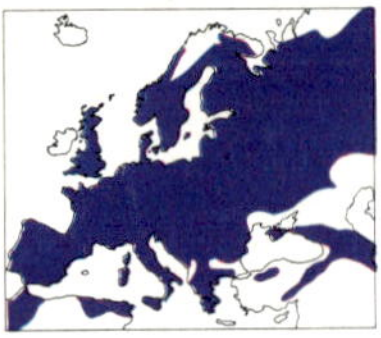

Buntspecht

Buntspecht *Dendrocopos major* **K:** Oberseits schwarz-weißer Specht mit großen, weißen Schulterflecken. Unterschwanzdecken leuchtend rot, ziemlich scharf gegen die übrige weißliche Unterseite abgesetzt. ♂ mit rotem Genickband. Juv. mit rötlicher Stirn oder rotem Oberkopf. **L:** 23 cm. **St:** Scharfes „gick“ sowie intensives Trommeln auf dürren Ästen. **B:** Wälder aller Art, Parks, Obstbaumgelände und Gärten. **W:** Überwiegend Jahresvogel. Häufigster Specht Mitteleuropas.

Blutspecht

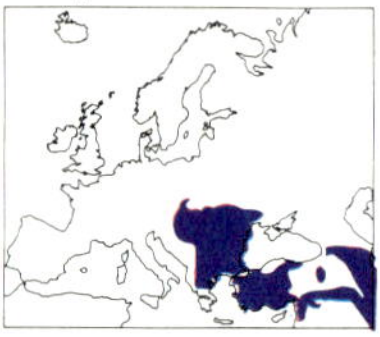

Blutspecht *Dendrocopos syriacus* **K:** Sehr ähnlich Buntspecht, aber mit weißen Kopf- und Halsseiten. In Verlängerung des Bartstreifes zieht sich kein schwarzer Streifen bis zum Hinterkopf wie beim Buntspecht. Rot im Genick beim ♂ auffälliger. Unterschwanzdecken blasser rot als beim Buntspecht. Imm. ähnlich jungen Buntspechten, aber mit der für die Art typischen Backenzeichnung. Häufig mit rötlichem Kropfband. **L:** 23 cm. **St:** Ähnlich Buntspecht, aber weicher. Trommelwirbel meist länger als der des Buntspechts. **B:** Obstbaumgelände, Baumreihen an der Landstraße, Gärten, manchmal in Ortschaften. **W:** Jahresvogel.

Mittelspecht

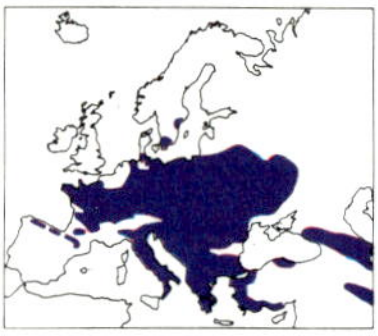

Mittelspecht *Dendrocopos medius* **K:** Ähnlich Buntspecht, aber etwas kleiner und in allen Kleidern mit rotem Oberkopf. ♀ hat etwas weniger Rot. Unterseite schwärzlich längsgestrichelt, weißlich, allmählich in das Rosa von Bauch und Unterschwanzdecken übergehend. **L:** 21 cm. **St:** Balzrufe heiser wie „gäih-gäih- . . .“. Außerdem an Buntspecht erinnernde, gickernde Rufreihen. Scheint nur selten oder gar nicht zu trommeln. **B:** Vor allem lichte Laubwälder mit alten Eichen, Parks, Obstbaumlandschaften. **W:** Jahresvogel.

Kleinspecht

Kleinspecht *Dendrocopos minor* **K:** Sperlingsgroßer Specht mit weiß-quergebänderter, schwarzer Oberseite. Kein weißes Flügelfeld. ♂ mit rotem, ♀ mit weißlichem Scheitel. Jungvögel ähnlich ♀, manchmal mit etwas Rot am Kopf. **L:** Um 15 cm. **St:** Helles „kikikiki-kiki„. Daneben häufiges Trommeln. **B:** Obstbaumgelände, Parks, Auwälder, lichte Laub- und Mischwälder. **W:** Überwiegend Jahresvogel.

Buntspecht
imm.
♀
♂
Blutspecht
♀
♂
imm.
♂
Mittelspecht
♀
♂
♂
Kleinspecht

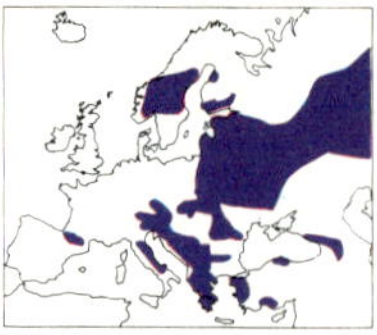

Weißrückenspecht

Weißrückenspecht *Dendrocopos leucotos* **K:** Ähnlich Mittelspecht, aber ohne weiße Schulterflecken. Hinterrücken weiß, Vorderrücken einfarbig schwarz. Flügel kräftig schwarz und weiß quergebändert. ♂ mit rotem, ♀ mit weißlichem Oberkopf. Imm. ähnlich ♂, aber mit kräftiger Längsfleckung an den Flanken. **L:** Um 25 cm. **St:** Ähnlich Buntspecht, aber weicher. Trommelt häufig. **B:** Laub- und Mischwälder im Gebirge. Im Norden auch in Wäldern der Ebene. **W:** Jahresvogel.

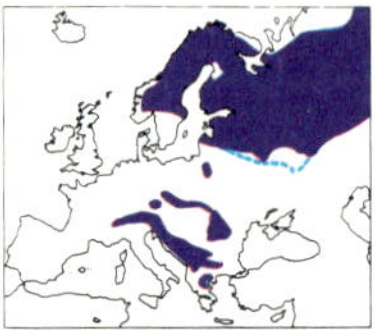

Dreizehenspecht

Dreizehenspecht *Picoïdes tridactylus* **K:** Oberseits überwiegend schwarzer Specht mit grauweißer Rückenmitte. ♂ mit gelbem, ♀ mit gräulich-weißem Oberkopf. Flanken kräftig dunkel quergebändert. Drei Zehen, zwei nach vorne, eine nach hinten. **L:** Um 22 cm. **St:** Ähnlich Buntspecht, aber weicher. Tonlage tiefer. Trommelwirbel länger und fällt gegen das Ende in der Tonhöhe etwas ab. Auch verlangsamt sich die Schlagfolge. **B:** Ausgedehnte Bergwälder, vor allem Nadelwaldungen höherer Lagen. In Nordeuropa auch in ebenen Wäldern. **W:** Jahresvogel.

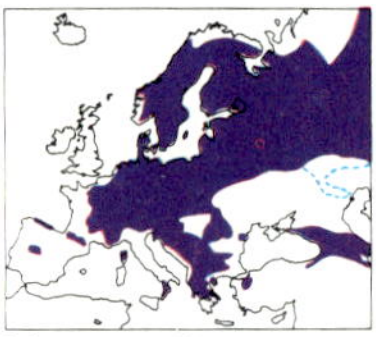

Schwarzspecht

Schwarzspecht *Dryocopus martius* **K:** Etwa krähengroßer, völlig schwarzer Specht mit gelblichem Schnabel. ♂ mit ganz rotem Oberkopf, ♀ mit Rot am Hinterkopf. **L:** Um 45 cm. **St:** Flugruf hell „ripriprip . . .„. Sitzende Vögel rufen „kliöh“. Balzruf lachend wie „kwickwickwickwick . . . .“. Trommelt häufig. **B:** Vor allem ausgedehnte Waldungen, besonders im Gebirge. Auch in größeren Wäldern in der Ebene. **W:** Vorwiegend Jahresvogel.

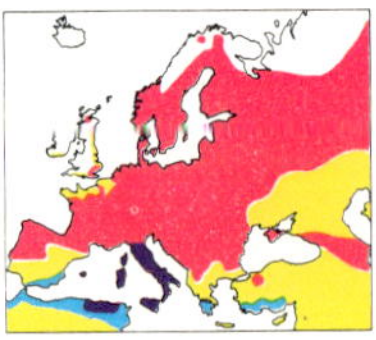

Wendehals

Wendehals *Jynx torquilla* **K:** Ein gut sperlingsgroßer, rindenfarbener Vogel mit dunklem Augenstreif. Kehle und Flanken dunkel quergewellt. Schnabel für einen Specht relativ kurz. **L:** Um 16 cm. **St:** Nasales „wiewiewie . . .“ von beiden Geschlechtern geäußert. Jungvögel betteln hell klingelnd. **B:** Parks, Obstbaumgelände, Ränder lichter Laubwälder. Sucht häufig im Gras nach Ameisenhaufen. **W:** Sommervogel, der in Afrika und Asien überwintert.

♂
♀
♂
imm.
Weißrücken-
specht
Buntspecht
zum Vergleich
♂
♂
♀
Dreizehenspecht
Schwarzspecht
♀
♂
Wendehals
Krähe zum
Vergleich

Sperlingsvögel (Ordnung Passeriformes), zu denen alle europäischen Singvögel gehören, bilden die größte Vogelordnung.

LERCHEN (Familie Alaudidae) sind kleine bis mittelgroße Vögel. Sie halten sich meist im offenen Gelände auf dem Boden auf. Sie bauen ihre Nester auf dem Boden. 11 Arten. S. 194

SCHWALBEN (Familie Hirundinidae) sind kleine, langflüglige Vögel mit gegabelten Schwänzen. Sie fliegen geschickt und fangen Insekten im Flug. Ihre Nester sind sehr charakteristisch. 5 Arten. S. 200

PIEPER und STELZEN (Familie Motacillidae). Pieper erinnern in Färbung und Lebensweise etwas an Lerchen. Nisten auf dem Boden. Stelzen haben sehr lange Schwänze, mit denen sie häufig wippen. Bachstelze und Gebirgsstelze nisten in Spalten. 13 Arten. S. 202

WÜRGER (Familie Laniidae) sind mittelgroße, meist leuchtend gefärbte Vögel mit langen Schwänzen und fast greifvogelartigen Hakenschnäbeln. Sie setzen sich mit Vorliebe auf Baumspitzen. Man findet sie meist im offenen Gelände mit Büschen und Baumgruppen. Sie bauen ihr Nest im Gebüsch oder auf Bäumen. 5 Arten. S. 210

PIROLE (Familie Oriolidae) sind mittelgroße, schwarz und gelb oder grünlich gefärbte, drosselartige Vögel, die Hängenester im Gezweig von Bäumen bauen. 1 Art. S. 212

STARE (Familie Sturnidae) sind mittelgroße, kurzschwänzige, überwiegend schwarze Vögel. Ihr Aufenthalt sind lichte Wälder und offenes Gelände mit Baumgruppen. Auch Ortschaften. Sie nisten in Höhlungen. 3 Arten. S. 212

SEIDENSCHWÄNZE (Familie Bombycillidae) sind starengroße, graubräunliche Vögel mit deutlicher Federhaube. Sie bewohnen nordische Wälder und kommen im Winter gelegentlich nach Mitteleuropa. Gesellig. 1 Art. S. 212

RABENVÖGEL (Familie Corvidae) sind ziemlich große, vielfach schwarze Vögel mit gerundeten Flügeln. Sie nisten auf Bäumen, in Felsen oder Gemäuern. 12 Arten. S. 214

WASSERAMSELN (Familie Cinclidae) sind starengroße, plumpe, braune Vögel mit breitem, weißem Brustlatz. Sie leben an schnellfließenden Bächen. Das Nest wird in Wassernähe, häufig unter Brücken gebaut. S. 220

ZAUNKÖNIGE (Familie Troglodytidae) sind sehr kleine, braune Vögel, die vor allem in unterholzreichen Wäldern leben. Ihre Nester mit seitlichem Einschlupf bauen sie mit Vorliebe unter Überhänge an Hohlwegen. 1 Art. S. 220

BRAUNELLEN (Familie Prunellidae) leben im buschreichen Gelände und im Hochgebirge. Sie nisten auf dem Boden oder im Gebüsch. 5 Arten. S. 220

SÄNGER (Familie Muscicapidae) werden in mehrere Unterfamilien aufgeteilt:

GRASMÜCKENARTIGE (Unterfamilie Sylviinae) sind kleine, unscheinbar gefärbte, dünnschnäblige und zart gebaute Singvögel. Der Gesang ist eines der wichtigsten Feldbestimmungsmerkmale. Nisten meist in dichter Vegetation in Bodennähe. 48 Arten. S. 222

FLIEGENSCHNÄPPER (Unterfamilie Muscicapinae) erbeuten vielfach fliegende Insekten. Ihr Nest bauen sie in Höhlungen oder Nischen. 6 Arten. S. 248

DROSSELN und VERWANDTE (Unterfamilie Turdinae) sind kleine bis mittelgroße Vögel. Junge und einige Altvögel haben eine gefleckte Unterseite. Die Männchen einiger Arten sind auffallend gefärbt. Meist gute Sänger. 35 Arten. S. 250

MEISEN (Familie Paridae) sind sehr lebhafte Vögel mit charakteristischen Kopfzeichnungen. Sie nisten in Höhlungen, nehmen aber auch gerne Nistkästen an. Ihr hauptsächlicher Lebensraum sind Wälder und Parks. 9 Arten. S. 266

KLEIBER (Familie Sittidae) sind Meisenverwandte, die geschickt an Baumstämmen auf- und abwärts klettern. Der Mauerläufer bewohnt Felswände. 4 Arten. S. 272

BAUMLÄUFER (Familie Certhiidae) sind kleine, braune Vögel mit dünnen, langen, leicht abwärts gebogenen Schnäbeln. Sie nisten hinter Rinde sowie in Ritzen. 2 Arten. S. 274

SCHWANZMEISEN (Familie Aegithalidae) sind kleine, meisenartige Vögel mit langen Schwänzen. Bauen Freinester mit seitlichem Eingang. 1 Art. S. 270

BARTMEISEN (Familie Muscicapidae, Unterfamilie Timaliinae) sind kleine, überwiegend braune, ziemlich langschwänzige, an Meisen erinnernde Vögel, die Schilfwälder bewohnen. 1 Art. S. 270

BEUTELMEISEN (Familie Remizidae) sind kleine, meisenähnliche Vögel, die beutelartige, hängende Nester bauen. 1 Art. S. 270

WEBERVÖGEL (Familie Ploceidae) nisten in Höhlen oder bauen große Freinester. Viele leben gesellig. 4 Arten. S. 276

FINKENVÖGEL (Familie Fringillidae) haben vielfach auffallende Farben. Sie bewohnen Wälder, Parkgelände sowie offene Landschaften. 23 Arten. S. 278

AMMERN (Familie Emberizidae) sind finkenartige Vögel. Sie bewohnen vielfach offene, buschreiche Landschaften. 16 Arten S.288

Lerchen (Familie Alaudidae) sind überwiegend bräunliche Vögel offener Landschaften. Sie singen häufig im Flug, manchmal sehr hoch in der Luft. Sie ernähren sich von Insekten und kleinen Sämereien. Die Nester werden auf dem Boden gebaut. Gelegegröße 3–5 dunkelgefleckte Eier.

Dupont-Lerche

Dupont-Lerche *Chersophilus duponti* **K:** Etwa so groß wie Haubenlerche, aber ohne Federschopf. Schnabel auffallend lang und leicht abwärts gebogen. Färbung oberseits rötlich-braun. **L:** 19 cm. **St:** Etwas an Haubenlerche erinnernd. Im Gesang schnarrende Motive. **B:** Halbwüsten mit spärlicher Vegetation. Rennt von Dekkung zu Deckung. **W:** Gelegentlicher Irrgast aus Nordafrika.

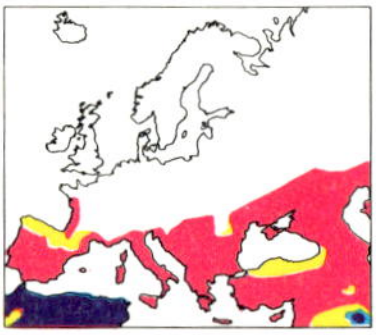
Kurzzehenlerche

Kurzzehenlerche *Calandrella cinerea* **K:** Kleine, überwiegend sandfarbene Lerche mit kurzem Schnabel. An den Halsseiten beiderseits ein mehr oder weniger deutlicher dunkler Fleck. Übrige Unterseite hell bräunlichweiß. Juv. oberseits hell geschuppt. **L:** 14 cm. **St:** Hart zirpende Laute. Kurzer Gesang aus Pfeiftönen und fast tonlosem Trillern zusammengesetzt. Wird in wellenförmigem Singflug vorgetragen. **B:** Offenes, halbwüstenartiges Gelände. Felder mit Legmauern, Steppen und Dünengelände an der Meeresküste, Salicorniasteppe. **W:** Überwiegend Sommervogel, der in Afrika überwintert.

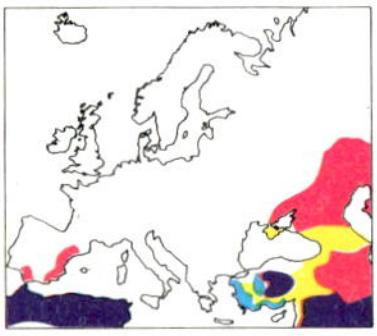
Stummellerche

Stummellerche *Calandrella rufescens* **K:** Ähnlich Kurzzehenlerche, mit noch kürzerem Schnabel. Kropfgegend deutlich dunkel längsgefleckt. **L:** Knapp 14 cm. **St:** Klirrendes „trrit". Gesangsstrophen länger und wohltönender als bei Kurzzehenlerche. Singflüge in Spiralen aufwärts führend. **B:** Steppenartiges Gelände, vor allem Salicorniasteppe. **W:** Sommervogel, der hauptsächlich in Afrika überwintert.

Kalanderlerche

Kalanderlerche *Melanocorypha calandra* **K:** Große, kräftige Lerche mit auffallend dickem Schnabel. Hinterer Flügelrand weiß; hebt sich beim Fliegen besonders gegen die übrige dunkle Flügelunterseite ab. An den Halsseiten jeweils ein großer, schwärzlicher Fleck. **L:** Um 19 cm. **St:** Klirrendes „krrrlitrrr". Dieses Klirren kommt auch im Gesang vor, der im übrigen dem der Feldlerche ähnelt und viele Imitationen anderer Vogelstimmen enthält. Singflug in weiten Kreisen. **B:** Offenes, steppenartiges Gelände, auch Kultursteppen. **W:** Überwiegend Jahresvogel.

Ammer
Drossel
Pieper
Feldlerche
Wiesenpieper
zum Vergleich
Dupont-Lerche
Singflüge von:
Kurzzehenlerche
juv.
Kurzzehen-
lerche
Stummellerche
Stummellerche
Kalanderlerche
Kalanderlerche

Weißflügellerche

Weißflügellerche *Melanocorypha leucoptera* **K:** Ähnlich Kalanderlerche, aber ohne schwarze Halsflecken und mit auffallend weißen Armschwingen. Handschwingen dunkel; Flügeldecken rötlichbraun. **L:** Knapp 19 cm. **St:** Ähnlich Kalanderlerche. Gesangsstrophen aber kürzer. Singflug ähnlich Feldlerche. **B:** Trockenes, steppenartiges Gelände. **W:** Teilzieher.

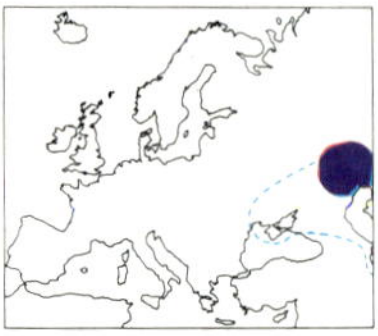
Mohrenlerche

Mohrenlerche *Melanocorypha yeltoniensis* **K:** ♂ nahezu einfarbig schwarz mit schwacher, heller Wellenzeichnung auf der Oberseite. Schnabel hell. ♀ ähnlich Kalanderlerche, aber ohne schwarze Halsflecken. Von Weißflügellerche durch dunkle Armschwingen unterschieden. Von den übrigen Lerchenarten durch den dikken Schnabel unterschieden. Juv. ähnlich ♀, aber Kropfgegend dunkel gefleckt. **L:** Um 20 cm. **St:** Ähnlich Kalanderlerche. **B:** Steppenartiges Gelände, vielfach in Wassernähe. **W:** Teilzieher.

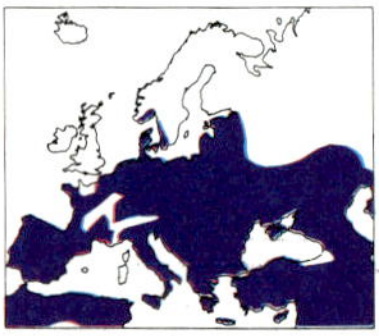
Haubenlerche

Haubenlerche

Haubenlerche *Galerida cristata* **K:** Überwiegend sandbraune oder graubraune Lerche mit auffallendem, spitzem Federschopf. Unterseite sandfarben mit dunkler, meist verwaschen wirkender Längsfleckung in der Kropfgegend. Äußere Schwanzkanten hellbräunlich. **L:** Um 17 cm. **St:** Melancholisches „dididrieh". Gesang ähnlich Feldlerche, sowohl von einer Warte aus als auch im flatternden Singflug vorgetragen. **B:** Offenes, mehr oder weniger baumloses Gelände, halbwüstenartige Landschaften, Kultursteppe, Flugplätze. **W:** Überwiegend Jahresvogel.

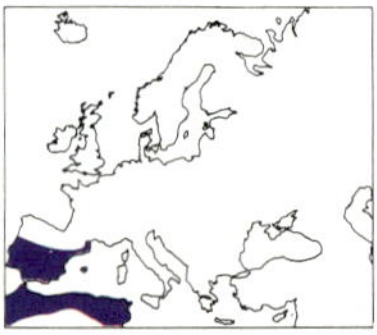
Theklalerche

Theklalerche

Theklalerche *Galerida theklae* **K:** Sehr ähnlich Haubenlerche, aber etwas dunkler und vor allem grauer. Unterseite heller mit kontrastreicher, feinerer Fleckung in der Kropfgegend und auf der Vorderbrust. Unterflügel grau, nicht isabellrötlich wie bei der Haubenlerche. Setzt sich nicht selten auf die Spitzen von Büschen und Bäumen, was die Haubenlerche meist nicht tut. **L:** 16 cm. **St:** Pfeifendes, endbetontes, „trädüiih". Gesang erinnert an Haubenlerche und enthält wie dieser Imitationen anderer Vogelstimmen. **B:** Steinige Hänge mit spärlicher Vegetation, Dünenlandschaften, weniger Kulturlandschaften wie Haubenlerche. Geht höher ins Gebirge als diese. **W:** Jahresvogel.

Weißflügellerche
Mohrenlerche
juv.
rennende Haubenlerchen
Haubenlerche
Theklalerche

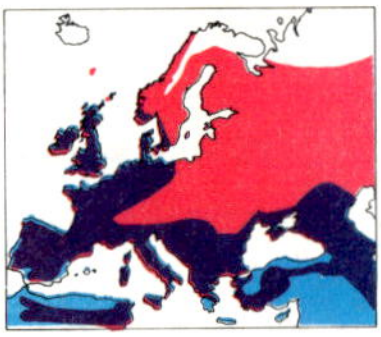

Feldlerche

Feldlerche *Alauda arvensis* **K:** Oberseits braune, schwärzlich gestreifte Lerche mit rahmfarbener Unterseite und dunkler Längsfleckung an der Brust. Schwache Federhaube auf dem Kopf. Krallen der Hinterzehen sehr lang und kaum gekrümmt. Schwanz mit auffallend weißen Außenkanten. **L:** 18 cm. **St:** Klirrendes „trrlit". Gesang aus trillernden und pfeifenden Lauten, häufig mit Imitationen anderer Vogelstimmen in sehr langer Folge. Wird in steil aufwärts führendem Flug vorgetragen. **B:** Wiesengelände, Moore, Feldmark, Dünenlandschaften. Im Gebirge auf Bergmatten. **W:** Teilzieher.

Heidelerche

Heidelerche *Lullula arborea* **K:** Kleine Lerche mit ziemlich kurzem Schwanz. Kräftiger, weißlicher Überaugenstreif, der sich mit einem weißlichen Genickband verbindet. Ohrgegend dunkel. Schwanz ohne weiße Kanten. Schwache Kopfhaube. **L:** 15 cm. **St:** Melodisches „düdloi". Gesang mit flötenden Strophen wie „düdl-düdl-düdl-dülülülülülül". Die Tonhöhe fällt dabei ab. Singt von Baumspitzen aus oder im in weiten Kreisen aufwärts führenden Singflug. **B:** Sandige Heidelandschaften, sonnige Waldränder, Hänge mit spärlicher Vegetation und wenigen Bäumen, Weinberggelände, Bergweiden. **W:** Teilzieher.

Ohrenlerche

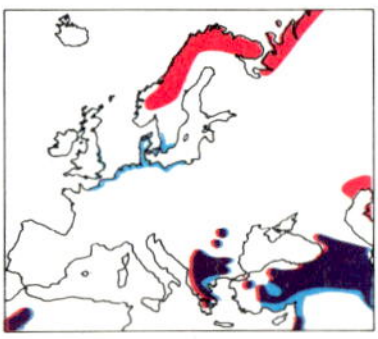

Ohrenlerche *Eremophila alpestris* **K:** Altvögel mit gelblich-weißem Gesicht und gelblicher Kehle sowie mit schwarzem Zügel und Backenstreif. Breites, schwarzes Halsband. ♂ mit schwarzem Stirnband und kleinen schwarzen Federöhrchen, ♀ blasser mit weniger Schwarz. Jungvögel trüber gefärbt, ohne Federöhrchen und mit nur angedeutetem Halsband. **L:** Knapp 17 cm. **St:** Pieperartig „tih-tih". Gesang klingelnd und trillernd, vielfach im Singflug vorgetragen. **B:** Gebirge oberhalb der Baumgrenze, Tundralandschaften des Nordens. Zur Zugzeit vor allem an den Meeresküsten, aber auch auf Feldern und Wiesen. **W:** Überwiegend Sommervogel. Die südlichen Populationen sind Teilzieher.

Feldlerche
Trupp
Feldlerche
Singflug
Heidelerche
Singflug
Heidelerche,
auf Pfosten singend
Ohrenlerche
juv.

Schwalben (Familie Hirundinidae) haben mehr oder weniger gegabelte Schwänze. Die 4-7 Eier sind weiß oder dunkel gefleckt.

Uferschwalbe *Riparia riparia* **K:** Kleine, oberseits braune Schwalbe, unterseits weißlich mit braunem Kropfband. **L:** 12 cm. **St:** Rauhes „tschrr", Gesang zwitschernd. **B:** Vor allem in der Nähe von Gewässern. Legt in sandigen Uferböschungen sowie in Sand- oder Kiesgruben kolonieweise Bruttröhren an. **W:** Sommervogel, überwintert in Afrika.

Uferschwalbe

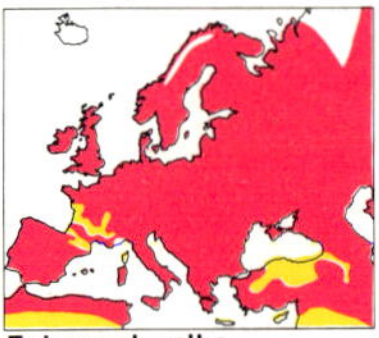

Felsenschwalbe

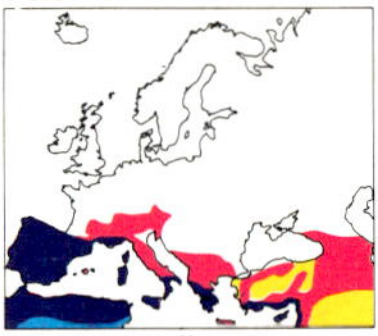

Rauchschwalbe

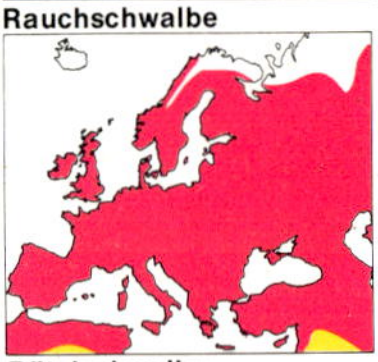

Rötelschwalbe

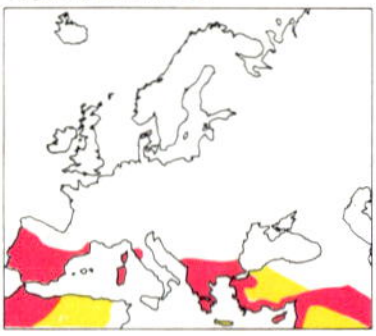

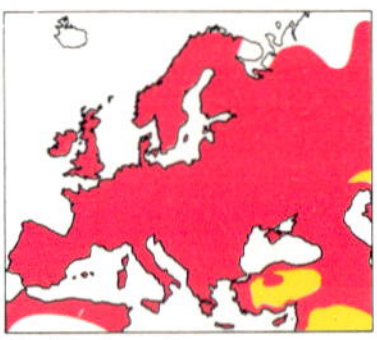

Mehlschwalbe

Felsenschwalbe *Hirundo rupestris* **K:** Ähnlich Uferschwalbe, aber mit weißer Fleckenreihe auf den Schwanzfedern. Unterseite verwaschen hell graubräunlich. **L:** Um 15 cm. **St:** Kurz „schrrit" und zwitschernd „tschitsch". Gesang aus ähnlichen Lauten plaudernd zusammengesetzt. **B:** Felsiges Gelände. Nester tassenförmig; werden meist unter Überhängen an den Fels geklebt. **W:** Teilzieher; im Süden vielfach Jahresvogel.

Rauchschwalbe *Hirundo rustica* **K:** Oberseits schwärzlichblaue Schwalbe mit langen Schwanzspießen. Schwanz mit weißer Fleckenreihe. Unterseite weißlich mit rostfarbener Kehle und dunklem Kropfband. **L:** 19 cm. **St:** Auffallende „witt-witt"-Rufe sowie scharfes „biwist". Gesang melodisches Geplauder aus zwitschernden und schnurrenden Lauten. **B:** Offenes Kulturland mit Gehöften, Dörfer, auch weitab von menschlichen Siedlungen. Baut vor allem in Gebäuden ein tassenförmiges Nest dicht unter der Decke. **W:** Sommervogel, der hauptsächlich in Afrika überwintert.

Rötelschwalbe *Hirundo daurica* **K:** Ähnlich Rauchschwalbe, aber mit hell rostfarbenem Bürzel und rostbraunem, schwärzlich gestricheltem Nackenband. Unterseite mit dunkler Längsstrichelung. **L:** Um 19 cm. **St:** „tschit". Gesang ähnlich Rauchschwalbe, aber kürzer. **B:** Vor allem felsige Landschaften. Baut flaschenförmige Nester unter Überhängen und unter Straßenbrücken. **W:** Sommervogel, überwintert in Afrika.

Mehlschwalbe *Delichon urbica* **K:** Oberseits blauschwärzliche Schwalbe mit weißem Bürzel und völlig weißer Unterseite. **L:** 13 cm. **St:** Schnirpsend „schrrip" sowie heiser „zier". Gesang leises, schwatzendes Zwitschern. **B:** Vor allem Ortschaften und felsiges Gelände. Baut halbkugelige Nester mit Einschlupf am Oberrand unter Dachvorsprünge und unter Überhänge von Felsen. Koloniebrüter. **W:** Sommervogel, Überwintert in Afrika.

Uferschwalbe
Rauchschwalbe
Rötelschwalbe
Mehlschwalbe
Segler
Schwalbe
Felsenschwalbe auf Felsbrocken
Uferschwalbenkolonie
Uferschwalbe
Nest unter Überhang
Felsenschwalbe
Rauchschwalbe am Nest
Rauchschwalbe
Nest der Rötelschwalbe
Rötelschwalbe
Mehlschwalbe
Nest der Mehlschwalbe
Schwalbenansammlung auf Telegrafendrähten

Stelzen und Pieper (Familie Motacillidae) sind schlanke Vögel.

Sie suchen ihre Nahrung hauptsächlich auf dem Boden und laufen leichtfüßig dahin. Bachstelzen haben sehr lange Schwänze, mit denen sie ständig wippen. Gelegegröße 4-7 gefleckte Eier, die in ein am Boden oder in eine Spalte gebautes Nest gelegt werden.

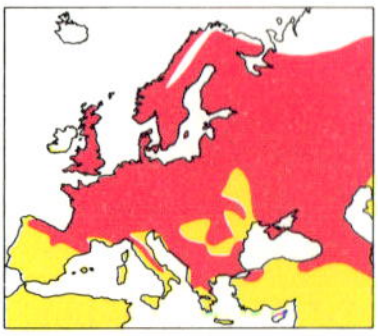
Baumpieper

Baumpieper *Anthus trivialis* **K:** Oberseits olivbräunlicher, dunkel längsgefleckter Pieper mit gelblichbrauner, schwärzlich längsgestreifter Kropfgegend und Vorderbrust. Beine fleischfarben. Weiße Schwanzkanten. **L:** 15 cm. **St:** Heiseres, hohes „psieh". Alarmruf wiederholtes „sib". Gesang trillernd und schmetternd, etwas an Buchfink erinnernd. Daran schließt sich ein charakteristisches „zia-zia-ziaziazia . ." an. Singt von erhöhter Warte, von der er auch in die Höhe flattert, kurz vor dem höchsten Punkt zu singen beginnt und dann singend zu einer anderen Warte herabschwebt. **B:** Lichte Waldungen mit Blößen, Obstbaumgelände, Kiefernheiden, Pflanzgärten usw. **W:** Sommervogel, der in Afrika überwintert. Häufigste Pieperart.

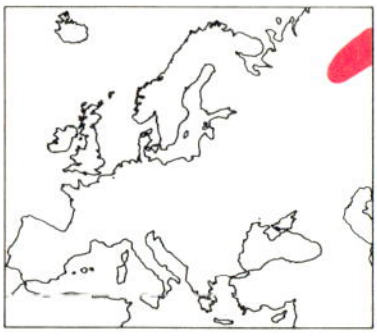
Waldpieper

Waldpieper *Anthus hodgsoni* **K:** Ähnlich Baumpieper, Oberseite jedoch grünlicher und weniger deutlich dunkel gefleckt. Augenstreif deutlicher, Kropfgegend gröber schwärzlich gefleckt. **L:** Knapp 15 cm. **St:** Gesang weniger abwechslungsreich als der des Baumpiepers. Kein Singflug mit Abwärtsschweben. **B:** Hochstämmige, lichte Wälder in der Taiga. **W:** Sommervogel, der im südlichen Ostasien überwintert.

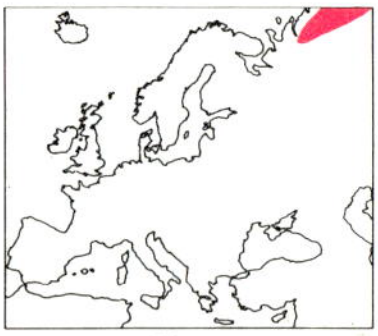
Petschora-Pieper

Petschora-Pieper *Anthus gustavi* **K:** Ähnlich Baumpieper, aber mit zwei fahlen Längsstreifen auf dem Rükken. Schwanzkanten gelbbräunlich, nicht weiß. **L:** Knapp 15 cm. **St:** Hartes „twit". Gesang beginnt trillernd und endet mit halblautem Geplauder. **B:** Strauch- und Waldtundra. **W:** Sommervogel, der in Südostasien überwintert.

Baumpieper
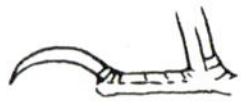

Wiesenpieper
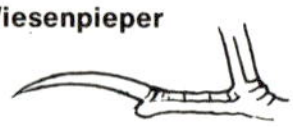

Brachpieper
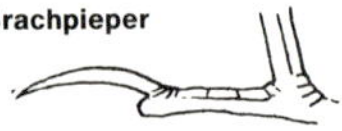

Spornpieper
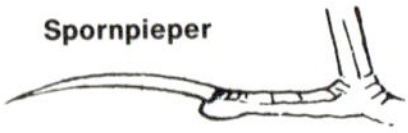

Spornpieper *Anthus novaeseelandiae* **K:** Relativ großer, langbeiniger und langschwänziger Pieper. Oberseite braun, kräftig dunkel gestreift. Kehle und Vorderbrust gelblichbraun mit spärlicher, dunkler Längsstreifung in der Kropfgegend. **L:** Knapp 18 cm. **St:** Rauhes „rr-rrrihp". **B:** Sumpfiges Wiesengelände. Auf dem Zuge vor allem auf nassen Wiesen in Küstennähe, selten im Binnenland. **W:** Irrgast aus Asien (mittleres Sibirien)

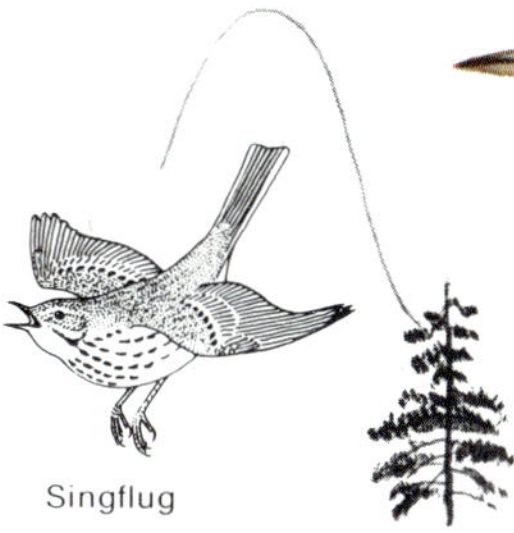

Singflug

Baumpieper

Wiesenpieper zum Vergleich

Waldpieper

Petschora-Pieper

Spornpieper

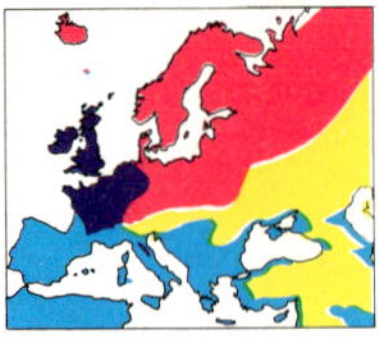

Wiesenpieper

Wiesenpieper *Anthus pratensis* **K:** Ähnlich Baumpieper, aber oberseits grünlicher und dunkler wirkend. Unterseite weißer, vor allem so gut wie kein Gelblichbraun in der Kropfgegend. Schwanzkanten weiß. Beine bräunlich. **K:** Knapp 15 cm. **St:** Hoch „isst", bei Alarm grillenartiges Zirpen. Gesang eintöniger als der des Baumpiepers, beginnt mit einem dünnen „sisisisi . . .". **B:** Sumpfige Wiesen, Moore, Dünengelände, Bergmatten. Außerhalb der Brutzeit auch an der Meeresküste. **W:** Teilzieher.

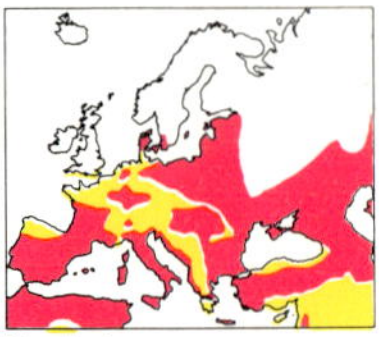

Brachpieper

Brachpieper *Anthus campestris* **K:** Etwas größer als Baumpieper mit nahezu ungefleckter, rahmfarbiger Unterseite. Überaugenstreif sehr deutlich. Oberseite überwiegend sandfarben. Beine gelblich. Jungvögel auf der Brust kräftig längsgestreift, oberseits hell geschuppt wirkend. **L:** Knapp 17 cm. **St:** Hohes „zihp" und „ziäh". Gesang von Stein oder Buschspitze sowie im wellenförmig auf und ab führenden Singflug: wiederholtes „zirrlüih". **B:** Trockenes Gelände mit geringem Pflanzenwuchs, Dünenlandschaften. **W:** Sommervogel, der in Afrika und Asien überwintert.

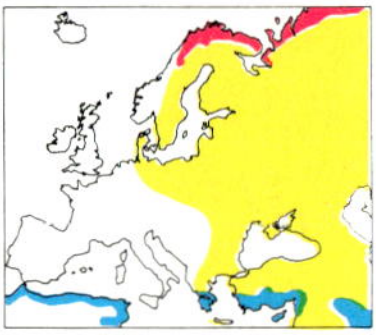

Rotkehlpieper

Rotkehlpieper *Anthus cervinus* **K:** Im Brutkleid mit rostrot getönter Kehle. Bürzel kräftig gestreift. Ruhekleid ähnlich Wiesenpieper, aber oberseits dunkler mit kräftig gestreiftem Bürzel und kontrastreicherer Fleckung auf der Brust. **L:** Knapp 15 cm. **St:** Rohrammerartiges, heiseres „zieh". Gesang ähnlich Wiesenpieper, aber schriller. **B:** Nordische Tundralandschaften. Außerhalb der Brutzeit feuchtes Wiesengelände, Felder und Küstengebiete. **W:** Sommervogel, der vor allem in Afrika überwintert.

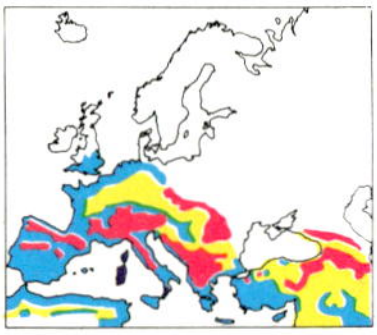

Wasserpieper

Wasserpieper *Anthus spinoletta* **K:** Im Brutkleid ähnlich Brachpieper, aber mit rosa überhauchter Brust. Auffallend heller Überaugenstreif. Beine schwärzlich. Ruhekleid mit kräftig längsgestreifter, heller Unterseite ohne rötlichen Anflug. **L:** Knapp 17 cm. **St:** Hohes „psi", bei Alarm hartes „bick". Gesang ähnlich Wiesenpieper, steigt aber mit metallischem „dlitlitlitlit . . ." in die Höhe. **B:** Bergmatten in der Nähe und oberhalb der Baumgrenze. Außerhalb der Brutzeit vor allem an Gewässern und an der Küste. **W:** Teilzieher.

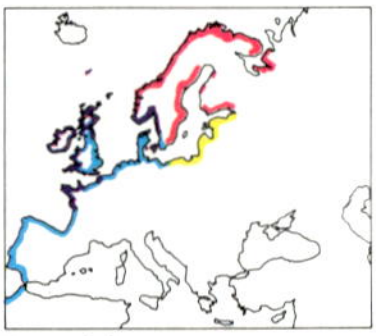

Strandpieper

Der **Strandpieper** *Anthus spinoletta petrosus* ist eine dunkle geographische Unterart des Wasserpiepers, mit rauchgrauen Schwanzkanten. Er bewohnt felsige Küsten und Inseln. Außerhalb der Brutzeit vor allem an der Küste.

Singflug
Wiesenpieper
Baumpieper zum Vergleich
Brachpieper
juv.
Singflug
Rotkehlpieper
Ruhekleid
Brutkleid
Wasserpieper
Brutkleid
Ruhekleid
Strandpieper

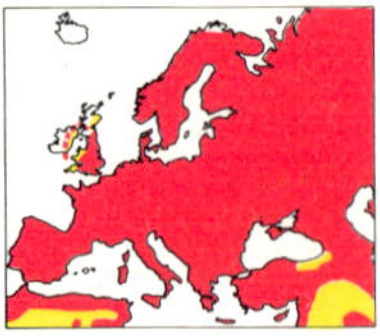

Schafstelze

Schafstelze *Motacilla flava* **K:** Gelbe Bachstelze mit olivgrünlichem Rücken. Kopffärbung s. u.! Juv. unterseits schmutzig rahmfarben mit einem hängenden Halsband aus dunklen Tropfenflecken. **L:** Knapp 17 cm. **St:** Gedehntes „psüihp". Gesang kurzes Zwitschern. **B:** Wiesen, Sümpfe, Felder mit wenigen Bäumen. Auch an Küsten und Brackwassersümpfen. **W:** Sommervogel, überwintert in Afrika.

Unterarten der Schafstelze

Unterart	Sommergefieder (♂)	Brutverbreitung
Schafstelze *Motacilla flava flava*	Grauer Kopf, gelbe Kehle, weißer Überaugenstreif von der Schnabelwurzel bis in die Ohrgegend.	Südl. Skandinavien, Westeuropa mit Ausnahme von Großbritannien und der Iberischen Halbinsel. Kommt außerdem nicht im westl. Teil Osteuropas vor.
Engl. Schafstelze *Motacilla flava flavissima*	Gelber, oliv überhauchter Kopf, gelbe Kehle, gelber Überaugenstreif.	Großbritannien und benachbarte Küsten des Kontinents.
Span. Schafstelze *Motacilla flava iberiae*	Grauer Kopf, weiße Kehle, weißer Streif vom oberen Augenrand bis in die Ohrgegend.	Iberische Halbinsel, Süd- und Südwestfrankreich, Balearen.
Aschköpfige Schafstelze *Motacilla flava cinereocapilla*	Kopf grau, Kehle weiß, kein Überaugenstreif.	Italien, Inseln des mittleren Mittelmeeres, Albanien.
Grauköpfige Schafstelze *Motacilla flava beema*	Kopf hellgrau, Kehle weiß, weißer Überaugenstreif von der Schnabelwurzel bis in die Ohrgegend.	Südostrußland.
Gelbstriemige Schafstelze *Motacilla flava lutea*	Kopf gelb, Kehle und Überaugenstreif gelb.	Südöstlichstes Rußland (untere Wolga).
Nordische Schafstelze *Motacilla flava thunbergi*	Kopf dunkel schiefergrau, Augenumgebung und Ohrgegend schwärzlich. Meist kein heller Überaugenstreif.	Nördliches Skandinavien und Rußland.
Maskenstelze *Motacilla flava feldegg*	Kopf einfarbig schwarz, Kehle gelb, kein weißer Überaugenstreif.	Balkanländer und Schwarzmeergebiet.

Zitronenstelze

Zitronenstelze *Motacilla citreola* **K:** Ähnlich Schafstelze. Rücken grau. Zwei auffallende, weiße Flügelbinden. ♂ Im Brutkleid mit schwärzlichem Nackenband. ♀ ähnlich weiblicher Schafstelze, aber Bürzel nicht grünlich angehaucht. Juv. ähnlich ♀. **St:** Ähnlich Schafstelze. **B:** Sumpfige Wiesen, Strauchtundra. **W:** Sommervogel, überwintert in Südasien.

Unterarten der Schafstelze, *Motacilla flava*

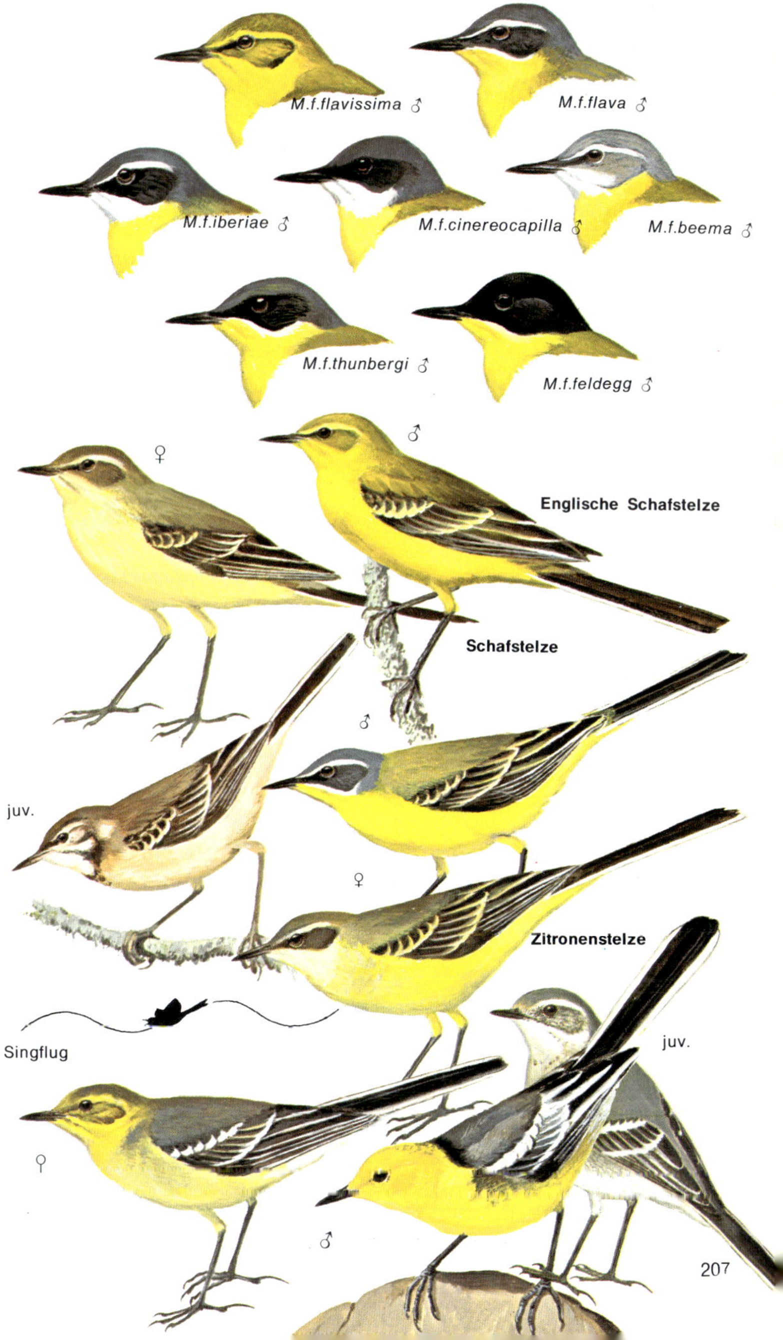

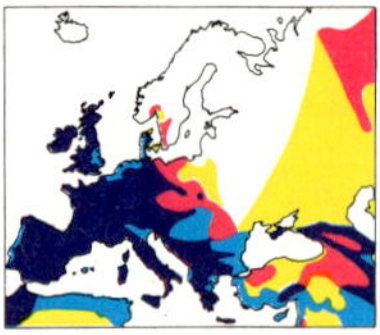

Gebirgsstelze

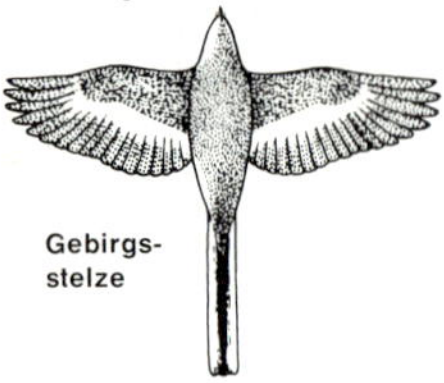

Gebirgs-stelze

Gebirgsstelze *Motacilla cinerea* **K:** Durch gelbliche Unterseite ähnlich Schafstelze, aber mit wesentlich längerem Schwanz und grauem Rücken. ♂ im Brutkleid mit schwarzer Kehle, weißem Bartstreif und weißem Überaugenstreif. Im Ruhekleid mit weißlicher Kehle. ♀ ähnlich ♂ im Ruhekleid. Juv. ähnlich ♀, mit bräunlich-weißer Unterseite und gelben Unterschwanzdecken. **L:** Um 18 cm. **St:** Scharfes „zississ“. Gesang unbedeutendes Zwitschern. **B:** Gebirgsbäche mit felsigen Ufern, bei Flüssen, Kanälen sowie gelegentlich an Seen und Teichen. Außerhalb der Brutzeit hin und wieder auch an der Meeresküste. Nistet hauptsächlich in Spalten und Nischen in Gewässernähe. Die ähnliche Schafstelze baut dagegen ihr Nest auf dem Boden in dichter Vegetation. **W:** Teilzieher.

Bachstelze

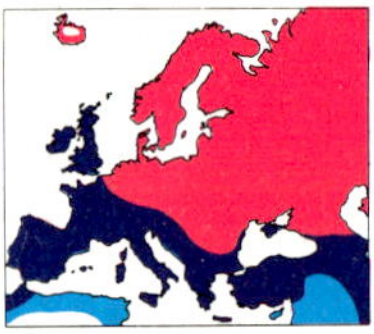

Bachstelze (Weiße Bachstelze) *Motacilla alba.* **K:** Schwarz-weiße Bachstelze mit langem Schwanz. Geschlechter ähnlich gefärbt. Rücken aschgrau, Scheitel und Hinterkopf schwarz, Stirn, Augenumgebung und Wangen weiß. Kehle und Vorderbrust schwarz, übrige Unterbrust weiß. Im Brutkleid sind die schwarzen Partien weniger ausgedehnt. Kehle und Hals sind überwiegend weiß, durch ein schwarzes Kropfband von der übrigen Unterseite abgegrenzt. Schwarzer Bartstreif, der beim ♀ schwächer ist. Juv. oberseits bräunlichgrau, unterseits grauweiß mit undeutlichem Kropfband. Die auf den Britischen Inseln lebende Trauerbachstelze (*Motacilla alba yarrellii*) unterscheidet sich von der weißen Bachstelze (*Motacilla alba alba*) dadurch, daß sie im Brutkleid einen schwarzgrauen Rücken hat. Auch im Ruhekleid ist der Rücken dunkler als bei der Weißen Bachstelze. Sie brütet auf den Britischen Inseln sowie hie und da an den gegenüberliegenden Küsten. **L:** 18 cm. **St:** Durchdringendes „zilipp“. Gesang zwitschernd, mit ähnlichen Lauten durchsetzt. **B:** Offene Landschaften, vor allem in der Nähe von Gewässern, aber auch Feldmark und Wiesen mit Gebäuden, Weinberge, bei Bauernhöfen und im Gebirge bis über die Baumgrenze. **W:** Teilzieher.

Schafstelze
zum Vergleich
Gebirgsstelze
♂ Brutkleid
♀
juv.
Ruhekleid
♀
♂ Ruhekleid
♂ Brutkleid
Bachstelze
juv.
♂ Ruhekleid
Trauer-
bachstelze
♀
Ruhekleid
♂ Brutkleid

Würger (Familie Laniidae) setzen sich mit Vorliebe auf Baumspitzen oder auf Telegraphendrähte.

Rotrückenwürger

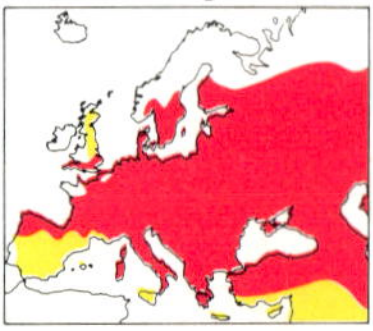

Rotrückenwürger (Neuntöter) *Lanius collurio* **K:** ♂ mit aschgrauem Kopf, rotbraunem Rücken, dunklem Schwanz mit auffallenden weißen Flecken an den vorderen Schwanzseiten. ♀ oberseits überwiegend rötlichbraun, unterseits fein dunkel gewellt. Juv. ähnlich ♀. Der schon in Deutschland und Großbritannien beobachtete Isabellenwürger (*L.c. isabellinus*) ist eine blasse östliche Rasse mit rötlichem Schwanz. **L:** 17 cm. **St:** Rauhes „gä“ oder „gäckäck . . .“. Gesang halblautes Geplauder mit Imitationen anderer Vogelstimmen. **B:** Offenes Gelände mit Buschgruppen, Waldränder mit Hecken, Parks und größere Gärten mit Hecken. **W:** Sommervogel, überwintert in Afrika.

Maskenwürger

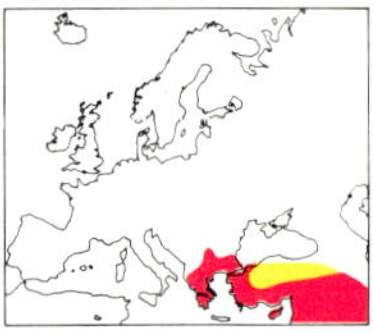

Maskenwürger *Lanius nubicus* **K:** Oberseits schwärzlicher Würger mit weißer Stirn und auffallend weißem Schulterfleck. Unterseite weißlich mit roströtlichem Anflug an den Flanken und in der Kropfgegend. ♀ blasser; juv. ähnlich ♀, aber dunkel gewellt. **L:** Um 17 cm. **St:** Ähnlich Rotrückenwürger. **B:** Offenes, trockenes Gelände mit einzelnen Bäumen und Gebüsch, Obstgärten. **W:** Sommervogel, überwintert in Afrika.

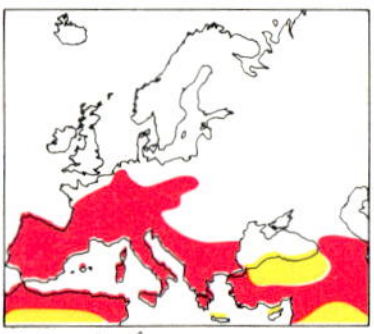

Rotkopfwürger

Rotkopfwürger *Lanius senator* **K:** Ähnlich Maskenwürger, aber mit rotbraunem Oberkopf und Nacken. ♀ blasser. Juv. ober- und unterseits gewellt. **L:** Um 18 cm. **St:** Ähnlich Rotrückenwürger. **B:** Offenes Gelände mit Bäumen oder Baumgruppen, Obstbaumgelände, mediterrane Buschwälder. **W:** Sommervogel, der vor allem in Afrika überwintert.

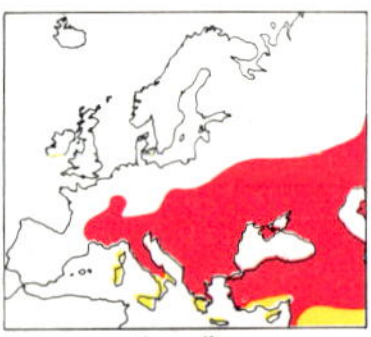

Schwarzstirnwürger

Schwarzstirnwürger *Lanius minor* **K:** Oberseits grauer Würger mit breiter, schwarzer Stirnzone, die sich über die Augen bis in die Ohrgegend fortsetzt. Unterseite mit leicht rosa Anflug. ♀ blasser. Juv. graubraun gewellt. Stirn hell. **L:** 20 cm. **St:** Rauhes „gäck“, meist gereiht. Gesang: schilpendes Geplauder mit Imitationen anderer Vogelstimmen. **B:** Ähnlich Rotkopfwürger. **W:** Sommervogel, überwintert in Afrika.

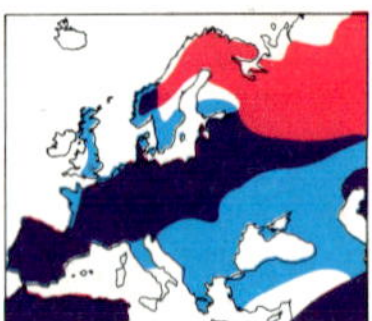

Raubwürger
Die in Südfrankreich und Spanien lebende Unterart ist viel dunkler als die abgebildete.

Raubwürger *Lanius excubitor* **K:** Ähnlich Schwarzstirnwürger, aber größer, ohne schwarze Stirnbinde. ♀ ähnlich ♂. Juv. unterseits dunkel gewellt. **L:** 24 cm. **St:** Gäckernde Laute und ein durchdringendes „trüüii“. Gesang ähnlich Schwarzstirnwürger. **B:** Offenes Gelände mit einzelnen Bäumen oder Baumgruppen, Wälder mit Lichtungen. **W:** Teilzieher.

Drossel
Falke
Fliegenschnäpper
Würger
Rotrücken-
würger
juv.
♀
♂
♀
♂
Maskenwürger
♀
♂
Rotkopfwürger
juv.
Schwarzstirn-
würger
juv.
♂
Schwarzstirnwürger
Raubwürger
♂
juv.
Raubwürger

Pirole (Familie Oriolidae) bauen Hängenester, meist in den Zweigen hoher Bäume. Gelegegröße 3-5 Eier.

Pirol

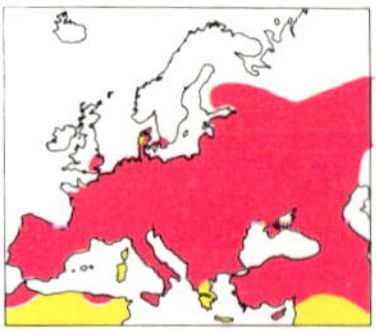

Pirol *Oriolus oriolus* **K:** Altes ♂ goldgelb mit schwarzen Flügeln. ♀ und juv. oberseits gelblich-graugrün mit gelben Unterschwanzdecken; übrige Unterseite weißlich mit dunkler Längsstreifung. **L:** 24 cm. **St:** Klangvolles „düdüdelütlio". Bei Erregung krächzendes „chrräh". **B:** Auwälder, Parks mit alten Bäumen, Obstbaumgelände, größere Laub- und Mischwälder. **W:** Sommervogel, überwintert in Afrika.

Stare (Familie Sturnidae) sind Höhlenbrüter und legen 4-6 bläuliche Eier.

Rosenstar

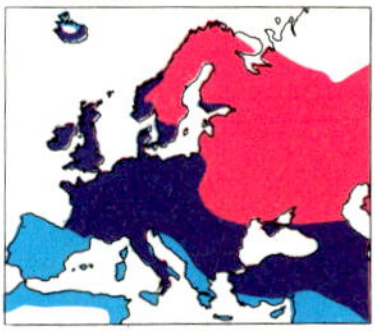

Star

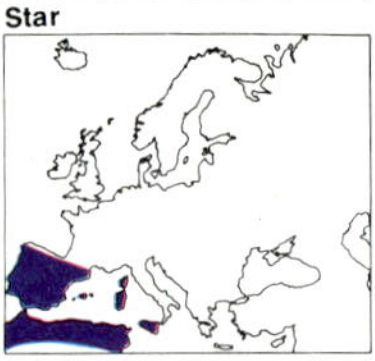

Einfarbstar
Fehlt in Ostspanien weitgehend

Rosenstar *Sturnus roseus* **K:** Rosenfarbiger Vogel mit schwarzem Kopf und hängendem Schopf sowie mit schwarzen Flügeln und Schwanz. Juv. ähnlich jungen Staren, aber blasser. Schnabel gelblich. **L:** 22 cm. **St:** Starenartiges „tschürr". Gesang: Bauchrednerisches Geplauder mit schrillem „zizíllilzizíllil- . . .". **B:** Offenes Gelände mit Steinhaufen oder Ruinen. **W:** Sommervogel, überwintert vor allem in Nordwestindien.

Star *Sturnus vulgaris* **K:** Im Brutkleid schwarz mit Erzglanz, auf der Oberseite und auf dem Unterbauch weißlich gefleckt. Schnabel gelb, Beine rötlich. Ruhekleid ähnlich, aber über und über weißlich gefleckt. Schnabel dunkel. Juv. überwiegend graubraun. Meist gesellig. **L:** 22 cm. **St:** Rauhes „stoär", scharfes „bett-bett" und heiseres „räh". Gesang: Bauchrednerisches Geplauder mit lauten Pfiffen. **B:** Wälder, Feldgehölze, Parks, Obstgärten, menschliche Siedlungen. **W:** Teilzieher.

Einfarbstar *Sturnus unicolor* **K:** Ähnlich Star, aber im Brutkleid ohne jegliche helle Fleckung. Schnabel leuchtender gelb. Ruhekleid matter schwarz mit feiner heller Fleckung auf Kopf und Unterseite. Juv. ähnlich Star. **L:** 22 cm. **St:** Ähnlich Star. **B:** Wie Star. **W:** Jahresvogel.

Seidenschwänze (Familie Bombycillidae) bauen offene Nester im Gebüsch. 3-5 Eier.

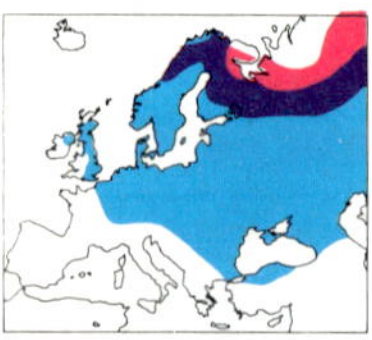

Seidenschwanz

Seidenschwanz *Bombycilla garrulus* **K:** Starengroß, mit auffallender Federhaube. **L:** 18 cm. **St:** Schwirrendes „sirrrr". Gesang aus diesen Lauten. **L:** Wälder des Nordens. Sonst in baum- und buschbestandenem Gelände. **W:** Teilzieher, invasionsartig in Westeuropa.

Drossel
Seidenschwanz
Star
Pirol
♂
Pirol
♀
Rosenstar
juv.
Star
juv.
Brutkleid
Einfarb-
star
Ruhekleid
Brutkleid
Ruhekleid
Staren-
schwarm
Seidenschwanz

Rabenvögel (Familie Corvidae) sind mittelgroße bis große Allesfresser mit kräftigen Schnäbeln. Einige Arten leben gesellig. Die Geschlechter sehen sich sehr ähnlich. Gelegegröße: 3-7, meist graugrüne, dunkelgefleckte Eier.

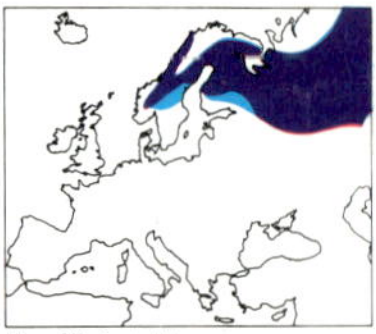
Unglückshäher

Unglückshäher *Perisoreus infaustus* **K:** Überwiegend graubrauner Vogel mit rostfarbenem Bürzel und rostfarbenen Schwanzaußenseiten. Unterschwanzdecken rotbraun. Klettert vielfach nach Meisenart im Gezweig umher. **L:** Um 30 cm. **St:** Schrill pfeifende und miauende Laute. Außerdem ein häherartiges „tschrräh". **B:** Nadelwälder des Nordens. **W:** Vorwiegend Jahresvogel.

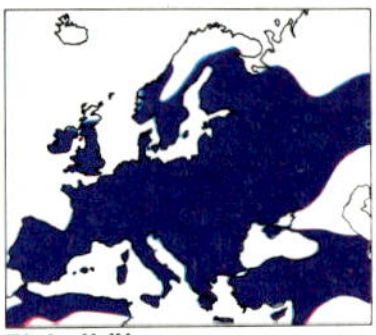
Eichelhäher

Eichelhäher *Garrulus glandarius* **K:** Taubengroßer Vogel; überwiegend graurötlich mit schwarzem Bartstreif, weißem Flügelfleck und bläulichen, schwarzgebänderten Schultern. Bürzel weiß. **L:** 34 cm. **St:** Heiser „rähtsch". Außerdem miauende, glucksende und pfeifende Laute. **B:** Wälder aller Art, größere Parks. Gelegentlich Obstgärten. **W:** Teilzieher. In Mitteleuropa meist Jahresvogel.

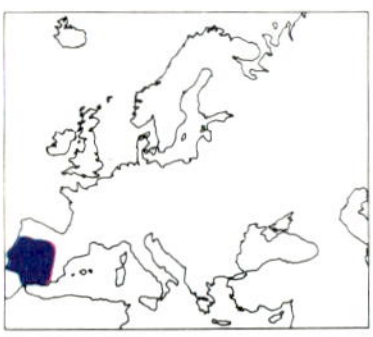
Blauelster

Blauelster *Cyanopica cyanus* **K:** Hell graubräunlicher Vogel mit schwarzem Oberkopf und Nacken, langem, blauem Schwanz und blauen Armschwingen. Kehle leuchtend weiß. **L:** Um 34 cm. **St:** Heiseres „kwiäht" oder „krräiiht", und schnarrendes „tschrröh". Außerdem hartes „kriät-kriät" und ansteigendes, heiseres „krriih" sowie gellendes „kvit-kvit-kvit- . . .". **B:** Korkeichenwälder, Pinienhaine und lichte Kiefernwälder. **W:** Jahresvogel.

Elster

Elster *Pica pica* **K:** Schwarz-weißer Vogel mit langem Schwanz. Schwanzfedern und Armschwingen mit Erzglanz. **L:** Um 45 cm. **St:** Schackernde und kreischende Laute. **B:** Offenes Gelände mit Hecken und Bäumen, Waldränder, Parks sowie Gärten und Anlagen in Städten. **W:** Jahresvogel.

Unglückshäher
Kopffedern gesträubt
Eichelhäher
Blauelster
Elster

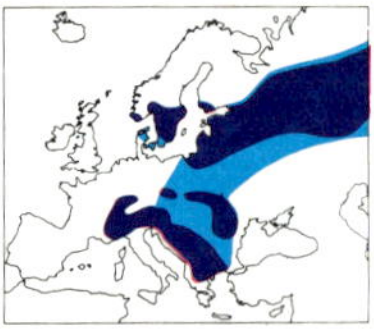

Tannenhäher
Brutvogel im Schwarzwald und auf der Schwäbischen Alb.

Tannenhäher *Nucifraga caryocatactes* **K:** Dunkelbrauner Vogel mit kräftiger weißer Fleckung. Schwarzbraune Kappe, die bis ins Genick reicht. Schnabel sehr kräftig und auffallend lang. Unterschwanzdecken weiß. Schwanz wirkt im Flug auffallend kurz. Außerdem fallen der relativ große Kopf und der mächtige Schnabel auf. **L:** 32 cm. **St:** Schnarrendes „krröh", das meist gereiht geäußert wird. **B:** Ausgedehnte Nadelwälder. Auch in Mischwäldern mit hohem Nadelholzanteil. In Mitteleuropa Gebirgsbewohner, im Norden auch in tiefer gelegenen Wäldern. **W:** Überwiegend Jahresvogel. In manchen Jahren Invasionen der dünnschnäbligen sibirischen Unterart bis nach Westeuropa.

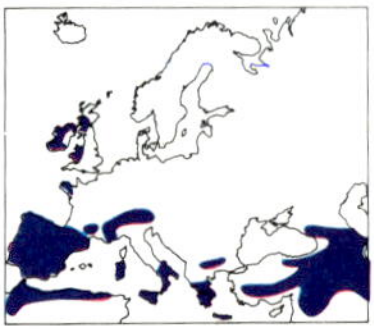

Alpenkrähe

Alpenkrähe *Pyrrhocorax pyrrhocorax* **K:** Schwarz mit bläulichem Glanz, roten Beinen und rotem, ziemlich langem, etwas abwärts gebogenem Schnabel. Juv. schwarzbraun mit orangefarbenem Schnabel. Ausgezeichnete Flieger. **L:** Um 40 cm. **St:** Dohlenartige Rufe und ein rauhes „tschaff". **B:** Felsige Landschaften mit hohen Wänden, auch an Steilküsten. Gelegentlich an Schlössern und Ruinen. Nistet in Felsspalten und Höhlungen. **W:** Jahresvogel.

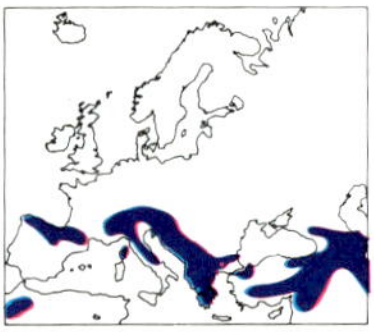

Alpendohle

Alpendohle *Pyrrhocorax graculus* **K:** Rußschwarz mit roten Beinen und geradem, gelbem Schnabel. Juv. mit schwarzen Beinen. **L:** 38 cm. **St:** Durchdringend pfeifendes „tjürrp". Außerdem krähenartige Rufe und laute Pfiffe. **B:** Ähnlich Alpenkrähe, aber nicht an der Meeresküste. Vor allem in hohen Gebirgen. Wie Alpenkrähe Koloniebrüter. **W:** Jahresvogel.

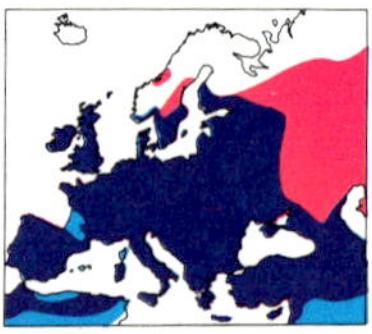

Dohle

Dohle *Corvus monedula* **K:** Schwarz, mit grauem Hinterkopf und Nacken. Auge weißlich, Stirn und Oberkopf schwarz. Schnabel relativ kurz. Gesellig. Außerhalb der Brutzeit häufig mit Saatkrähen vergesellschaftet. **L:** 33 cm. **St:** Schallendes „kjack" und krächzende Rufe. **B:** Parks und lichte Wälder mit alten Bäumen, felsige Landschaften, bei Ruinen und großen Gebäuden, z. B. an Kirchtürmen. Zur Nahrungssuche häufig in Kulturlandschaft. Nistet vor allem in Baum- oder Felshöhlen. **W:** Teilzieher.

Tannenhäher
juv.
Alpenkrähe
Alpendohle
Dohle

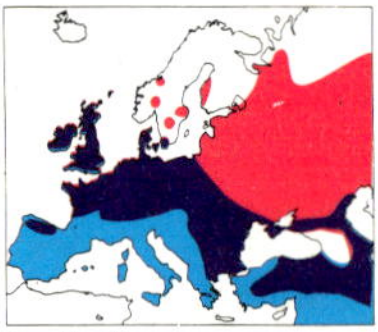

Saatkrähe

Saatkrähe *Corvus frugilegus* **K:** Schwarz mit Purpurglanz. Schnabelgrund bei Altvögeln weiß und grindig. An den Schenkeln struppige Hosenbildung. Flügel lang; die Spitzen erreichen die Schwanzspitze. Gesellig. Imm. und juv. mit befiedertem Schnabelgrund, Schnabel aber immer gestreckter und an der Spitze weniger gekrümmt als der der Rabenkrähe. **L:** 46 cm. **St:** Tiefes, rauhes „kroah". **B:** Offenes Gelände mit Baumgruppen und Auwälder. Verschiedenenorts in Parks und städtischen Anlagen. Nahrungssuche meist auf Feldern. **W:** Teilzieher.

Rabenkrähe

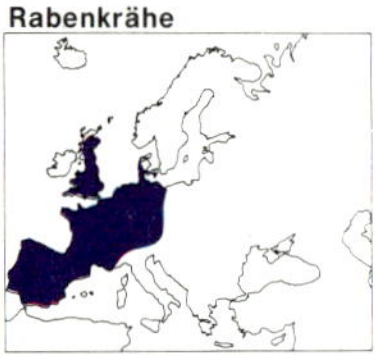

Rabenkrähe *Corvus corone corone* **K:** Schwarz mit wenig Glanz. Schnabelgrund stets befiedert. Schnabel kräftiger und an der Spitze stärker gebogen als der der Saatkrähe. Flügelspitzen erreichen das Schwanzende nicht. Keine Hosenbildung. Weniger gesellig. Brütet nie in Kolonien wie Saatkrähe. **L:** 47 cm. **St:** Krächzendes „krääh" und schnarrendes „quarrr". Außerdem hohes „kirrk". **B:** Wälder, Feldgehölze, offene Landschaften mit Baumgruppen, Parks sowie in Ortschaften. **W:** Überwiegend Jahresvogel.

Nebelkrähe

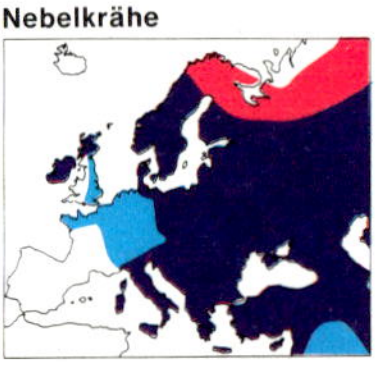

Nebelkrähe *Corvus corone cornix* **K:** Ähnlich Rabenkrähe, aber mit grauem Rücken und überwiegend grauer Unterseite. Die Nebelkrähe ist die östliche, die Rabenkrähe die westliche Unterart von *Corvus corone*, der Aaskrähe. In den Grenzgebieten kommen Mischpopulationen vor. **L, St** und **B:** Wie Rabenkrähe. **W:** Teilzieher.

Kolkrabe

Brütet im Schwarzwald und auf der Schwäbischen Alb.

Kolkrabe *Corvus corax* **K:** Ähnlich Rabenkrähe, aber wesentlich größer mit kräftigerem, klobigem Schnabel. Schwanz keilförmig, nicht gerade abgestutzt wie der der Rabenkrähe. Kehlfedern zerschlissen. Leichter Metallglanz. **L:** Um 63 cm. **St:** Tiefes „krrock" und rauhes „krack-krack" sowie gutturale Laute. **B:** Felsige Landschaften sowohl im Gebirge als auch an der Meeresküste. Gebietsweise in Wäldern. Im Norden auch in der Tundra. Nistet in Felsen oder auf Bäumen. **W:** Jahresvogel.

Kolonie
Saatkrähe
imm.
Rabenkrähe
Nebelkrähe
Kolkrabe

Wasseramseln (Familie Cinclidae) bauen große Nester mit seitlichem Eingang. 4–6 weiße Eier.

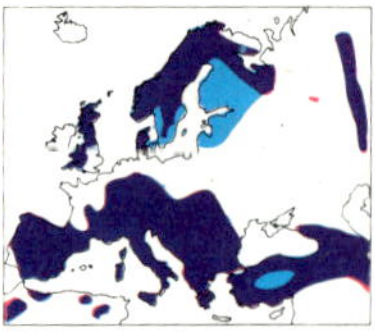
Wasseramsel

Wasseramsel *Cinclus cinclus* **K:** Altvögel oberseits dunkel graubraun mit großem, weißem Brustlatz. Jungvögel oberseits grau mit dunkler Wellenzeichnung, unterseits weißlich, fein dunkel quergewellt. **L:** Um 18 cm. **St:** Rauhes „zerrb". Gesang: Trillerndes und zwitscherndes Geplauder. **B:** Vor allem an Gebirgsbächen. **W:** Jahresvogel.

Zaunkönige (Familie Troglodytidae) sind kleine, unstet umherhuschende, braune Vögel mit kurzem, meist steil aufgerichtetem Schwanz.

Zaunkönig
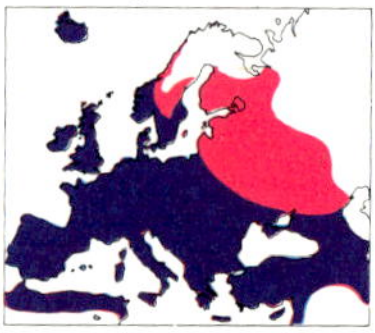

Zaunkönig *Troglodytes troglodytes* **K:** Sehr klein, oberseits braun mit dunkler Querbänderung. **L:** Um 9,5 cm. **St:** Schnarrend „zerrr" sowie hartes Gicken in schneller Folge. Gesang sehr laut aus schmetternden Lauten und kräftigen Rollern. **B:** Wälder aller Art, Parkanlagen. **W:** Teilzieher.

Braunellen (Familie Prunellidae) sind kleinere, überwiegend braun gefärbte, dünnschnäblige Vögel.

Alpenbraunelle
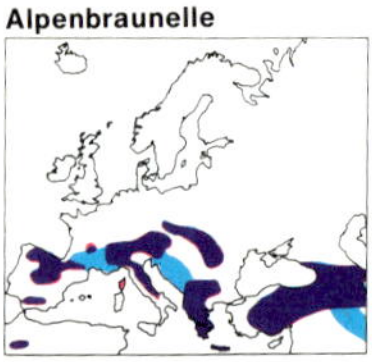

Alpenbraunelle *Prunella collaris* **K:** Oberseits graubraun, dunkel längsgestreift. Kehle weiß mit schwarzer Querfleckung. Flanken mit kräftigen, rotbraunen Flekken. Kehle bei juv. grau. **L:** 18 cm. **St:** Lerchenartiges „trrlit" und trillerndes „trrrüi". Gesang: Lerchenartiges Gezwitscher. **B:** Hochgebirge oberhalb der Baumgrenze, in kahlen Bergen auch tiefer. **W:** Teilzieher.

Schwarzkehlbraunelle

Bergbraunelle *Prunella montanella* **K:** Dunkle Kopfkappe, ockerfarbener Überaugenstreif und dunkle „Zügel". Seltener Irrgast aus Asien.
Die **Schwarzkehlbraunelle** *Prunella atrogularis* brütet im Ural, die **Steinbraunelle** *Prunella ocularis* im Kaukasus; beide ähneln der Bergbraunelle; erstere hat eine schwarze Kehle, letztere ist grauer.

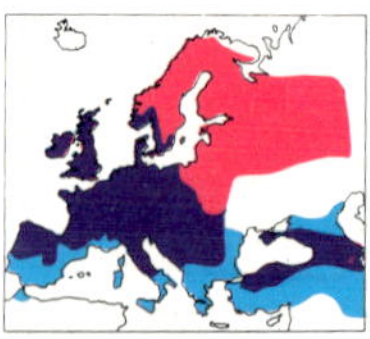
Heckenbraunelle

Heckenbraunelle *Prunella modularis* **K:** Dunkelbraune, schwarzgestreifte Oberseite. Kopf, Hals und Vorderbrust schiefergrau. **L:** Knapp 15 cm. **St:** Pfeifendes „ziet" und blechernes „dididit". Gesang erinnert etwas an Zaunkönig, ist aber leiser und kürzer. **B:** Wälder mit Lichtungen und dichtem Unterwuchs, Parkanlagen. Oberhalb der Baumgrenze im Latschengestrüpp. **W:** Teilzieher.

Wasseramsel
juv.
schwimmend
Zaunkönig
Alpenbraunelle
Bergbraunelle
Heckenbraunelle

Sänger (Familie Muscicapidae) werden wegen ihrer Verschiedenartigkeit in verschiedene Unterfamilien aufgeteilt:

Grasmücke: Mönchsgrasmücke ♂

Fliegenschnäpper: Trauerschnäpper ♂

GRASMÜCKENARTIGE (Unterfamilie Sylviinae – S. 222–247): Klein, meist unscheinbar gefärbt.

FLIEGENSCHNÄPPER (Unterfamilie Muscicapinae – S. 248 bis 249) sind kleine Vögel, die fliegende Insekten meist in einer Art Flugsprung erbeuten.

DROSSELVÖGEL (Unterfamilie Turdinae – S. 250–265) kann man nach der Färbung in mehrere kleine Gruppen einteilen: Steinschmätzer (S. 250–253) hauptsächlich grau, schwarz und weiß gefärbt, in meist steinigen Landschaften. Wiesenschmätzer (S. 254–255) bewohnen offene Landschaften. Die Merlen (S. 254–255) sind größer. Sie bewohnen felsige Landschaften. Rotschwänze (S. 256–257) haben rostfarbige Schwänze, die fast ständig zittern. Blaukehlchen, Rotkehlchen und Blauschwanz (S. 256 bis 259) halten sich in buschreichem oder bewaldetem Gelände auf. Nachtigallen (S. 258–259) sind überwiegend braun gefärbt. Sie bewohnen auwaldartige Landschaften sowie buschreiche Gegenden. Die Eigentlichen Drosseln (S. 260 bis 265) sind mittelgroße, unterseits meist gefleckte Vögel.

BARTMEISEN (Unterfamilie Timaliinae – S. 270–271) leben in ausgedehnten Schilfwäldern.

Die Grasmückenartigen

(Familie Muscicapidae, Unterfamilie Sylviinae) sind kleine, lebhafte Vögel mit dünnen, geraden Schnäbeln. Die Geschlechter sehen sich meist sehr ähnlich. Die Gesänge sind auffallend. Einige Arten sind am besten durch ihren Gesang zu unterscheiden, aber wenn man sie in der Hand hält, durch die Schwingenformeln. Sie leben meist einzeln oder paarweise und ernähren sich hauptsächlich von Insekten. Im Herbst

Drossel: Singdrossel

verzehren einige auch Beeren. Sie sind Sommervögel oder Teilzieher und ziehen hauptsächlich bei Nacht. Die Zahl der europäischen Arten ist angeführt.

Teichrohrsänger *(Acrocephalus)*

Gelbspötter *(Hippolais)*

Dorngrasmücke *(Sylvia)*

Zilpzalp *(Phylloscopus)*

Gattung *Cettia* (1 Art). Seidensänger: Rohrsängerartig mit langem, gerundetem Schwanz.

Gattung *Locustella* (5 Arten). Charakteristischer, gestufter Schwanz, meist bräunliche Färbung. Schwirrende oder wetzende Gesänge.

Gattung *Acrocephalus* (9 Arten). Oberseits braungefärbt. Einige mit dunkler Längsstreifung. Die Kopfform ist charakteristisch mit ziemlich langen Schnäbeln und flacher Stirn. Der Gesang ist oft rauh, in metronomartigem Rhythmus. Als einzige Art stelzt der Mariskensänger seinen Schwanz.

Gattung *Cisticola* (1 Art). Cistensänger. Klein und braun mit dunkler Längsstreifung. Schwanz gerundet.

Gattung *Hippolais* (5 Arten). Oberseits grünlich oder bräunlich, gelb oder weißlich auf der Unterseite. Kopfform ähnlich Rohrsänger. Bewohnen Gärten, Parks oder lichte Laubwälder. Die Gesänge sind melodisch, meist aus langen Strophen bestehend, häufig mit „gequetschten“ Lauten.

Gattung *Sylvia* (14 Arten). Meist etwas auffälliger gefärbt als die übrigen Grasmückenartigen. Die Geschlechter unterscheiden sich meistens im Gefieder. Sie leben meist im Gebüsch. Die Gesänge sind meist plaudernd, manchmal mit drosselartigen Strophen.

Gattung *Phylloscopus* (11 Arten). Kleine, oberseits olivgrünliche Vögel mit dünnen Schnäbeln. Unterseite weißlich und gelblich.

Gattung *Regulus* (2 Arten). Kleinste Vögel Europas. Olivgrünlich, mit orangen oder leuchtend gelben Scheitelstreifen bei den Altvögeln.

Der Heckensänger gehört zur Unterfamilie Turdinae.

Einige teilen die Grasmückenarten in 5 Gruppen ein, die eine oder mehrere ähnliche Gattungen enthalten: Rohrsänger *(Cettia, Locustella, Acrocephalus, Cisticola)*; Baumsänger *(Hippolais)*; Gebüschsänger *(Sylvia)*; Laubsänger *(Phylloscopus)*; Goldhähnchen *(Regulus)*

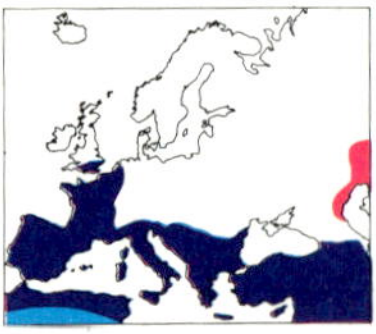

Seidensänger

Seidensänger *Cettia cetti* **K:** Kleiner, dunkelrotbrauner Vogel mit grauweißer Unterseite und deutlich weißem Überaugenstreif. Schwanz gerundet; schlägt diesen häufig nach unten. Hält sich meist in dichter Vegetation auf. **L:** 14 cm. **St:** Schnalzende und schnarrende Laute. Gesang: Lautes „tschí-tschiwí-tschiwitjitjitji" **B:** Dikkichte an Gewässern sowie Sumpflandschaften mit dichter Vegetation. **W:** Überwiegend Jahresvogel.

Rohrschwirl
brütet seit 1960 in Südengland

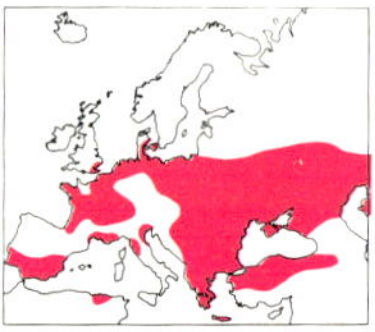

Rohrschwirl *Locustella luscinioides* **K:** Oberseite braun, ungestreift, Unterseite schmutzig bräunlich-weiß. Gestufter Schwanz leicht keilförmig. **L:** 14 cm. **St:** „teckteck". Gesang: Anhaltendes Schwirren auf „ö", meist von einigen tickenden Lauten eingeleitet, wie „tek-tektektekörrrr . . .". Singt meist von erhöhter Warte. **B:** Sumpfgebiete mit ausgedehnten Röhrichtzonen sowie Schilfwälder an Gewässern. **W:** Sommervogel, der in Afrika und Südwestasien überwintert.

Schlagschwirl

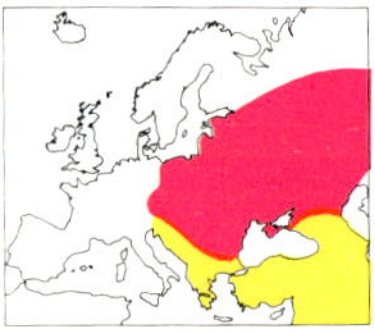

Schlagschwirl *Locustella fluviatilis* **K:** Ähnlich Rohrschwirl, aber oberseits grauer und mit dunkler Längsstrichelung auf Kehle und Kropfgegend. Heller Überaugenstreif. **L:** Knapp 13 cm. **St:** Tickende Laute. Gesang: Schnell wetzend wie „wesewesewese . . .". **B:** Sumpfwälder mit dichtem Unterwuchs, auwaldartige Vegetation an Gewässern sowie im offenen Gelände mit Büschen und Gestrüpp. **W:** Sommervogel, der in Afrika überwintert.

Feldrohrsänger

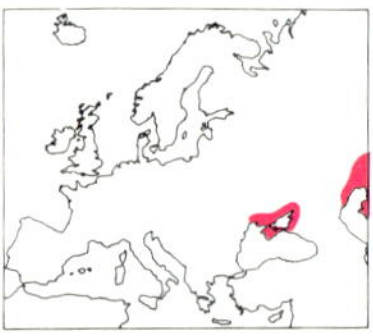

Feldrohrsänger *Acrocephalus agricola* **K:** Ähnlich Teichrohrsänger, aber heller und rötlicher. **L:** Knapp 13 cm. **St:** „Tschick". Gesang erinnert an Sumpfrohrsänger mit Imitationen anderer Vogelstimmen. **B:** Sumpfgelände mit höherer Vegetation und Gestrüpp, Verlandungszonen von stehenden Gewässern. **W:** Sommervogel, der im südlichen Asien überwintert.

singt in dichter Vegetation
Seidensänger
schlägt Schwanz abwärts
Rohrschwirl
singt auf Schilfstengel
Schlagschwirl
singt von Buschspitze (unter Baum)
Teichrohrsänger zum Vergleich
Feldrohrsänger
2
6
8
Feldrohrsänger

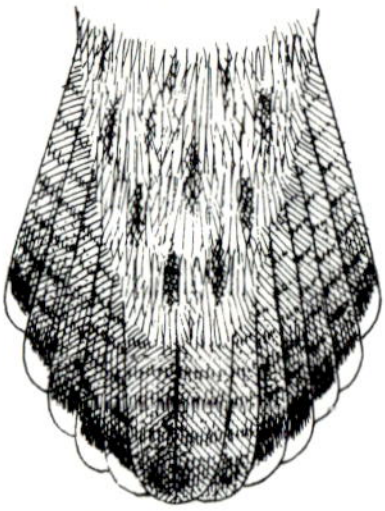

Streifenschwirl

Streifenschwirl *Locustella certhiola* **K:** Ähnlich Feldschwirl, aber oberseits brauner. Bürzel und Oberschwanzdecken rostbraun, leicht dunkel gefleckt, heben sich deutlich vom graubraunen Schwanz ab. Schwanzspitze mit undeutlichem, weißlichem Saum. Unterseite schmutzig-weiß. Juv. unterseits gelblicher, mit feiner Fleckung in der Kropfgegend. **L:** 13 cm. **St:** „Tschirrtschirr". Gesang beginnt ähnlich wie der des Schlagschwirls. Darauf folgen trillernde Laute und ein schilfrohrsängerartiges, rhythmisches Geplauder. **B:** Sumpfiges Wiesengelände mit einzelnen Büschen. **W:** Irrgast aus Sibirien und Innerasien. Überwintert im südlichen Asien.

Feldschwirl

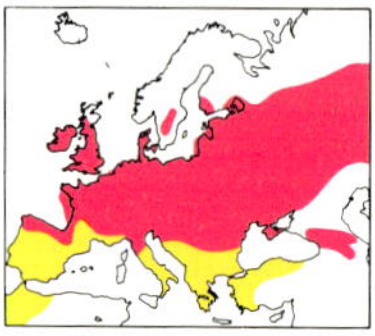

Feldschwirl *Locustella naevia* **K:** Ähnlich Streifenschwirl, aber oberseits olivfarbener. Unterseite bräunlich- oder gelblichweiß. Manchmal undeutliche feine Fleckung in der Kehlgegend. Bürzel nicht anders gefärbt als der übrige Rücken. **L:** Um 13 cm. **St:** „Tick". Gesang: Heuschreckenartiges, anhaltendes Schwirren auf „i" wie „sirrr . . .". Singt meist von etwas erhöhter Warte. Singt bei Tag und Nacht. **B:** Wiesengelände, größere Waldlichtungen, Heidelandschaften, Sümpfe mit einzelnen Büschen, Baumschonungen. **W:** Sommervogel, der vor allem in Afrika überwintert.

Strichelschwirl *Locustella lanceolata* **K:** Ähnlich Feldschwirl, aber kleiner, auf dem Rücken kräftiger gestreift. Unterseite schmutzigweiß mit feinen, parallel angeordneten schwarzen Stricheln in der Kropfgegend, die hier ein regelrechtes Halsband bilden. **St:** Ähnlich Feldschwirl, aber schwirrender Gesang ab und zu durch kurze Pfeiftöne unterbrochen. **B:** Sumpfiges Gelände mit hohem Pflanzenwuchs, Verlandungszonen an Gewässern mit dichtem Pflanzenwuchs, auch sumpfige Waldränder. **W:** Sommervogel, der im südlichen Asien überwintert.

Strichelschwirl

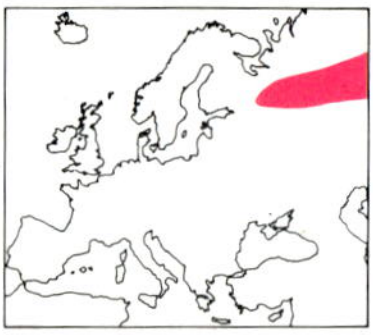

Streifenschwirl
imm.
Feldschwirl
mit weißlicher Unterseite
mit gelblicher Unterseite
Schilfrohrsänger
zum Vergleich
Strichelschwirl

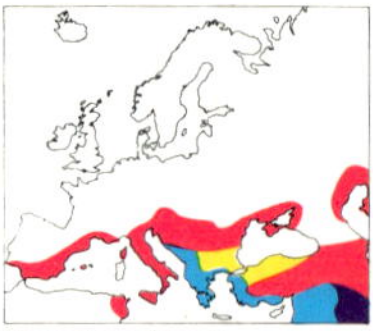

Mariskensänger

Mariskensänger (Tamariskensänger) *Acrocephalus melanopogon* **K:** Oberseits rötlichbrauner Rohrsänger mit schwärzlicher Längsstreifung. Oberkopf sehr dunkel, Überaugenstreif breit und leuchtend weißlich. Wangen und Zügel dunkelbraun, Kehle leuchtend weiß. Stelzt häufig den Schwanz. **L:** 13 cm. **St:** Schnurrende und tickende Laute. Gesang erinnert an Schilfrohrsänger, enthält aber anschwellende Flötentöne (ähnlich Nachtigall) sowie ein an die Heidelerche erinnerndes Lullern. **B:** Offene Sumpflandschaften mit Röhrichtbeständen und Binsengruppen. Auch an Brackwassern. **W:** Teilzieher.

Seggenrohrsänger

Seggenrohrsänger *Acrocephalus paludicola* **K:** Überwiegend bräunlicher Rohrsänger mit dunkler Rückenstreifung. Heller Überaugenstreif. Scheitel schwärzlichbraun mit bräunlichweißem Mittelstreif. Dunkler Streif durchs Auge. Unterseite ungefleckt rahmfarben. **L:** Um 13 cm. **St:** Schnalzendes „tzäck" und schnurrende Laute. Gesang: Rhythmisches „ärrr-didi-ärrdidi-. . .". **B:** Offene Sumpflandschaften mit niedriger Vegetation, vor allem in Seggenbeständen. **W:** Sommervogel, der in Afrika überwintert.

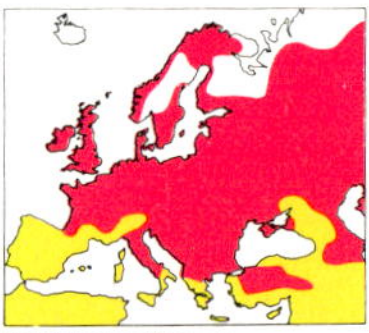

Schilfrohrsänger

Schilfrohrsänger *Acrocephalus schoenobaenus* **K:** Ähnlich Mariskensänger, aber weniger rötlichbraun auf der Oberseite und Scheitel heller. Überaugenstreif nicht so leuchtend weiß. Kehle und Unterseite rahmfarben. Stelzt den Schwanz nicht. Juv. ähneln in der Kopfzeichnung dem Seggenrohrsänger. **L:** Um 13 cm. **St:** Ähnelt dem des Seggenrohrsängers, aber abwechslungsreicher mit wie „wüid-wüid-. . ." klingenden Motiven. Singt von Schilfstengeln oder im flatternden Singflug. **B:** Verlandungszonen von Binnengewässern mit Schilf und Binsenbeständen, feuchte Wiesen mit Gräben und Buschwerk, manchmal Getreidefelder. **W:** Sommervogel, der in Afrika überwintert.

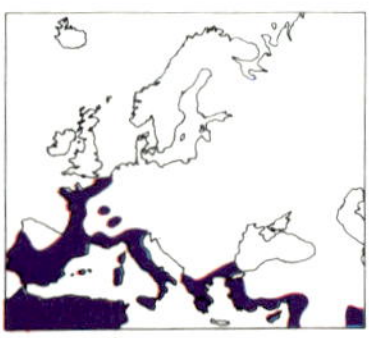

Cistensänger

Cistensänger *Cisticola juncidis* **K:** Etwa zaunköniggroßer Rohrsänger mit fächerartig gerundetem Schwanz. Kein heller Überaugenstreif. **L:** Um 10 cm. **St:** Gesang meist in wellenförmigem Kreisflug: Ein hohes, heiseres, in regelmäßigen Abständen wiederholtes „tsip". **B:** Offenes Gelände mit höherer Vegetation, Sumpfwiesen, Kornfelder, hochwüchsige Kleeäcker. **W:** Jahresvogel.

Mariskensänger
schwanzstelzend
Seggenrohrsänger
Schilfrohrsänger
Singflug und Gesang
vom Schilfstengel
Cistensänger
Singflug

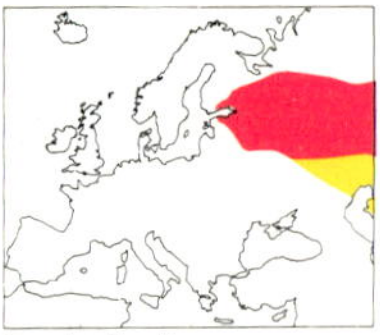

Buschrohrsänger

Buschrohrsänger *Acrocephalus dumetorum* **K:** Sehr ähnlich Sumpfrohrsänger; oberseits etwas grauer als dieser. Sicherstes Unterscheidungsmerkmal die Schwingenformel. **L:** Knapp 13 cm. **St:** Ähnlich Sumpfrohrsänger. Gesang ähnelt dem des Sumpfrohrsängers, vielfach noch abwechslungsreicher und mit sehr langen Strophen. Spottet wie Sumpfrohrsänger. **B:** Buschreiche Landschaften, Waldlichtungen und Waldränder. **W:** Sommervogel, der in Südasien überwintert.

Sumpfrohrsänger

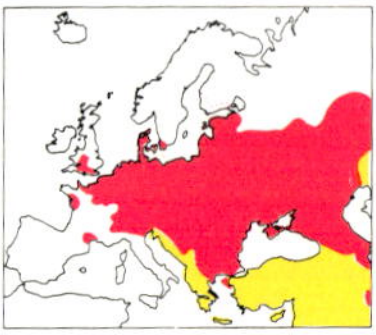

Sumpfrohrsänger *Acrocephalus palustris* **K:** Ähnlich Buschrohrsänger, aber mit kürzerem Schnabel. Bestes Unterscheidungsmerkmal die Schwingenformel. Beine rötlich fleischfarben. **L:** Knapp 13 cm. **St:** Tickende Laute. Gesang: Ein rhythmisches Geplauder mit vielen Imitationen anderer Vogelstimmen. Ausgezeichneter Spötter. **B:** Gebüsch und dichte andere Vegetation an Gewässern, Getreidefelder, Rapsäcker. Nicht an feuchtes Gelände gebunden. **W:** Sommervogel, der in Afrika überwintert.

Teichrohrsänger

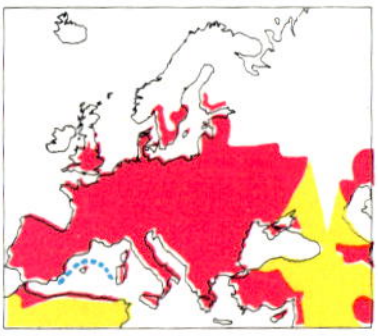

Teichrohrsänger *Acrocephalus scirpaceus* **K:** Ähnlich Busch- und Sumpfrohrsänger, oberseits aber brauner. Beine meist dunkel. Sicherstes Unterscheidungsmerkmal die Schwingenformel. **L:** Knapp 13 cm. **St:** Rauh „tscharr" sowie tickende Laute. Gesang: Rhythmisches Geschwätz, härter als der Gesang des Schilfrohrsängers wie: „tschirrrtschirrtschirr-jägjägjäg-tischirr . . ." und ähnliche Motive. **B:** Verlandungszonen von Gewässern mit Schilf- und Binsenbeständen, Röhrichtwälder. Gebietsweise auch weiter ab vom Wasser in hochwüchsiger Vegetation. **W:** Sommervogel, der in Afrika überwintert. Häufiger Kuckuckswirt.

Drosselrohrsänger

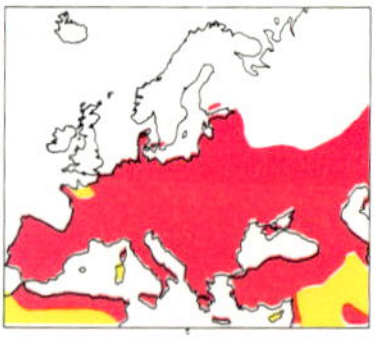

Drosselrohrsänger *Acrocephalus arundinaceus* **K:** Auffallend großer, überwiegend brauner Rohrsänger. **L:** 19 cm. **St:** Knarrende Laute. Gesang laut, rhythmischer Wechsel von tief krächzenden und schrillen Lauten wie: „karre-karre-kiet-kietkiet-karre-. . .". **B:** Größere Gewässer mit Röhrichtbeständen. Baut typisches Rohrsängernest zwischen den Halmen. **W:** Sommervogel, der in Afrika überwintert.

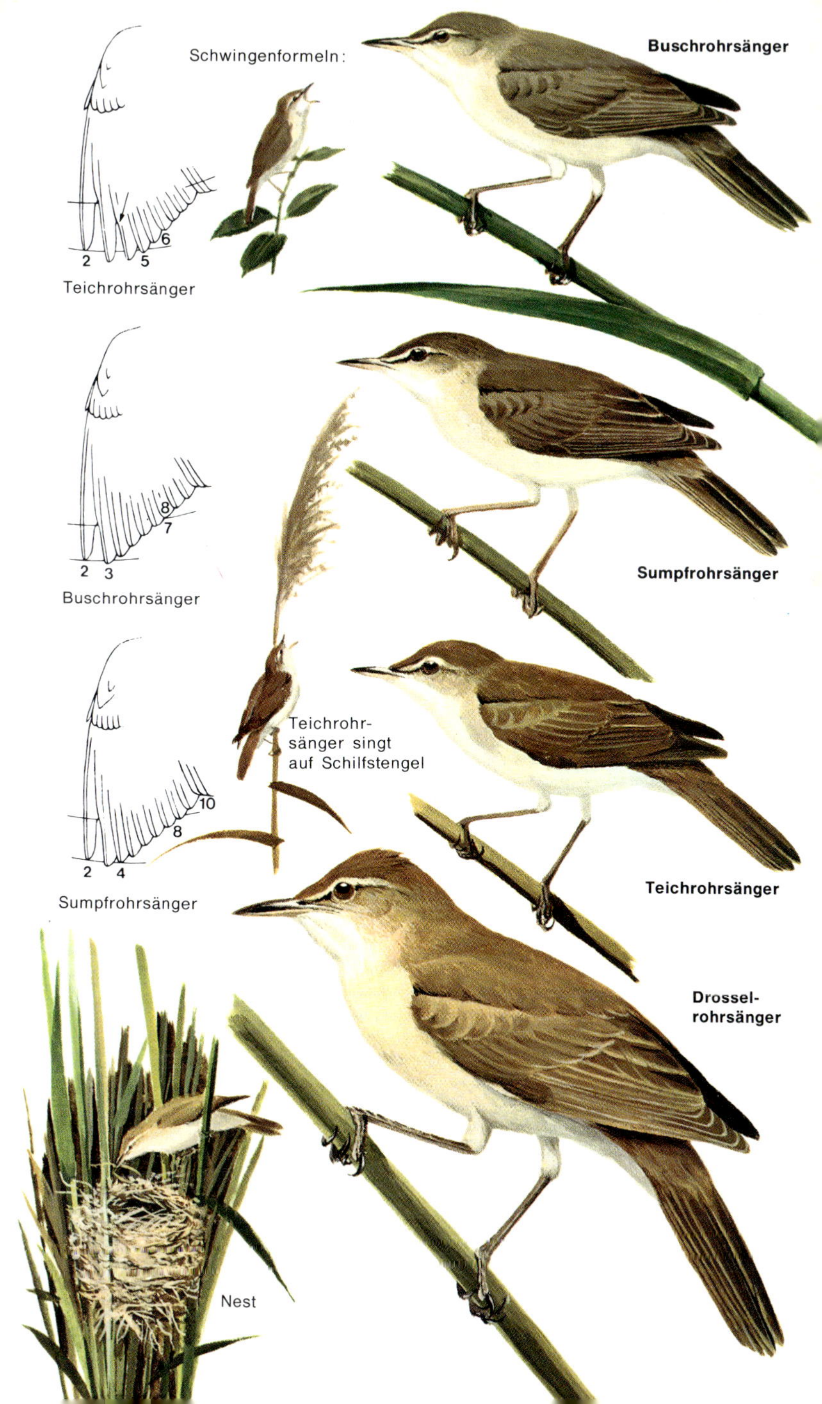
Schwingenformeln:
2
5
6
Teichrohrsänger
8
7
2 3
Buschrohrsänger
10
8
2 4
Sumpfrohrsänger
Teichrohrsänger singt auf Schilfstengel
Nest
Buschrohrsänger
Sumpfrohrsänger
Teichrohrsänger
Drosselrohrsänger

Gelbspötter *Hippolais icterina* **K:** Rohrsängerartig mit gelblich-olivgrüner Oberseite und blaßgelblicher Unterseite. Gelber Überaugenstreif. Beine bleigrau. Juv. unterseits blasser. **L:** 13 cm. **St:** Zeterndes „dederoid". Gesang rohrsängerartig rhythmisch, in dem wohlklingende, melodische Laute mit gequetscht klingenden, schleifenden abwechseln. Guter Spötter. **B:** Parks, Auwälder, Gärten mit höheren Bäumen. Auch in Feldgehölzen. **W:** Sommervogel, der in Afrika überwintert.

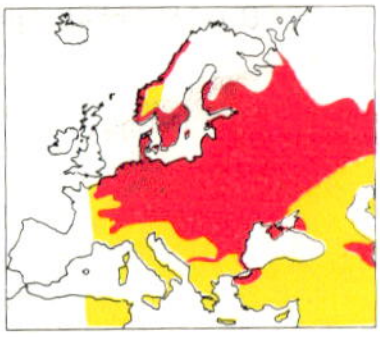
Gelbspötter

Orpheusspötter *Hippolais polyglotta* **K:** Sehr ähnlich Gelbspötter, aber oberseits meist bräunlicher und unterseits gelber. Manche Exemplare sind jedoch unterseits kaum gelb. Beine bräunlich. **L:** Um 13 cm. **St:** Haussperlingsartiges Zetern und laubsängerartiges „hüid". Gesang erinnert an Sumpfrohrsänger, enthält aber lange, schnelle Folgen von angenehm plaudernden Lauten. **B:** Buschwälder, Feldgehölze, parkartiges Gelände, Korkeichenwälder sowie höheres Gebüsch in Wassernähe. Auch offenes Gelände mit Gestrüpp. **W:** Sommervogel, der in Afrika überwintert.

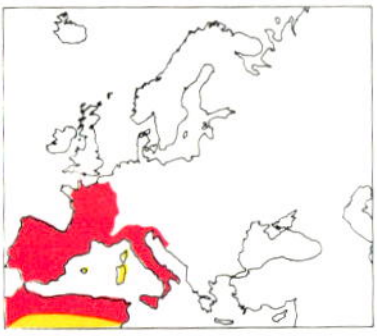
Orpheusspötter

Olivenspötter *Hippolais olivetorum* **K:** Wesentlich größer als Gelbspötter; oberseits graubraun mit weißlichem Überaugenstreif. Unterseite weißlich. Außensäume der Arm- und Handschwingen weißlich. Schnabel auffallend lang. **L:** Um 15 cm. Beine blaugrau. **St:** Schnalzend „tack". Gesang ähnlich Schilfrohrsänger, aber kräftiger und in etwas langsamerem Rhythmus. **B:** Korkeichenwälder und Olivenplantagen. **W:** Sommervogel, der in Afrika überwintert.

Olivenspötter

Blaßspötter *Hippolais pallida* **K:** Oberseits blaß graubraun, unterseits schmutzig-weiß, an der Brust und an den Flanken leicht bräunlich überhaucht. Flügel dunkler als der Rücken. Schnabel auffallend lang. **L:** Knapp 13 cm. **St:** Sehr ähnlich Schilfrohrsänger. Strophen meist kürzer. **B:** Buschreiches Gelände, Gärten mit Bäumen und Hecken usw. **W:** Sommervogel, der in Afrika überwintert.

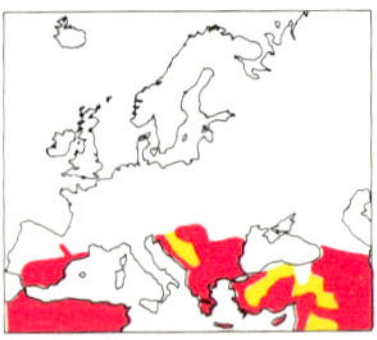
Blaßspötter

Buschspötter *Hippolais caligata* **K:** Ähnlich Blaßspötter, aber kleiner. Äußere Schwanzfedern mit weißlichem Abzeichen. Beine dunkelbraun. Schnabel kürzer als bei Blaßspötter. **L:** Knapp 12 cm. **St:** Ähnlich Blaßspötter. **W:** Sommervogel, der im südlichen Asien überwintert.

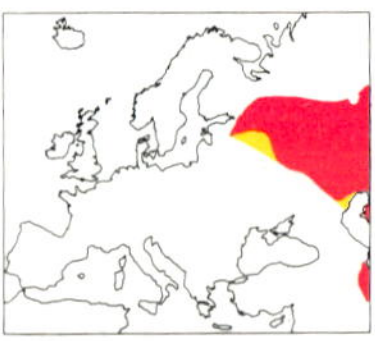
Buschspötter

Kopfprofile von
Spötter
Laubsänger
Gelbspötter
Orpheusspötter
Olivenspötter
Blaßspötter
Blaßspötter schwanzschlagend
Buschspötter

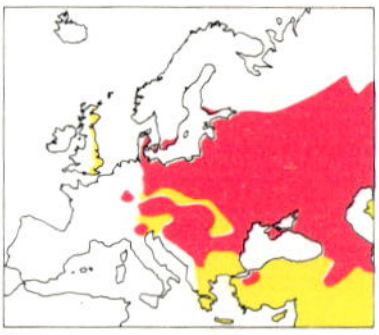

Sperbergrasmücke

Sperbergrasmücke *Sylvia nisoria* **K:** Altvögel mit weißlicher, dunkel „gesperberter" Unterseite. Auge hellgelb. Jungvögel und imm. überwiegend graubraun mit nahezu einfarbig schmutzig-weißer Unterseite. Auge dunkel. ♀ ähnlich ♂, aber blasser. **L:** Um 15 cm. **St:** Schnarrendes Zetern und hartes „tzeck". Gesang erinnert an Gartengrasmücke, ist jedoch kürzer und enthält immer wieder schnarrende Laute. **B:** Feldgehölze, hekkenreiche, offene Landschaft, Waldränder und Auwälder. **W:** Sommervogel, der in Afrika und Arabien überwintert.

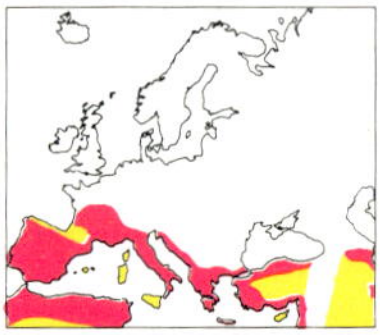

Orpheusgrasmücke

Orpheusgrasmücke *Sylvia hortensis* **K:** Ähnlich Sperbergrasmücke, aber ohne dunkle Wellenzeichnung auf der Unterseite. Oberkopf schwärzlich-grau, Auge weiß. ♀ etwas blasser als ♂. Juv. ohne dunklen Oberkopf. Auge weißlich. **L:** Um 15 cm. **St:** Schnalzendes „zäck" und schnarrende Laute. Gesang: Weich flötend mit immer wiederkehrenden, wie „tratrü-tratrü-tratrü-" klingenden Motiven. Vertreter der osteuropäischen Unterart singen mehr drosselähnlich. **B:** Buschwälder, Korkeichenhaine und offenes Gelände mit höheren Buschgruppen. **W:** Sommervogel, der in Afrika und im südlichen Asien überwintert.

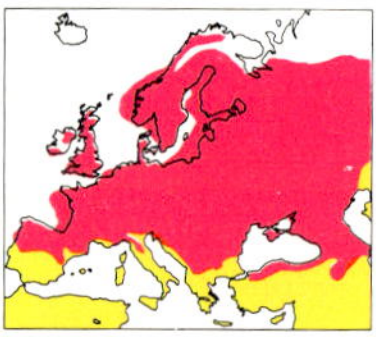

Gartengrasmücke

Gartengrasmücke *Sylvia borin* **K:** Überwiegend olivbraune Grasmücke mit hellerer Unterseite und dunklem Auge. Beine bleigrau. **L:** 14 cm. **St:** Schnalzend „zeck". Gesang ein wohltönendes Geplauder aus „orgelnden" Tönen, meist in langer Folge. Singt vielfach beim Umherschlüpfen im Gebüsch, manchmal auch von erhöhter Warte. **B:** Auwälder und unterholzreiche Laubwälder, Feldgehölze mit Gestrüpp, buschreiches Gelände. **W:** Sommervogel, der in Afrika überwintert.

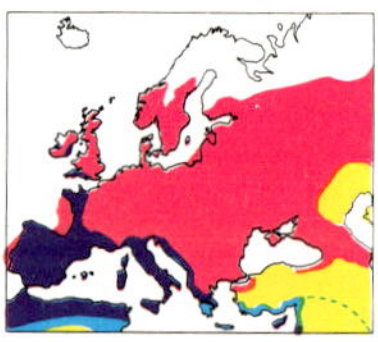

Mönchsgrasmücke

Mönchsgrasmücke *Sylvia atricapilla* **K:** ♂ mit schwarzer Kappe, ♀ und Jungvögel mit brauner Kappe. Schwanz einfarbig dunkel **L:** 14 cm. **St:** Schnalzend „zäck". Gesang ein halblautes Geplauder mit Imitationen anderer Vogelstimmen, dem ein lauter, flötender Überschlag folgt. Der halblaute Vorgesang wird manchmal weggelassen. **B:** Laub-, Misch- und Auwälder mit viel Unterholz, Parks, Gartenanlagen, Feldgehölze, nicht zu trokkene Buschanlagen. **W:** Teilzieher.

Singflug
Sperbergrasmücke
imm.
Orpheusgrasmücke
singt aus Buschmitte
imm.
Gartengrasmücke
singt im Unterholz
Mönchsgrasmücke
♂
♀
singt aus Buschmitte

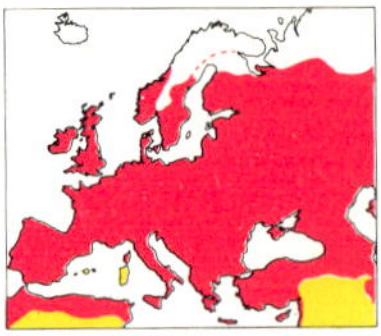

Dorngrasmücke

Dorngrasmücke *Sylvia communis* **K:** Bräunliche Grasmücke mit weißlichen Schwanzkanten und rötlichbraunen Flügeln. ♂ mit grauem Kopf, Unterseite weißlich, zartrosa überhaucht. Kehle leuchtend weiß. ♀ oberseits bräunlicher, leuchtend weiße Kehle, Unterseite bräunlich überhaucht. Juv. ähnlich ♀. **L:** 14 cm. **St:** Gereihtes „wääd". Gesang ein eiliges, rauh klingendes Geschwätz, vielfach im tänzelnden Balzflug vorgetragen. **B:** Offenes Gelände mit Dornhecken, Bahndämme, sonnige Waldränder und Waldlichtungen mit Gebüsch. Gelegentlich in Parks. **W:** Sommervogel, der in Afrika überwintert.

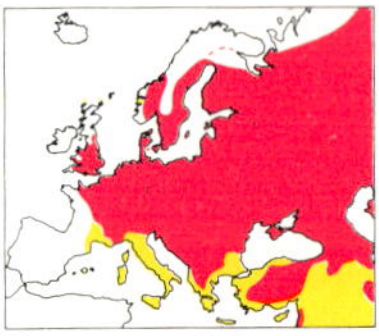

Klappergrasmücke

Klappergrasmücke (Zaungrasmücke) *Sylvia curruca* **K:** Ähnlich Dorngrasmücke, aber ohne auffallendes Rotbraun auf den Flügeln. Oberseite grauer. Ohrdecken dunkel. Kehle leuchtend weiß. **L:** Knapp 14 cm. **St:** Schnalzendes „zeck". Gesang leises Geplauder mit Lauten wie „zizizizi" und klappernden, wie „didldidldidl . . ."-klingenden Strophen. **B:** Parks, Gartenanlagen mit Gestrüpp, Latschengestrüpp im Gebirge, Feldgehölze, lichte Auwälder, offenes Gelände mit Büschen. **W:** Sommervogel, der in Afrika überwintert.

Maskengrasmücke

Maskengrasmücke *Sylvia rüppelli* **K:** ♂ oberseits grau mit schwarzem Kopf und schwarzem Brustlatz. Weißer Bartstreif. Auge rot. ♀ blasser mit weniger dunklem Kopf und dunkel gefleckter Kehle. Juv. ähnlich ♀. **L:** 14 cm. **St:** Hölzernes Rattern; Gesang ziemlich rauhes Geplauder, mit klappernden Lauten durchsetzt. Singt von erhöhter Warte sowie im flatternden Singflug. **B:** Offenes Gelände mit Gestrüpp und Felsbrocken; steinige Hänge mit Dornengestrüpp und einzelnen Büschen. **W:** Sommervogel, der in Afrika überwintert.

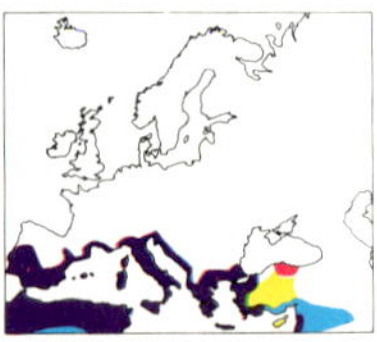

Samtkopf-Grasmücke

Samtkopf-Grasmücke *Sylvia melanocephala* **K:** ♂ mit grauer Oberseite, schwarzem Kopf und leuchtend weißer Kehle. Auge braun mit leuchtendrotem Augenring. ♀ bräunlicher mit dunkel-graubraunem Kopf. Beide Geschlechter mit weißen Schwanzkanten. Juv. ähnlich ♀. **L:** Knapp 14 cm. **St:** Hölzernes Rattern. Gesang erinnert an Dorngrasmücke, aber weniger rauh, mit eingestreutem Rattern. Singt von freier Warte oder tänzelnden Singflug; manchmal auch aus dichtem Gestrüpp. **B:** Offenes Gelände mit Gebüsch oder niedrigem Gestrüpp, immergrüne Buschwälder, mediterrane Zwergbuschsteppe, mit Ginster, Dornhecken und Zwergpalmen bewachsene, steinige Hänge. **W:** Überwiegend Jahresvogel.

Singflug
♂
Dorngrasmücke
♀
von Buschspitze singend
Klappergrasmücke
singt im Gebüsch
♂
Maskengrasmücke
♀
Gesang im Flug
und von Warte
♂
Samtkopf-Grasmücke
♀
Gesang im Flug
und von Warte
juv.

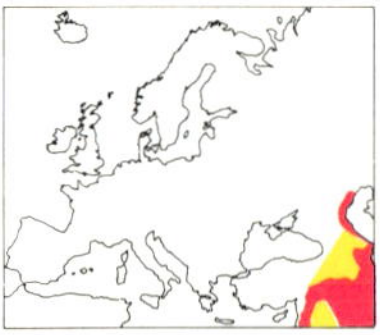

Kaspische Bartgrasmücke

Kaspische Bartgrasmücke *Sylvia mystacea* **K:** Ähnlich Samtkopf-Grasmücke, aber Oberseite graubraun, nicht grau. ♂ mit matt grauschwarzem Oberkopf. Weißer Bartstreif. Weißliche Unterseite weinrötlich angehaucht. Auge dunkelrot mit orangefarbenem Ring. ♀ ähnlich weiblicher Samtkopf-Grasmücke, aber oberseits heller. Juv. wie ♀. **L:** Um 13 cm. **St:** Schnurrendes „trret". Gesang ähnlich Dorngrasmücke, aber abwechslungsreicher und wohltönender. **B:** Berghänge mit Büschen, buschreiche Flußtäler, offenes Gelände mit Buschwerk. **W:** Sommervogel, der in Afrika überwintert.

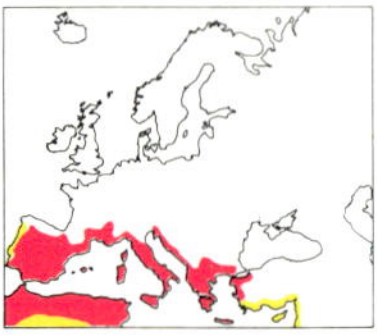

Weißbart-Grasmücke

Weißbart-Grasmücke *Sylvia cantillans* **K:** Kopf und Vorderrücken beim ♂ bläulich-aschgrau; Kehle und Brust hell kastanienbraun; weißer Bartstreif. Schwanzkanten weiß. Roter Augenring. Stelzt und spreizt den Schwanz bei Erregung. ♀ und juv. blasser als ♂. **L:** 12 cm. **St:** Halblautes „tek-tek-" und schnurrende Laute. Gesang grasmückenartiges Geplauder, aber Strophen länger und wohlklingender als die der Dorngrasmücke. **B:** Trockenes, steiniges Gelände mit Gebüsch, immergrüne Buschwälder, verwilderte Gärten. **W:** Sommervogel, der in Afrika überwintert.

Wüstengrasmücke

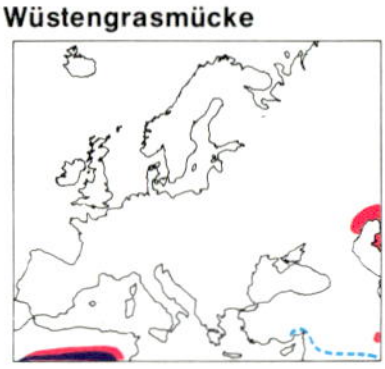

Wüstengrasmücke *Sylvia nana* **K:** Kleine, überwiegend sandfarbige Grasmücke. ♀ und juv. ähnlich ♂. **L:** Um 11 cm. **St:** Trillernde Laute. Gesang aus leise flötenden und trillernden Tönen zusammengesetzt. **B:** Steppen- und halbwüstenartiges Gelände. **W:** Sommervogel, der in Afrika und im südlichen Asien überwintert.

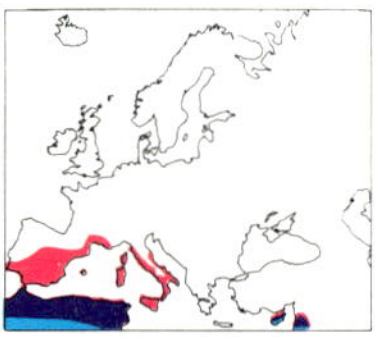

Brillengrasmücke

Brillengrasmücke *Sylvia conspicillata* **K:** Ähnlich Dorngrasmücke, aber deutlich kleiner. ♂ jedoch mit dunklerem Oberkopf und dunkleren Ohrdecken. Auge rotbraun mit schmalem, weißem Augenring. Beine hell gelblich. Kehle leuchtend weiß. **L:** Um 12 cm. **St:** Schnurrendes „tschörrrr", erinnert an Zaunkönig. Gesang ähnlich Dorngrasmücke, aber wohlklingender und mit längeren Strophen. Singt von erhöhter Warte oder im tänzelnden Balzflug. **B:** Offenes, mit Cistrosenbüschen und Gestrüpp bewachsenes Gelände, Salicorniasteppe mit höherer Vegetation. **W:** Überwiegend Sommervogel, der vor allem im nördlichen Afrika überwintert.

Kaspische Bartgrasmücke
♂
♀
Weißbart-Grasmücke
♂
♀
Wüstengrasmücke
♂
Gesang im Flug
und von Warte
Brillengrasmücke
♀

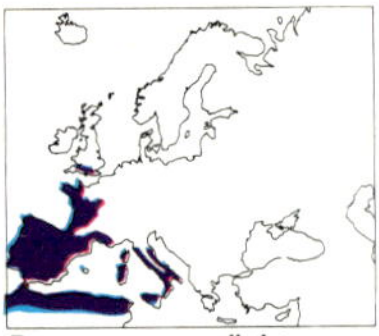

Provencegrasmücke

Provencegrasmücke *Sylvia undata* **K:** Kleine dunkle Grasmücke, die häufig den einheitlich dunklen Schwanz stelzt. ♂ mit schiefergrauem Kopf und Vorderrücken; übrige Oberseite dunkelbraun. Unterseite dunkel kastanienbraun mit weißlichen Flecken an der Kehle. Auge orangerot mit rötlichem Augenring. ♀ ähnlich ♂, aber bräunlicher. Juv. oberseits graubraun, unterseits heller. Orangefarbener Augenring. **L:** Um 12 cm. **St:** „Tschirrtratratra . . .". Klingt wie hölzernes Rattern. Gesang ähnlich Dorngrasmücke, aber die kurzen Strophen meist wohlklingender. Singt von Büschen oder im tänzelnden Singflug. **B:** Offene Landschaften mit niedriger Vegetation, Hänge mit Ginster und Cistrosen, Kulturland mit Dornhecken und Steinhaufen. **W:** Vorwiegend Jahresvogel.

Sardengrasmücke
überwiegend Jahresvogel

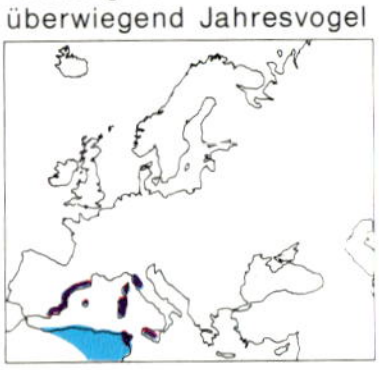

Sardengrasmücke *Sylvia sarda* **K:** Sehr ähnlich Provencegrasmücke, aber gesamte Oberseite dunkelschiefergrau. Unterseite hell-graubräunlich. Roter Augenring. ♀ bräunlicher als ♂. Juv. ähnlich ♀. **L:** Um 12 cm. **St:** Hartes „zick" und rauhes „trrät". Gesang ähnlich Provencegrasmücke, aber häufiger mit gepreßten Tönen durchsetzt. Vollführt Singflüge. **B:** Offenes, mit einzelnen Büschen wie Baumheide oder Cistrosen bedecktes Gelände. **W:** Überwiegend Jahresvogel.

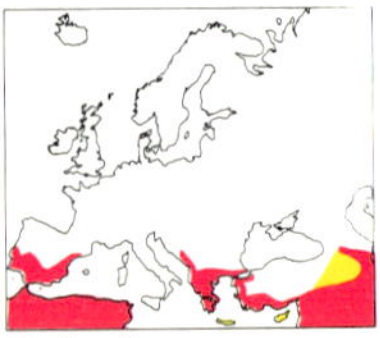

Heckensänger

Heckensänger *Cercotrichas galactotes*. Gehört zur Unterfamilie der Drosselvögel (Turdinae). Wird wegen seiner Grasmückenähnlichkeit hier aufgeführt. **K:** Leicht kenntlich am rotbraunen Schwanz mit schwarzweißer Endbinde an den Seiten. Oberkopf und Rücken rotbraun (westliche Rasse) oder graubraun (östliche Rasse). Schwarzer Augenstreif, rahmfarbener, kräftiger Überaugenstreif. ♂ und ♀ gleich. Juv. ähnlich ad. Stelzt und fächert den Schwanz häufig. **L:** 15 cm. **St:** Wiederholtes „täck". Gesang aus abgerissenen Strophen, etwas an Gartenrotschwanz erinnernd, aber lauter. Singt von erhöhter Warte oder im flach verlaufenden Balzflug. **B:** Offenes Gelände mit Hecken und Büschen, Oliven- und Orangenplantagen, Opuntienhecken und Dorngestrüpp, an Straßen und am Rand von Ortschaften. **W:** Sommervogel, der in Afrika überwintert.

Singflug
♂
Provencegrasmücke
juv.
auf Zweig
singend
Sardengrasmücke
♂
juv.
Heckensänger
westliche
Rasse
Singflug
östliche
Rasse
auf Telefondraht singend

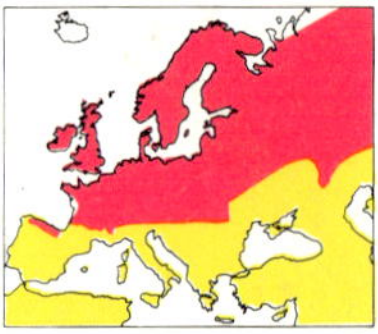
Fitis

Fitis *Phylloscopus trochilus* **K:** Oberseits olivgrünlich mit deutlichem, hellem Überaugenstreif. Unterseite gelblichweiß, an Kehle und Brust kräftiger. Beine hellbraun. Die ersten fünf Handschwingen am Vorderrand eingebuchtet. **L:** 11 cm. **St:** Weiches „hüid". Gesang abfallende Folge aus weichen Lauten, entfernt an Buchfink erinnernd. **B:** Auwälder, lichte Laub- und Mischwälder, Parks, Feldgehölze und Gärten. **W:** Sommervogel, überwintert in Afrika.

Zilpzalp
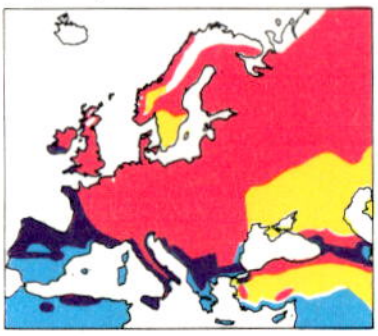

Zilpzalp *Phylloscopus collybita* **K:** Sehr ähnlich Fitis, aber oberseits meist bräunlicher, Augenstreif schwächer. Unterseite meist weniger gelb. Beine vielfach dunkler als die des Fitis. Die vorderen sechs Handschwingen am Vorderrand eingebuchtet. **L:** 11 cm. **St:** Weiches „hüid". Gesang monotone Folge wie „zilp-zalp-zilp-zalp-...", manchmal mit leisen, wie „trrt"-klingenden Lauten. **B:** Unterholzreiche Wälder aller Art, Parks und Gärten. **W:** Teilzieher.

Waldlaubsänger
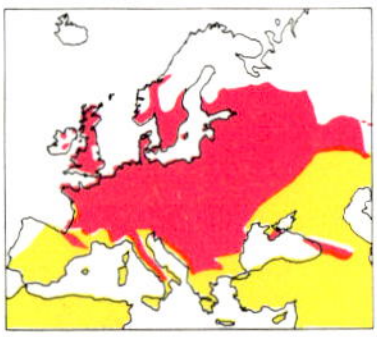

Waldlaubsänger *Phylloscopus sibilatrix* **K:** Etwas größer als Fitis; oberseits grüner. Kehle und Brust schwefelgelb, Bauch weiß. Kräftiger Überaugenstreif. **L:** 13 cm. **St:** Weiches „düh". Gesang: Eine immer schneller werdende Folge aus harten „sit"-Lauten, die in ein Schwirren übergehen. Daneben weiche, wie „djühdjühdjüh..." klingende Folgen. **B:** Auwälder, Laub- und Mischwälder. **W:** Sommervogel, der in Afrika überwintert.

Wacholderlaubsänger
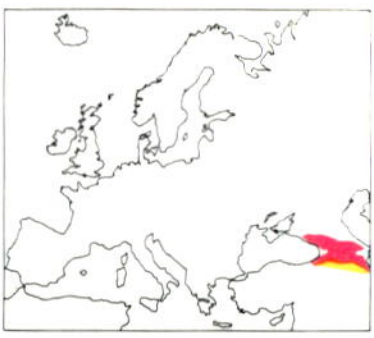

Wacholderlaubsänger *Phylloscopus nitidus* **K:** Oberseits matt graugrünlich mit einer deutlichen gelblichen Flügelbinde. Unterseits weißlich, an der Brust gelblich. Überaugenstreif schwefelgelb. **L:** 11 cm. **St:** An Schafstelze erinnernd. Gesang zwitschernd. **B:** Wacholderbestände im Gebirge, unterholzreiche Bergwälder. **W:** Sommervogel, überwintert in Indien.

Dunkler Laubsänger *Phylloscopus fuscatus* **K:** Ohne jegliches Gelb im Gefieder. Hell rostfarbener Überaugenstreif. An den Flanken rostbräunlich verwaschen. Ohrdecken rostbraun. **L:** 11 cm. **St:** Rauhes „tschäck-tschäck". Verhalten rohrsängerartig. Irrgast aus dem nördlichen Asien.

Bartlaubsänger *Phylloscopus schwarzi* **K:** Ähnlich Dunklem Laubsänger, aber größer und mit rahmfarbenem Augenstreif. Beine gelblich. Oberseite bräunlich-olivfarben, Unterseite rahmweiß. **L:** 13 cm. Seltener Irrgast aus Sibirien.

Fitis
6
2
5
Zilpzalp
8
2
7
Fitis
Zilpzalp
Waldlaubsänger
Wacholder-
laubsänger
Dunkler
Laubsänger
Bartlaubsänger

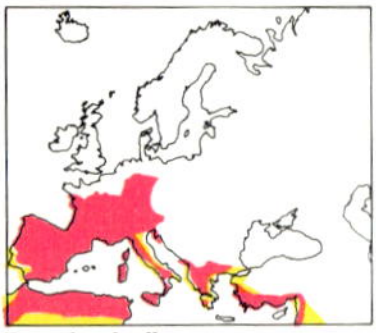

Berglaubsänger

Berglaubsänger *Phyllosocopus bonelli* **K:** Grünlicher als Zilpzalp, mit mehr oder weniger auffallendem, gelbgrünlichem Bürzel. Unterseite grauweiß ohne gelben Anflug. **L:** 11 cm. **St:** Zweisilbiges „dö-id". Gesang: Blechernes „Scheppern" auf dem gleichen Ton wie „didididididid". **B:** Lichte Kiefern- und Lärchenwälder, aufgelockerte Mischwälder, lockere, immergrüne Eichenwälder. **W:** Sommervogel, der in Afrika überwintert.

Gelbbrauen-Laubsänger *Phyllosocopus inornatus* **K:** Oberseits hell olivgrün, unterseits weißlich. Auffallender, blaßgelber Überaugenstreif. Zwei deutliche, gelblichweiße Flügelbinden. **L:** Um 10 cm. **St:** Ziemlich scharfes „dihst". Gesang: Trillerndes Gezwitscher auf der gleichen Tonhöhe. **B:** Vor allem Wälder im Gebirge, vielfach in der Nähe der oberen Baumgrenze. Außerhalb der Brutzeit in buschreicher Landschaft. **W:** Irrgast aus dem nördlichen und mittleren Asien. Taucht ziemlich regelmäßig auf Helgoland auf.

Nordischer Laubsänger

Nordischer Laubsänger *Phylloscopus borealis* **K:** Oberseits olivgrünlicher Laubsänger mit schwacher, heller Flügelbinde. Auffallender, dunkler Augenstreif und darüber scharf abgesetzter, heller Überaugenstreif. Unterseite grauweiß. **L:** Um 12 cm. **St:** Scharf „zick" und rauh „tschüip". Gesang ein an Zaunammer erinnerndes Schwirren. **B:** Birkenwälder und andere Waldungen des Nordens mit dichtem Unterwuchs, unterholzreiche Gehölze an Gewässern. **W:** Sommervogel, der vor allem im südlichen Asien überwintert.

Grüner Laubsänger

Grüner Laubsänger *Phylloscopus trochiloides* **K:** Ähnlich Fitis, aber mit heller Flügelbinde. Heller Überaugenstreif sehr deutlich. **L:** 11 cm. **St:** „Psi" und abfallend „tjiä". Gesang: Kurze, laute Strophen aus zwitschernden und trillernden Lauten. **B:** Laub- und Mischwälder, Parks und Gartengelände. **W:** Sommervogel, der im südlichen Asien überwintert.

Berglaubsänger
Fitis
zum Vergleich
Gelbbrauen-
Laubsänger
Nordischer Laubsänger
Grüner Laub-
sänger

Goldhähnchen-Laubsänger *Phylloscopus proregulus* **K:** Oberseits grünlicher Laubsänger mit auffallend gelblichem Bürzel, gelblichweißem Überaugenstreif und gelblichweißem Scheitelstreif. Ein solcher ist allerdings manchmal auch bei Gelbbrauen-Laubsängern undeutlich ausgebildet. Der gelbe Bürzel ist jedoch ein untrügliches Kennzeichen. **L:** Um 9 cm. **St:** Ähnlich Gelbbrauen-Laubsänger. Gesang: Eine halblaute Folge von Zwitscherlauten. **B:** Nordische Waldungen. Hält sich meist in Baumkronen auf. Nistet am Boden. **W:** Seltener Irrgast aus Asien.

Wintergoldhähnchen *Regulus regulus* **K:** Ähnlich Goldhähnchen-Laubsänger, aber ohne auffallend gelben Bürzel. Schwarzer Überaugenstreif; Scheitelstreif goldgelb, beim ♂ mit oranger Mittelzone. Juv. ohne Kopfzeichnung. Hält sich meist in den Wipfeln von Nadelbäumen auf. Rüttelt häufig vor Zweigen. **L:** 9 cm. **St:** Hohes „sisisih-sisisih-sisisiseretet“. **B:** Nadelwälder, Mischwaldungen und nadelholzreiche Parks. **W:** Teilzieher.

Wintergoldhähnchen

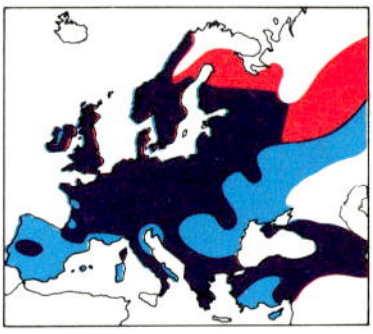

Sommergoldhähnchen *Regulus ignicapillus* **K:** Ähnlich Wintergoldhähnchen, aber mit kräftigem, weißem Überaugenstreif und schwärzlichem Augenstreif. Gelber Scheitelstreif beim ♂ in der Mitte kräftig orangerötlich, beim ♀ gelb. Juv. ähnlich Wintergoldhähnchen, aber mit hellem Überaugenstreif und dunklem Augenstreif. **L:** 9 cm. **St:** „Sri-sri“. Gesang: Hohes, anschwellendes „sisisis . . .“ mit einem betonten „sía“ endend. **B:** Nadel- und Mischwälder mit Unterholz, immergrüne Eichenwälder, Parks. **W:** Teilzieher.

Sommergoldhähnchen
überwintert in geringer Zahl in Südengland

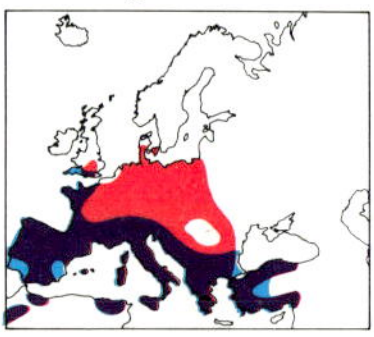

Goldhähnchen-
Laubsänger
Nest von Wintergoldhähnchen
♂
Wintergoldhähnchen
♀
juv.
Sommergoldhähnchen
♂
♀
juv.

Fliegenschnäpper (Familie Muscicapidae, Unterfamilie Muscicapinae) sind Höhlen- oder Nischenbrüter. Gelegegröße 4-9 blaue oder gefleckte Eier.

Trauerschnäpper

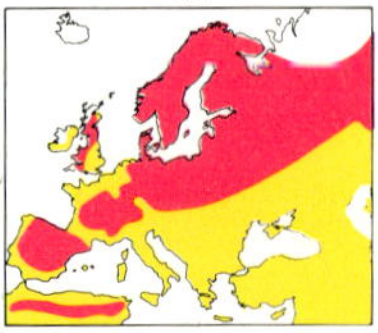

Trauerschnäpper *Ficedula hypoleuca* **K:** ♂ oberseits schwärzlich oder dunkel-graubraun mit auffallendem, weißem Flügelfleck. Stirn weiß, Unterseite weiß. ♀ ähnlich ♂, aber graubräunlicher. Juv. ähnlich ♀, aber mit dunkler Fleckung auf der Ober- und Unterseite. ♂ im Ruhekleid ähnlich ♀, aber mit weißer Stirn. **L:** Um 13 cm. **St:** Hartes „bitt". Gesang: Rhythmisches „tschitra-tschitra-tschi-schitititit". **B:** Auwälder, lichte Misch- und Laubwälder, Parks, Obstbaumgelände. **W:** Sommervogel, überwintert in Afrika.

Halsbandschnäpper

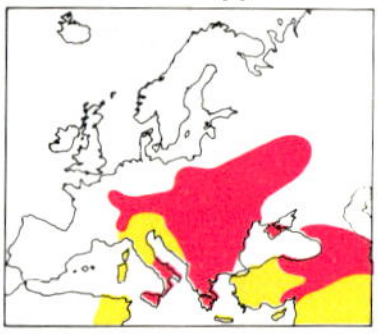

Halsbandschnäpper *Ficedula albicollis* **K:** Ähnlich Trauerschnäpper, aber ♂ im Brutkleid stets schwarz und weiß gefärbt. Durchgehendes weißes Nackenband. Hinterrücken weißlich. **L:** Um 13 cm. **St:** Durchdringendes, gedehntes „sieb", meist gereiht, und kurz „zeck". Gesang wie „sieb-sieb-siti-si-sitju-si". **B:** Obstbaumgelände, Parks, Laub- und Mischwälder. **W:** Sommervogel, überwintert in Afrika.
In Griechenland und Bulgarien lebt der ähnliche **Halbringschnäpper** (*Ficedula semitorquata*).

Zwergschnäpper

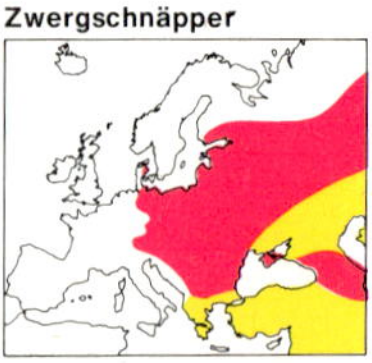

Zwergschnäpper *Ficedula parva* **K:** Oberseits graubraun mit je einem großen, auffallend weißen Fleck an den Schwanzseiten. ♂ mit grauem Oberkopf und rostfarbener Kehle. ♀ ähnlich ♂, aber oberseits brauner und Kehle rahmfarben. Einjährige ♂ ähnlich ♀. Juv. oberseits und unterseits dunkel gefleckt. **L:** Um 12 cm. **St:** „Tschick" sowie zeternd „trrrt". Gesang: Helles „tjink-tjink-tjink . . . eida-eida- . . . di-di-dü-dü-dü". Letzte Strophe an Fitis erinnernd. **B:** Laub- und Mischwälder mit reichem Unterwuchs. **W:** Sommervogel, überwintert im südlichen Asien.

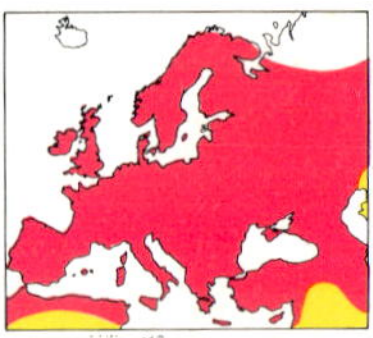

Grauschnäpper

Grauschnäpper *Muscicapa striata* **K:** Graubraun mit dunkler Strichelung auf der Brust. Juv. ähnlich ad., aber kräftig hell und dunkel gefleckt. **L:** 14 cm. **St:** Heiser „tsiet" und hart „tek-tek". Gesang: Kurze, rhythmische Wiederholung solcher Rufe. **B:** Aufgelockerte Waldungen, Auwälder, Parkgelände, Feldgehölze. **W:** Sommervogel, überwintert in Afrika.

Brauner Fliegenschnäpper *Muscicapa latirostris* **K:** Ähnlich Grauschnäpper, aber mit ungefleckter, heller Brust. Weißer Augenring. Irrgast aus Asien.

Pieper
Würger
Grasmücke
Fliegen-
schnäpper
Trauer-
schnäpper
bei der
Insekten-
jagd
♂
Halbring-
schnäpper
♀
schwanzschlagend
Halsband-
schnäpper
♂
♀
Zwergschnäpper
♂
♀
Zwergschnäpper
bei der Insektenjagd
Brauner
Fliegenschnäpper
Grauschnäpper

Drosselvögel (Unterfamilie Turdinae) kann man in mehrere kleine Gruppen unterteilen. Die Eigentlichen Drosseln, die man heute in der Gattung *Turdus* zusammenfaßt, werden in diesem Buch aus Gründen der Übersichtlichkeit gesondert behandelt. Die anderen Drosselartigen, die verschiedenen Gattungen angehören, sind hier als „Drosselvögel" zusammengefaßt. Bei den meisten Arten sind Männchen und Weibchen verschieden gefärbt, und bei einigen sind Brut- und Ruhekleider zu unterscheiden.
Steinschmätzer fallen meist durch auffallend schwarz und weiß gezeichnete Schwänze auf. Sie bewohnen vor allem felsiges Gelände. Offene Landschaften und Ödländer werden von den Wiesenschmätzern (Braun- und Schwarzkehlchen) bewohnt. Die etwa drosselgroßen Merlen leben hauptsächlich in felsigen Gebieten. Rotschwänze sind durch rostfarbene Schwänze gekennzeichnet, mit denen sie häufig zittern. Sie bewohnen Felsgelände, lichte Wälder und Siedlungen. Die übrigen Arten (z. B. Nachtigall, Rotkehlchen, Blaukehlchen, usw.) leben hauptsächlich in buschreichen Landschaften.

Steinschmätzer

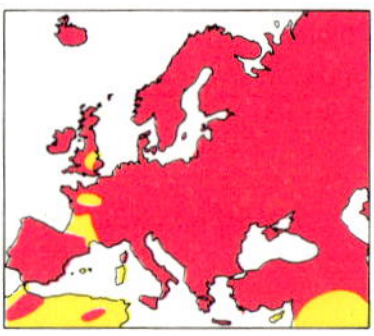

Steinschmätzer *Oenanthe oenanthe* **K:** ♂ im Brutkleid mit aschgrauer Oberseite und schwarzen Ohrdecken. Bürzel weiß, äußere Schwanzfedern in der oberen Hälfte weiß. Flügel schwärzlich. Unterseite cremefarben. ♀ weniger kontrastreich, vor allem bräunlicher. ♂ im Ruhekleid ähnlich ♀, aber Ohrdecken dunkler. Juv. ähnlich ♀, oberseits und auf der Brust dunkel „geschuppt". Knickst häufig. **L:** 15 cm. **St:** Hohes „jiw" und schnalzendes „täck-täck". Gesang: Kurzes Lied aus kratzenden und trillernden Lauten, meist etwas lerchenartig. **B:** Steiniges, offenes Gelände mit spärlicher Vegetation, Weinberge, offene Landschaften mit Steinhaufen. Nistet in Spalten und Höhlen. **W:** Sommervogel, überwintert hauptsächlich in Afrika.

Isabellsteinschmätzer

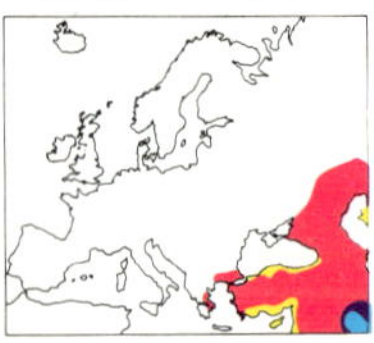

Isabellsteinschmätzer *Oenanthe isabellina* **K:** Ähnlich Steinschmätzerweibchen, aber größer und überwiegend sandfarben, auch Ränder der Schwungfedern. ♀ dem ♂ sehr ähnlich. Juv. ähnlich juv. Steinschmätzer. **L:** 16 cm. **St:** Pfeifendes „wuit". Gesang aus gepreßten und flötenden Tönen. **B:** Offenes, steppenartiges Gelände, steiniges und sandiges Gelände. Nistet hauptsächlich in Erdhöhlen (z. B. von Zieseln). **W:** Sommervogel, überwintert in Afrika und im südlichen Asien.

Bachstelze
Pieper
Braunkehlchen
Steinschmätzer
Steinschmätzer
Brutkleid
♀
juv.
Isabellsteinschmätzer
Stein-
schmätzer
Ruhekleid
♂

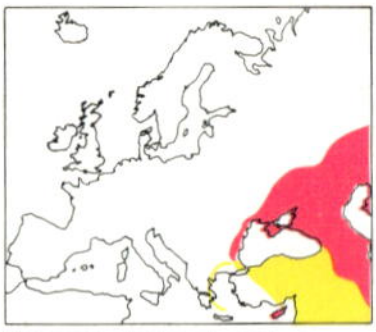

Nonnensteinschmätzer

Nonnensteinschmätzer *Oenanthe pleschanka* **K:** ♂ im Brutkleid mit schwarzer Kehle und Vorderbrust sowie schwarzem Rücken und schwarzen Flügeln. Oberkopf und Nacken grauweiß. ♀ ähnlich Steinschmätzer-♀. ♂ im Ruhekleid bräunlicher. **L:** Um 14 cm. **St:** Rauhes „tschäck". Gesang: Eine kurze, lerchenähnliche Strophe mit gepreßten und pfeifenden Lauten. **B:** Steppenartiges Gelände, steinige Landschaften. **W:** Sommervogel, überwintert in Nordostafrika.

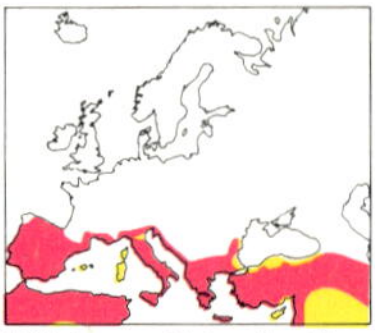

Mittelmeer-Steinschmätzer

Mittelmeer-Steinschmätzer *Oenanthe hispanica* **K:** ♂ der schwarzkehligen Phase mit schwarzer Zone von der Kehle bis in die Ohrgegend. Oberkopf und Rücken im Brutkleid weißlich. Äußere Schwanzfedern bis nahezu zur Spitze weiß. Im Ruhekleid helle Partien rötlich-sandfarben, schwarze rostfarben geschuppt. ♂ der weißkehligen Phase ähnlich, Kehle weiß. ♀ ähnlich ♂ im Ruhekleid, mit graubraunen Ohrdecken. Juv. „geschuppt". Knickst selten, zuckt häufig seitwärts mit den Flügeln. **L:** 14 cm. **St:** Pfeifendes „jih" und rauhes „tschärr". Gesang: Kurze, lerchenartige Strophe. **B:** Steiniges Gelände mit schütterer Vegetation, Kulturland mit Legmauern, halbwüstenartiges Gelände. **W:** Sommervogel, überwintert in Afrika.

Felsensteinschmätzer

Felsensteinschmätzer *Oenanthe finschi* **K:** Ähnlich Mittelmeer-Steinschmätzer, aber mit grauerem Rücken und ausgedehnter schwarzer Kehle. **B:** Wüstenartiges Gelände im Kaukasus.

Rotbürzelsteinschmätzer

Rotbürzelsteinschmätzer *Oenanthe xanthoprymna* **K:** Rostroter Bürzel. **B:** Felsige Landschaften vom Kaspi-See an ostwärts.

Wüstensteinschmätzer

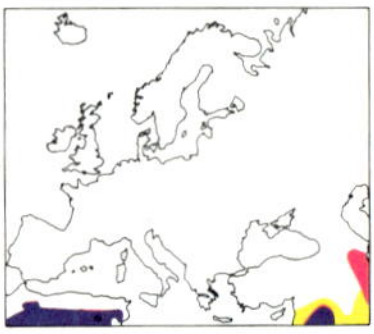

Wüstensteinschmätzer *Oenanthe deserti* **K:** *Ähnlich* Mittelmeer-Steinschmätzer, aber Schwanz ganz dunkel, ohne Weiß. Schwarze Kehle mit einer bis zum Flügelbug führenden schwärzlichen Zone. **L:** Um 14 cm. **St:** Ähnlich Mittelmeer-Steinschmätzer. **B:** Gelegentlicher Irrgast aus den Wüsten und Steppen Nordafrikas und Vorderasiens.

Trauersteinschmätzer

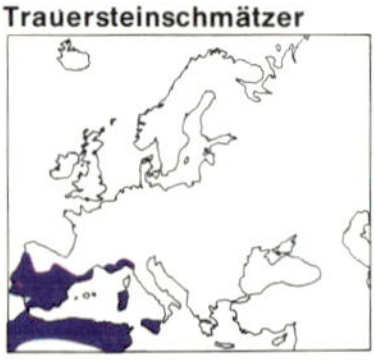

Trauersteinschmätzer *Oenanthe leucura* **K:** Überwiegend schwarz mit weißem Bürzel und großenteils weißen äußeren Schwanzfedern. ♀ bräunlicher als ♂. Juv. einfarbig rußschwarz mit weißem Bürzel. **L:** 18 cm **St:** Rauhes „tschäck", helles „krirr", sowie wiehernde Laute. Gesang melodisch, aus kratzenden und flötenden Tönen zusammengesetzt. **B:** Felswüsten, offenes Gelände mit Blockfeldern, Felsschluchten, Klippen. **W:** Jahresvogel.

♂
Nonnensteinschmätzer
♀
Mittelmeer-
Steinschmätzer
♀
♂
weißkehlige Phase
(Ruhekleid)
schwarzkehlige Phase
(Brutkleid)
♂
♀
♂
Wüsten-
steinschmätzer
Trauer-
steinschmätzer
♂
♀

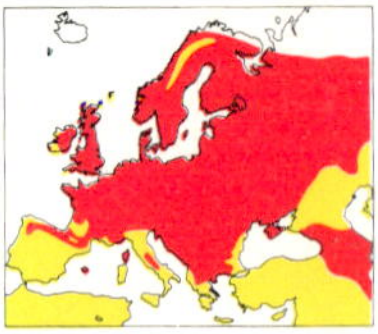

Braunkehlchen

Braunkehlchen *Saxicola rubetra* **K:** Oberseits braun, mit dunkler Längsstreifung. Äußere Schwanzfedern in der oberen Hälfte weiß. Weißlicher Überaugenstreif. Unterseite rahmfarben, beim ♂ mit rötlichbraunem Anflug auf der Brust. ♀ blasser gefärbt. Juv. ähnlich ♀, aber stärker gefleckt. **L:** 13 cm. **St:** „Jü-tick-tick". Gesang: Kurzes Lied aus kratzenden und pfeifenden Lauten. **B:** Wiesengelände, Moore, Weidelandschaften. **W:** Sommervogel, der in Afrika überwintert.

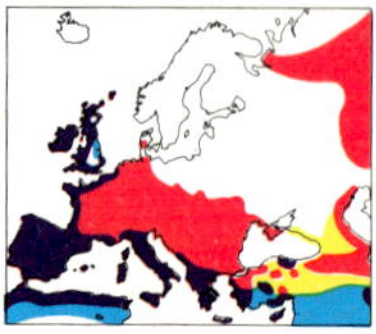

Schwarzkehlchen

Schwarzkehlchen *Saxicola torquata* **K:** ♂ mit schwarzem Kopf und schwarzer Kehle. An den Halsseiten jeweils ein weißer Fleck, Rücken dunkel, Bürzel grauweiß, Schwanz dunkel. Kropfgegend und Vorderbrust kastanienbraun. ♀ unscheinbarer gefärbt. Juv. ähnlich ♀, aber oberseits weißlich, unterseits dunkel gefleckt. **L:** Um 13 cm. **St:** Scharfes „fid-teck-teck". Gesang: Melodisches, mit kratzenden Lauten durchsetztes Geplauder, von erhöhter Warte und im Singflug. **B:** Offenes, steiniges Gelände mit einzelnen Büschen und Bäumen, Weinberge, Wiesen, Ruderalflächen. Nistet wie Braunkehlchen in einer Bodenvertiefung. **W:** Teilzieher.

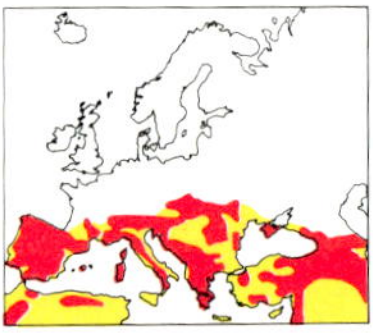

Steinrötel

Steinrötel *Monticola saxatilis* **K:** Starengroß, mit überwiegend rotbraunem Schwanz. ♂ im Brutkleid mit ziegelrotem Bauch; Kopf, Vorderrücken, Kehle und Vorderbrust blaugrau. Auf dem Hinterrücken weißer Fleck. Im Ruhekleid sind die blaugrauen Teile durch bräunliche Federränder verdeckt. ♀ ähnlich ♂ im Ruhekleid. Juv. ähnlich ♀. Häufiges Schwanzzittern wie Rotschwanz. **L:** 19 cm. **St:** Weiches „jihp" und hartes „tack", meist gereiht. Gesang laut flötend aus kurzen Strophen. Auch Singflüge. **B:** Felsiges Gelände mit Steilwänden, Blockfelder, bei Ruinen, Weinberggelände. **W:** Überwiegend Sommervogel, der in Afrika überwintert.

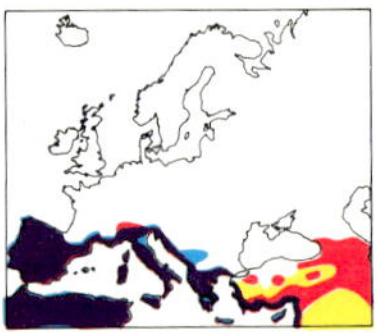

Blaumerle

Blaumerle *Monticola solitarius* **K:** Amselgroß, ♂ mit blaugrauem, an Kopf und Hals manchmal nahezu himmelblauem Gefieder. Flügel und Schwanz schwärzlich. Ruhekleid mit graubraunen Federrändern. ♀ überwiegend graubraun, mit blaugrauem Schimmer auf dem Hinterrücken. Unterseits gefleckt. Juv. ähnlich ♀. Knickst häufig, kein Schwanzzittern. **L:** 20 cm. **St:** Klagendes „jihp" und schnarrendes „schrrackrr". Gesang: Kurze, melancholische Flötenstrophen. Singt von Felszacken oder im Singflug. **B:** Ähnlich Steinrötel, aber meist nicht so hoch im Gebirge. **W:** Vorwiegend Jahresvogel.

juv.
♀
♂
Braunkehlchen
♂
Schwarzkehlchen
♀
juv.
♂
Steinrötel
♀
♂
Blaumerle
♀

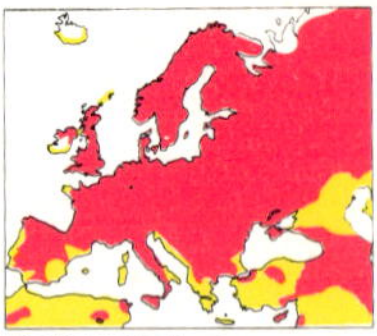

Gartenrotschwanz

Güldenstädts Rotschwanz

Gartenrotschwanz *Phoenicurus phoenicurus* **K:** ♂ im Brutkleid mit weißer Stirn und schwarzer Zone von der Kehle bis in die Ohrgegend. Kropfgegend und Vorderbrust ziegelrot, ebenso der Schwanz. Ruhekleid weniger kontrastreich. ♀ oberseits graubraun, unterseits rötlichgrau. Juv. unter- und oberseits hell und dunkel gefleckt. **L:** 14 cm. **St:** „hüit-teck-teck". Gesang variabel, beginnt mit kurzen Flötentönen, auf die ein oder mehrere kurze Triller folgen. **B:** Lichte Waldungen, Waldränder, Parks, Obstbaumgelände und Gärten. **W:** Sommervogel, überwintert in Afrika.

Güldenstädts Rotschwanz *Phoenicurus erythrogaster* **K:** Ähnlich Gartenrotschwanz, aber mit weißlich-rahmfarbenem Oberkopf, schwärzlichem Rücken und großem, weißem Flügelfleck. **L:** Knapp 18 cm. **B:** Jahresvogel vom mittleren Kaukasus bis Zentralasien.

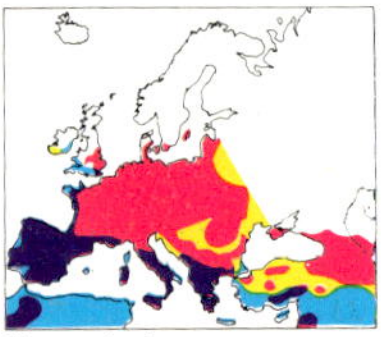

Hausrotschwanz

Hausrotschwanz *Phoenicurus ochruros* **K:** ♂ überwiegend schwarzgrau, mit dunklerer Kehle und Vorderbrust. Weißlicher „Spiegel" im Flügel. Bürzel und Schwanz ziegelrot. ♀, juv. und jüngere ♂ überwiegend graubraun. **L:** 14 cm. **St:** Hartes „hit-teck-teck". Gesang: Rauher, aber melodischer Triller, mit gepreßtem, tonlosem Kratzen. **B:** Felsige Landschaften bis ins Hochgebirge, Weinberge, in und bei Ortschaften. **W:** Teilzieher.

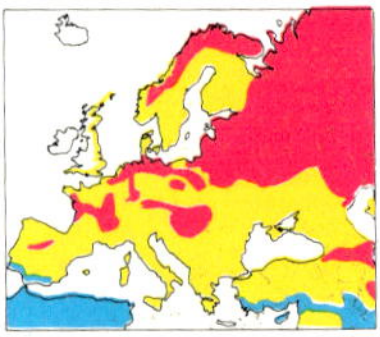

Blaukehlchen

Blaukehlchen *Luscinia svecica* **K:** ♂ im Brutkleid mit leuchtend blauer Kehle, die von einem schwarzen und einem kastanienbraunen Brustband begrenzt wird. Mitteleuropäische Rasse mit weißem, nordische mit rostfarbenem Kropffleck („Stern"). Äußere Schwanzfedern im oberen Teil rotbraun. ♀ ähnlich ♂, aber Kehle weißlich. Juv. weißlich und dunkel längsgestrichelt. **L:** 14 cm. **St:** Hartes „teck" und weiches „uit". Gesang enthält viele Imitationen anderer Vogelstimmen und Grillengezirpe. **B:** Sumpfiges Gelände, Verlandungszonen, Erlenbrüche usw. **W:** Sommervogel, überwintert in Afrika und in Südasien.

Rotkehlchen

Rotkehlchen *Erithacus rubecula* **K:** ♂ und ♀ mit gelblich-rostfarbener Stirn und ebensolcher Kehle und Vorderbrust. Juv. ober- und unterseits kräftig hell und dunkel gefleckt. **L:** 14 cm. **St:** Metallisches „Schnickern" und hohes, gedehntes „zieh". Gesang: Hohe, flötende Töne, die mit „perlenden" Strophen abwechseln. **B:** Wälder aller Art, Parks, Gärten. **W:** Teilzieher.

bei der Insekten-jagd
♂
Gartenrotschwanz
♀
Schwanz-zittern
Hausrotschwanz
♂
♀
Blaukehlchen
weißsterniges ♂
rotsterniges ♂
♀
juv.
Rotkehlchen
juv.

Blauschwanz
Brütet vermutlich in Ostfinnland

Blauschwanz *Tarsiger cyanurus* **K:** ♂ mit blauer Oberseite und orangefarbenen Flanken. Schwanz dunkelblau. Heller Überaugenstreif. ♀ oberseits graubraun mit bläulichem Bürzel und Schwanz, Flanken blaß orangefarben. Juv. ähnlich jungen Rotkehlchen. **L:** 14 cm. **St:** Schnickerndes „tick-tick". Gesang beginnt leise pfeifend und geht in drosselartige, laute Strophen über, etwa wie „titi-triliü-triliü-lililü". Singt meist von erhöhter Warte. **B:** Dichte Nadelwäder auf sumpfigem Untergrund. **W:** Sommervogel, der in Südostasien überwintert.

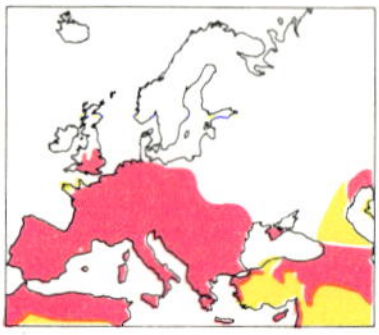

Nachtigall

Nachtigall *Luscinia megarhynchos* **K:** Oberseits einfarbig braun mit braunrotem Schwanz; unterseits bräunlich-cremefarben. Juv. ähnlich gefleckt wie junges Rotkehlchen, aber mit braunrotem Schwanz. **L:** 17 cm. **St:** Weiches „wihd" und knarrendes „krrr". Gesang laut mit schmetternden Strophen, die mit gezogenen, anschwellenden Flötentönen abwechseln. Singt bei Tag und Nacht. **B:** Auwälder, Parks mit viel Unterholz, Buschwälder Südeuropas, Verlandungszonen von Gewässern mit Gebüsch. **W:** Sommervogel, der im tropischen Afrika überwintert.

Sprosser

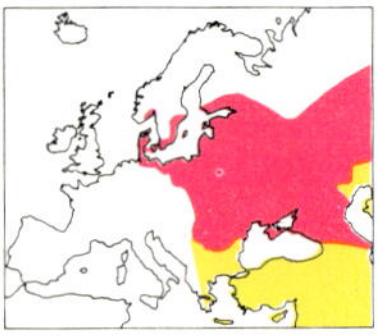

Sprosser *Luscinia luscinia* **K:** Sehr ähnlich Nachtigall, aber oberseits mehr olivbraun, mit braunerem, weniger rötlichem Schwanz. Kehle und Brust dunkel gewölkt. Juv. ähnlich jungen Nachtigallen. **L:** 17 cm. **St:** Ähnlich Nachtigall, Gesang aber ohne die anschwellenden, gezogenen Flötentöne, dafür aber mit schnurrenden Folgen. Typisch eine allmählich schneller werdende Folge aus tiefen, wie „tschucke" klingenden Lauten. **B:** Ähnlich Nachtigall. **W:** Sommervogel, der in Ostafrika überwintert.

Weißkehlsänger

Weißkehlsänger *Irania gutturalis* **K:** ♂ oberseits dunkelgrau. Kehle weiß, heller Überaugenstreif. Übrige Unterseite rötlichbraun. ♀ blasser. **L:** 16 cm. **B:** Buschreiches Felsgelände im Kaukasus.

Rubinkehlchen

Rubinkehlchen *Luscinia calliope* **K:** Olivbräunlicher, nachtigallähnlicher Vogel mit dunklem Schwanz, auffallendem, weißem Überaugenstreif und weißlichem Bartstreif. ♂ mit rubinroter, schwarzgesäumter Kehle. ♀ mit weißlicher Kehle. Juv. ähnlich junger Nachtigall, aber mit dunklem Schwanz. Heller Überaugenstreif. **L:** 14 cm. **St:** Gesang laut und wohlklingend aus trillernden und flötenden Strophen. **B:** Sumpfige Nadelwälder mit viel Unterholz. **W:** Sommervogel, der im südlichen Asien überwintert.

♀
♂
Blauschwanz
juv.
Nachtigall
2
5
6
Nachtigall
Sprosser
Sprosser
2
4
♀
♂
Rubinkehlchen

Die Eigentlichen Drosseln bilden eine ziemlich einheitliche Gruppe innerhalb der Unterfamilie Trudinae, weshalb man sie fast alle in der Gattung *Turdus* zusammenfaßt. Sie suchen ihre Nahrung hauptsächlich auf dem Boden, und ihre Fortbewegungsweise ist ein Mittelding zwischen Hüpfen und Rennen. Die meisten Arten sind Nachtzieher. Sie bauen offene Nester auf Bäumen, im Gebüsch oder auf dem Boden. Gelegegröße 3-6 gefleckte Eier.

Grauwangendrossel *Turdus minimus* **K:** Kleine, graubraune Drossel mit grauen Wangen und undeutlichem, hellem Augenring.. Seltener Irrgast aus Nordamerika.

Zwergdrossel *Turdus ustulatus* **K:** Ähnlich einer kleinen Singdrossel mit rahmfarbenem Augenring und gelbbräunlichen Wangen und Kehle. **L:** 18 cm. Seltener Irrgast aus Nordamerika.

Einsiedlerdrossel *Turdus guttatus* **K:** Ähnlich Singdrossel, aber kleiner, mit rostrotem Bürzel und Schwanz. Seltener Irrgast aus Nordamerika (nicht abgebildet).

Weißbrauendrossel *Turdus obscurus* **K:** ♂ mit grauem Kopf, Hals, Nacken und Kropf. Kehle weiß. Auffallender, weißer Überaugenstreif. Brust, Seiten und Flanken orangegelblich. Übrige Oberseite olivbraun. ♀ blasser gefärbt. **L:** 19 cm. **St:** Ähnlich Singdrossel. Seltener Irrgast aus Asien.

Rostflügeldrossel *Turdus naumanni eunomus* **K:** Altvögel mit weißem Überaugenstreif, weißer Kehle und aus schwärzlichen Flecken bestehendem Kropfband. Flügel überwiegend kastanienbraun. Auf dem Bürzel rostbraune Flecke; Flügelunterseite rostbraun. **L:** 23 cm. **St:** Ähnlich Wacholderdrossel. Seltener Irrgast aus Asien.

Naumannsdrossel *Turdus naumanni naumanni* **K:** So groß wie Rostflügeldrossel mit kastanienbrauner Vorderbrust und Kropfgegend. An den Flanken rostbraune Längsfleckung. Schwanz kastanienbraun. Überaugenstreif wenig auffallend. ♀ blasser gefärbt, mit kräftiger gefleckter Brust. **St:** Ähnlich Wacholderdrossel. Seltener Irrgast aus Asien.

Würger
Feldlerche
Star
Drossel
Grauwangendrossel
Zwergdrossel
♀
♂
Weißbrauendrossel
Rostflügeldrossel
♂
♀
Naumannsdrossel

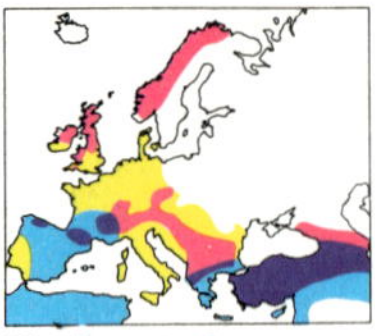

Ringdrossel

Ringdrossel *Turdus torquatus* **K:** ♂ überwiegend schwärzlich mit breitem, weißem Kropfband. ♀ bräunlicher. Juv. unterseits dunkel quergewellt mit heller Kehle. **L:** 24 cm. **St:** Hölzernes „tocktocktock . . .". Gesang ähnlich Singdrossel, aber rauher mit wie „trü-trü-trü"-klingenden Strophen. **B:** Aufgelockerte Nadelwälder im Gebirge, vielfach nahe bzw. über der Baumgrenze. Auf dem Zuge auch in anderen Biotopen. **W:** Teilzieher.

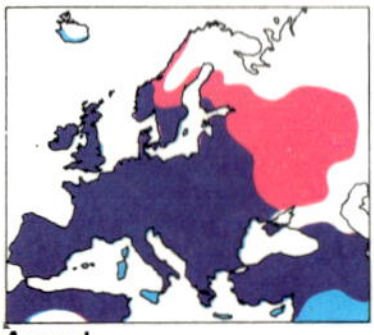

Amsel

Amsel *Turdus merula* **K:** ♂ rußschwarz mit leuchtend orangegelbem Nchnabel und ebensolchem Augenring. ♀ braun mit hornfarbenem Schnabel. Es gibt auch fast einfarbige, sehr dunkle ♀ mit schmutzig gelb-orangem Schnabel. Juv. unterseits hell und dunkel geschuppt, oberseits mit hellen Längsstricheln und bräunlichen Federsäumen. **L:** 25 cm. **St:** Hartes „tack-tack . . .", hohes „srih" und gellendes „dix-dix-dix". Gesang besteht aus getragenen, flötenden Strophen, die mit kurzen, schrillen Lauten abwechseln. **B:** Wälder aller Art, Parks, Feldgehölze, Gärten in und bei Ortschaften. **W:** Teilzieher; Stadtpopulationen meist Jahresvögel.

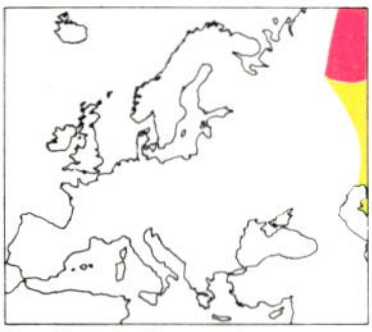

Bechsteindrossel

Bechsteindrossel *Turdus ruficollis* **K:** ♂ mit schwarzem Gesicht, schwarzer Kehle und schwarzer Brust. ♀ mit weißlicher Unterseite; Kehle und Brust dicht schwarz gefleckt und gestreift. Flügelunterseite rostbräunlich. Bei der östlichen Unterart ist das Schwarz an Kehle und Vorderbrust durch Ziegelrot ersetzt. Man unterschied daher früher zwei Arten: Schwarzkehldrossel und Rotkehldrossel. **L:** Um 24 cm. **St:** Ähnlich Amsel. **B:** Wälder aller Art bis hinauf zur Baumgrenze. **W:** Teilzieher.

Sibirische Drossel *Turdus sibiricus* **K:** ♂ überwiegend schieferschwarz mit auffallendem weißen Überaugenstreif. Äußere Schwanzfedern mit weißen Spitzen. ♀ oberseits olivbraun, unterseits kräftig gefleckt. Deutlicher Überaugenstreif. **L:** 23 cm. **St:** Ähnlich Amsel. **B:** Wälder mit dichtem Unterholz, mit Vorliebe in Gewässernähe. Irrgast aus Sibirien.

Wanderdrossel *Turdus migratorius* **K:** Brust ausgedehnt ziegelrot, Kehle weiß mit schwarzer Strichelung. Oberseite dunkelgrau, weißer Augenring. ♀ etwas blasser. Junge auf der Brust dunkel gefleckt. **L:** Um 25 cm. **St** und **B:** Ähnlich Amsel. **W:** Seltener Irrgast aus Nordamerika.

♂
♀
Ringdrossel
juv.
♂
♀
Amsel
juv.
Bechstein-
drossel
♂
♀
rotkehlige
Rasse
♀
♂
Sibirische Drossel
Wanderdrossel

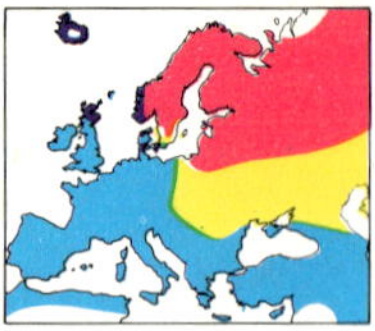
Rotdrossel

Rotdrossel *Turdus iliacus* **K:** Ähnlich Singdrossel, aber kleiner, mit deutlichem weißen Überaugenstreif. Flanken kastanienbraun. Helle Unterseite dunkel längsgestreift. Unterflügel auffallend kastanienbraun. **L:** 21 cm. **St:** Gedehntes, dünnes „zieh", vor allem von nachts ziehenden Vögeln zu hören. Gesang sehr variabel, besteht meist aus 4–6, mehr oder weniger abfallenden Flötentönen, denen ein halblautes Zwitschern folgt. **B:** Wälder, Parks, Gärten sowie in Ortschaften. **W:** Teilzieher.

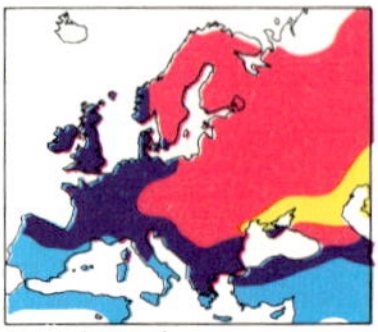
Singdrossel

Singdrossel *Turdus philomelos* **K:** Oberseits olivbraune Drossel, Unterseite weißlich, Kropfgegend etwas gelblich verwaschen mit schwärzlicher Tropfenfleckung. Unterflügel ockerfarben. **L:** 23 cm. **St:** Weich „zipp". Gesang laut, eine rhythmische Wiederholung von Flötenpfiffen und zwitschernden Lauten. **B:** Wälder aller Art, Parks, Feldgehölze, Gartengelände. **W:** Teilzieher.

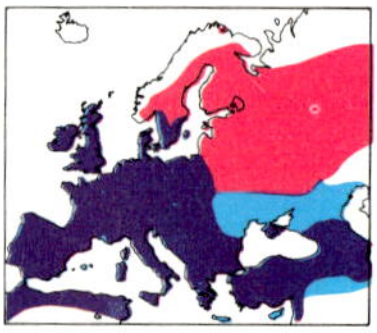
Misteldrossel

Misteldrossel *Turdus viscivorus* **K:** Ähnlich Singdrossel, aber größer, mit grauerer Oberseite und weißen Spitzen der äußeren Schwanzfedern. Unterseite weißlich mit grober schwarzer Fleckung. Unterflügel weiß. Juv. oberseits hell gefleckt. **L:** 27 cm. **St:** Lautes Schnarren wie „schnärrr". Gesang kurz, fanfarenartig, aus melodischen Flötentönen, die nahezu auf der gleichen Tonhöhe bleiben. **B:** Wälder aller Art, gebietsweise auch in Parks und Gärten. **W:** Teilzieher.

Wacholderdrossel
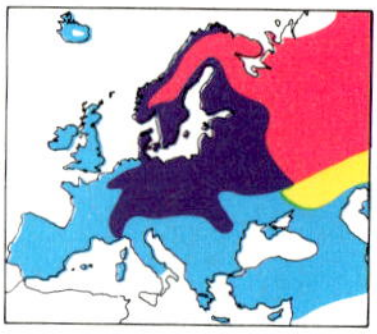

Wacholderdrossel *Turdus pilaris* **K:** Kopf und Nacken bläulich-aschgrau, Bürzel hellgrau. Rücken kastanienbraun. Brust rostgelb mit schwärzlicher Längsstreifung. Undeutlicher heller Überaugenstreif. **L:** Um 25 cm. **St:** Rauhes Schackern und weiches „zieh". Gesang: Gepreßtes Zwitschern, meist im Flug geäußert. **B:** Waldränder, Parks, Obstbaumgelände, Feldgehölze und Auwälder. Manchmal in Gärten. Brütet vielfach in lockeren Kolonien. **W:** Teilzieher.

Erddrossel
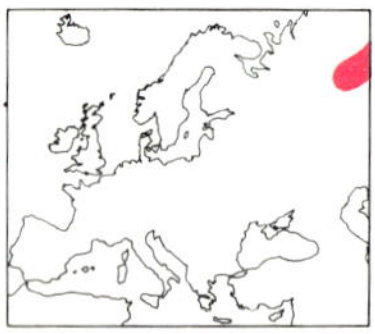

Erddrossel *Zoothera dauma* **K:** Größer als Misteldrossel; oberseits goldbraun mit dunkler Fleckung. Unterseite weißlich, dicht mit schwärzlichen, halbmondförmigen Flecken gezeichnet. Kehle hell. Unterflügel schwärzlich mit breitem, weißem Längsstreif in der Mitte. **L:** Um 27 cm. **St:** Gezogenes „sih". Gesang: Melancholischer, flötender Doppelruf. Irrgast aus Asien.

Rotdrossel
Singdrossel
Singdrossel an der „Schnecken-Schmiede“
Wacholder-drossel-Schwarm
Misteldrossel
Wacholder-drossel
Erddrossel

Meisen (Familie Paridae) sind kleine, kurzschnäblige Vögel, die geschickt im Gezweig umherklettern. Einige haben charakteristische Gefiedermerkmale, andere sind mehr oder weniger einfarbig mit dunklen Kopfplatten. Die Geschlechter ähneln sich sehr, und die Jungvögel sehen den Altvögeln ähnlich, sind aber etwas blasser. Außerhalb der Brutzeit streifen sie oft in Trupps umher, nicht selten mit Kleibern oder Goldhähnchen vergesellschaftet. Alle Arten sind Höhlenbrüter und nehmen künstliche Nistkästen meist recht gerne an. Im Winter kann man sie an Futterstellen antreffen. Das Gelege besteht aus 5–16 weißen, rötlichbraun punktierten Eiern.

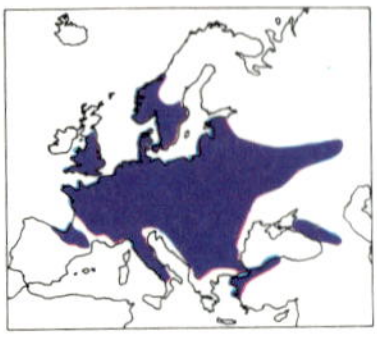
Sumpfmeise

Sumpfmeise *Parus palustris* **K:** Kleine, graubraune Meise mit glänzend-schwarzem Oberkopf und schwarzem Kinnfleck. Keine helle Zone im Flügel. Juv. mit mattschwarzem Oberkopf. **L:** Knapp 12 cm. **St:** Scharfes „zipjä" und zeterndes „zjädädädädädäd". Gesang: Klapperndes „tjiptjiptjiptjip . . .". **B:** Laub- und Mischwälder, Parks, Obstbaumgelände, Auwälder. **W:** Vorwiegend Jahresvogel.

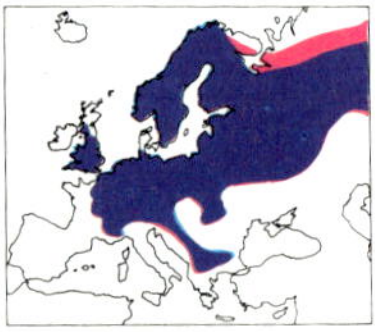
Weidenmeise

Weidenmeise *Parus montanus* **K:** Sehr ähnlich Sumpfmeise, aber mit mattschwarzer Kopfkappe. Wangen meist leuchtender weiß. Schwarz des Oberkopfs dehnt sich noch weiter auf den Nacken aus. Schwarzer Kehlfleck größer. Im Flügel eine hellere Zone. Schwanz leicht gestuft. **L:** Knapp 12 cm. **St:** Durch leises „si-si- . . ." eingeleitetes, gedehntes „däh-däh- . . .". Gesang: Eine aus gezogenen, flötenden „züih"-Rufen bestehende Reihe. Außerdem halblautes Geplauder. Die alpine Unterart („Alpenmeise") äußert weich flötend klingende Reihen, die sehr an das anschwellende „Schluchzen" der Nachtigall erinnern. **B:** Sumpf- und Auwälder, feuchte Nadel- und Mischwälder, subalpine Bergwälder. **W:** Jahresvogel.

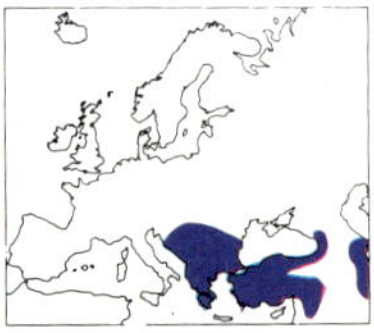
Trauermeise

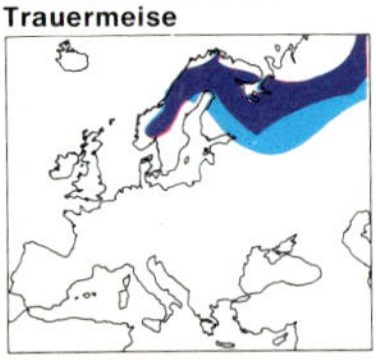
Lapplandmeise

Trauermeise *Parus lugubris* **K:** Ähnlich Weidenmeise, aber mit großem, schwarzem Brustlatz. Keine helle Zone im Flügel. **L:** 14 cm. **St:** „Sirrah", sonst kohlmeisenartige Laute. **B:** Lockere Mischwälder, Gärten und felsiges Gelände mit einzelnen Bäumen. **W:** Jahresvogel.

Lapplandmeise *Parus cinctus* **K:** Ähnlich Trauermeise, aber mit dunkelbraunem Oberkopf und großem, schwarzbraunem Brustlatz. Flanken rostfarben getönt. **L:** Um 14 cm. **St:** Ähnlich Weidenmeise. **B:** Wälder des Nordens. **W:** Meist Jahresvogel.

Fliegenschnäpper
Fink
Grasmücke
Meise
Sumpf-, Kohl- und Blaumeise am Futterbrett
Kohlmeise am Nistkasten
Sumpfmeise
Weidenmeise
Skandinavische Rasse der Weidenmeise
Trauermeise
Lappland-meise

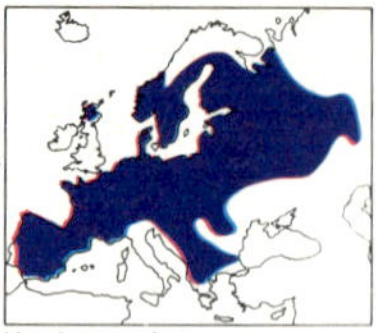

Haubenmeise

Haubenmeise *Parus cristatus* **K:** Überwiegend graubraune Meise mit schwarzem Brustlatz und hell und dunkel gefleckter, spitzer Haube. **L:** Knapp 12 cm. **St:** „Sisi-gürr-gürr". Gesang: Halblautes Zwitschern und Trillern. **B:** Nadel- und Mischwälder, im Süden auch Korkeichenwälder. **W:** Überwiegend Jahresvogel.

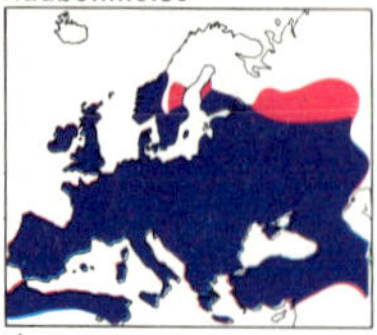

Blaumeise

Blaumeise *Parus caeruleus* **K:** Kleine Meise mit weißer Stirn, hellblauer Kopfplatte, überwiegend gelber Unterseite, blauen Flügeln und blauem Schwanz. **L:** Knapp 12 cm. **St:** Leises „sit" und zeterndes „zörrettetet". Gesang: Schwirrendes „zisisi-tirrr", auch kohlmeisenartige Laute. **B:** Gärten, Obstbaumgelände, Parks, Wälder aller Art, in und bei Siedlungen. **W:** Teilzieher, im Süden Jahresvogel.

Lasurmeise

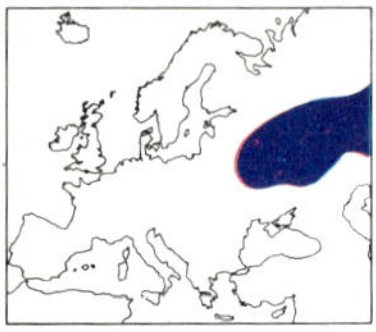

Lasurmeise *Parus cyanus* **K:** Ähnlich Blaumeise, aber mit weißem Oberkopf und völlig weißer Unterseite. Äußere Schwanzfedern weiß gesäumt. **L:** Knapp 14 cm. **St:** „Tschrr" und „tschrrtink". Gesang trillernd. **B:** Birkenwälder, Laubholzbestände in Gewässernähe. **W:** Jahresvogel und Teilzieher.

Tannenmeise

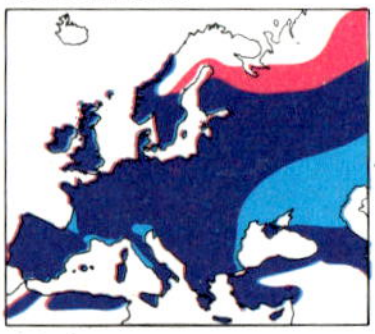

Tannenmeise *Parus ater* **K:** Kleine, oberseits graue Meise mit großem, weißem Nackenfleck. Schwarzer Brustlatz, übrige Unterseite graubraun. Juv. mit gelblich überhauchter Unterseite. **L:** Knapp 11 cm. **St:** Hoch „sisi". Gesang: Rhythmisches „wíze-wíze-wíze-. . .". **B:** Nadel- und Mischwälder, Parks mit Nadelholzgruppen. **W:** Überwiegend Jahresvogel, im Norden Teilzieher.

Kohlmeise

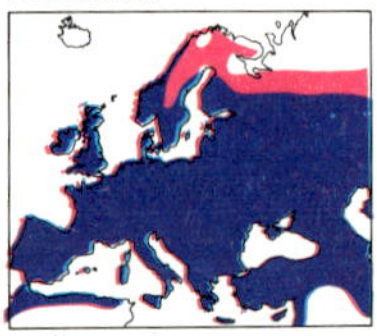

Kohlmeise *Parus major* **K:** Häufigste Meise. ♂ mit schwarzem Kopf, weißen Wangen und schwarzem Brustlatz, der sich als schwarzes Längsband über die Unterseite bis zu den Unterschwanzdecken zieht. Übrige Unterseite gelb. ♀ mit schwächerem Längsband auf der Unterseite. **L:** 14 cm. **St:** Buchfinkenähnliches „pink" und zeternde Laute. Gesang: Helles „zizidä-zizidä-. . .", mehrfach variiert. **B:** Ähnlich Blaumeise. **W:** Teilzieher, im Süden Jahresvogel.

am Brutplatz
in Baumstumpf
Haubenmeise
Blaumeise
Lasurmeise
Tannenmeise
Kohlmeise

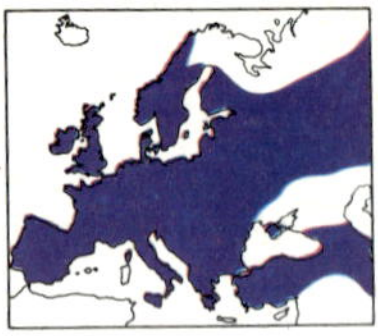

Schwanzmeise

Schwanzmeisen (Familie Aegithalidae)

sind kleine, meisenähnliche Vögel mit sehr langen Schwänzen. Bauen eiförmige Freinester mit seitlichem Einschlupf im dichten Gezweig.

Schwanzmeise *Aegithalos caudatus* **K:** Meisenähnlich mit auffallend langem Schwanz. Kopf mit breitem, dunklem Überaugenstreif oder ganz weiß. **L:** 14 cm, davon entfallen ca. 8 cm auf den Schwanz. **St:** Feines „sisisi" und gepreßtes „tschrrr". **B:** Misch- und Laubwälder, Parks, Gärten, Feldgehölze, Auwald. **W:** Teilzieher.

Timalien (Familie Muscicapidae, Unterfamilie Timaliinae)

sind eine uneinheitliche Gruppe. In Europa kommt nur eine Art, die Bartmeise, vor. Diese ist meisenähnlich mit langem Schwanz und baut offene Nester auf umgebrochenem Schilf. Gelegegröße: 5–7 Eier. Wird heute von manchen Ornithologen zu den Papageischnabelmeisen (Paradoxornithidae) gerechnet.

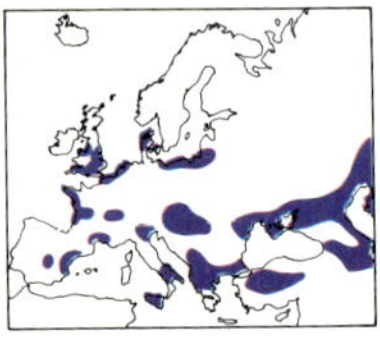

Bartmeise
Lokal Brutvogel
in Süddeutschland

Bartmeise *Panurus biarmicus* **K:** Meisenähnlicher, langschwänziger Vogel; ♂ mit kräftigem, schwarzem Bartstreif, Kopf hellgrau. Unterschwanzdecken schwarz. ♀ ohne Bartstreif mit braunem Kopf. Unterschwanzdecken bräunlich. Juv. ähnlich ♀, mit dunkler Rückenzeichnung. **L:** 16 cm. **St:** Nasales „djing-djing", scharfes „ziß" und schnurrendes „tschirr". Gesang: Ein leises Gezwitscher aus diesen Lauten. **B:** Ausgedehnte Röhrichtbestände an Gewässern, Schilfwälder in Sümpfen. **W:** Teilzieher.

Beutelmeisen (Familie Remizidae)

sind kleine, meisenähnliche Vögel mit schwarzen Gesichtsmasken. Geschlechter ähnlich; bauen Hängenester aus Wolle und ähnlichen Stoffen mit Einschlupfröhre. Die Nester werden meist an den äußersten Spitzen von Zweigen aufgehängt. Gelegegröße: 6–8 Eier.

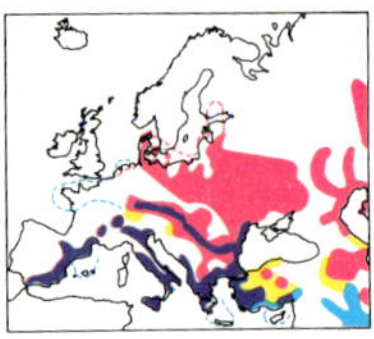

Beutelmeise
Brütet lokal auch in
Zentralspanien

Beutelmeise *Remiz pendulinus* **K:** Altvögel mit aschgrauem Kopf und Nacken und schwarzer Gesichtsmaske. Vorderrücken kastanienbraun. Klettert nach Meisenart im Gezweig umher. Juv. bräunlicher, ohne schwarze Gesichtsmaske. **L:** Knapp 11 cm. **St:** Hohes, gedehntes „siüh". Gesang: Halblautes Gezwitscher. **B:** Auwälder, Sumpflandschaften mit Gebüsch, Weidendickichte an Gewässern. **W:** Teilzieher.

Schwanzmeise
streifenköpfig
weißköpfig
Nest
Bartmeise
♂
♀
juv.
Nest
juv.
Beutelmeise
Nest

Kleiber (Familie Sittidae) sind kurzschwänzige Klettervögel mit kräftigen, fast spechtartigen Schnäbeln. Sie können an Baumstämmen auf- und abwärts klettern. Es sind Höhlenbrüter, die den Eingang zur Bruthöhle meist durch Bekleben mit Lehm o. ä. verengen. Gelegegröße: 5–7 weißliche Eier mit rötlichen Punkten.

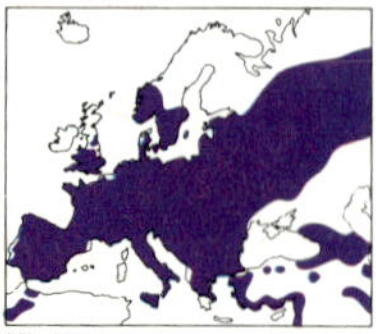

Kleiber

Kleiber *Sitta europaea* **K:** Oberseits graublau, kräftiger schwarzer Augenstreif, weißliche Kehle. Flanken kastanienbraun. Unterseite rahmfarben oder weißlich. Spitzen der äußeren Schwanzfedern weiß. **L:** 14 cm. **St:** Metallisches „tuit-tuit-tuit . . .“ und meisenähnliches „tsit“. Gesang: Trillerndes „trürrr“ und pfeifendes „wíhe-wíhe-. . .“. **B:** Wälder aller Art mit alten Bäumen, Parks, Obstgärten. Verengt den Einschlupf zur Nisthöhle mit Lehm. **W:** Überwiegend Jahresvogel.

Korsischer Kleiber
Jahresvogel auf Korsika!

Korsischer Kleiber *Sitta whiteheadi* **K:** Ähnlich Kleiber, aber kleiner mit schwarzem Oberkopf und weißem Überaugenstreif. ♀ und juv. etwas blasser. **L:** Um 12 cm. **St:** Ähnlich Kleiber, aber feiner und nasaler. **B:** Bergwälder Korsikas. Zimmert seine Nisthöhle selbst **W:** Jahresvogel auf Korsika.

Felsenkleiber

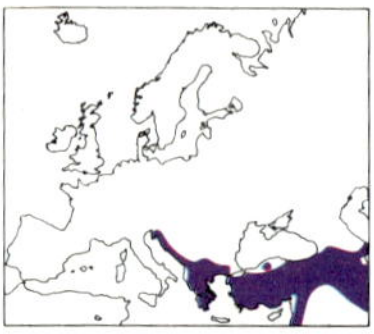

Felsenkleiber *Sitta neumayer* **K:** Ähnlich Kleiber, aber blasser. Flanken bräunlichgelb. Schwanz grau, ohne weiße Abzeichen. **L:** 14 cm. **St:** Ähnlich Kleiber, aber schriller. Gesang an Heidelerche erinnerndes, abfallendes „tlüitlüitlüi . . .“. **B:** Felsiges Gelände mit Schluchten, hohen Wänden und Blockfeldern. Baut aus Lehm relativ großes, flaschenförmiges Nest mit kurzer Einschlupfröhre in Felsnischen. **W:** Vorwiegend Jahresvogel.

Türkenkleiber *Sitta krueperi* **K:** Ähnlich Korsischer Kleiber, aber mit rotbraunem Brustfleck. **B:** Koniferenwälder Kleinasiens und Südost-Griechenlands (Mytilene).

Türkenkleiber

Meise
Specht
Baumläufer
Kleiber
skandinavische Rasse
Kleiber
Nisthöhle
vom
Kleiber
Korsischer Kleiber
Felsenkleiber

Mauerläufer (Familie Sittidae, Unterfamilie Tichodromadinae) sind Felsbewohner mit langen, leicht abwärts gebogenen Schnäbeln. Gelege 4–5 weißliche, rotbraun gepunktete Eier.

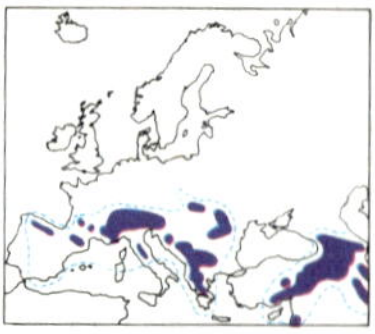
Mauerläufer

Mauerläufer *Tichodroma muraria* **K:** Handschwingen mit rundlichen, weißen Flecken. Flügeldecken leuchtend rot. Flug schmetterlingsartig. Im Brutkleid mit schwarzer, im Ruhekleid mit weißlicher Kehle. Klettert mit zuckenden Flügeln an Felswänden und Mauern. **L:** Knapp 17 cm. **St:** Pfeifendes „tiü". Gesang: Wohltönende Folge wie „sisisisüi". **B:** Felsige Regionen der Hochgebirge, im Winter auch in tieferen Lagen an Felsen und Mauern. Nistet in Felsspalten. **W:** Teilzieher.

Baumläufer (Familie Certhiidae) sind kleine, kurzbeinige Klettervögel mit pfriemenförmigen Schnäbeln. Sie „rutschen" meist spiralig an Baumstämmen in die Höhe und suchen in Rindenspalten nach Nahrung. Ihr Nest bauen sie in Rinde oder in Spalten, hie und da auch in Nistkästen mit schlitzförmigem Eingang. Die 5–7 Eier sind weiß mit rötlichen Punkten.

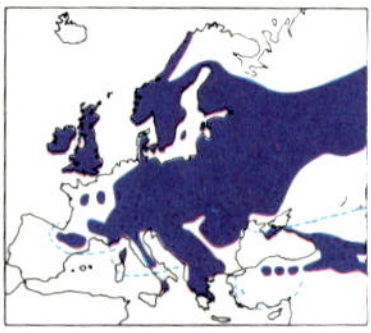
Waldbaumläufer

Waldbaumläufer *Certhia familiaris* **K:** Oberseits braun mit weißlicher Längsfleckung, heller Überaugenstreif. Unterseite völlig weiß. **L:** Um 13 cm. **St:** Dünnes „srih". Gesang blaumeisenähnlich mit abfallenden Pfeiftönen eingeleitet und mit einem Triller endend. **B:** Wälder aller Art, vor allem im Gebirge. Gelegentlich auch in Parks. **W:** Überwiegend Jahresvogel.

Gartenbaumläufer
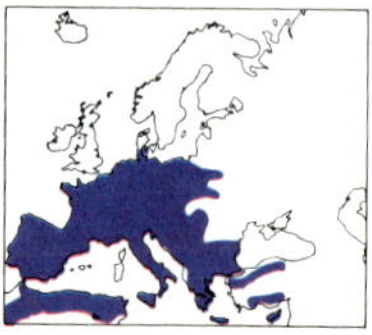

Gartenbaumläufer *Certhia brachydactyla* **K:** Sehr ähnlich Waldbaumläufer, aber mit mehr oder weniger graubraun verwaschenen Flanken und meist dunklerer Oberseite. Kralle der Hinterzehe kürzer. **L:** Um 13 cm. **St:** Hartes „tit". Gesang: Ein abgehacktes „titt-didelitdit". **B:** Gartengelände, Parks, Auwälder, Feldgehölze, lichte Waldungen in tieferen Lagen, Korkeichenwälder. **W:** Überwiegend Jahresvogel.

Mauerläufer

Waldbaumläufer

Gartenbaumläufer

Baumläufer bei der Nahrungssuche

Webervögel (Familie Ploceidae) sind kleinere, dickschnäblige, finkenartige Vögel, zu denen in Europa die Sperlinge und der Schneefink gehören.

Haussperling

Haussperling („Spatz") *Passer domesticus* **K:** ♂ mit grauem Oberkopf, kastanienbraunem Nacken und schwarzer Kehle. Wangen grauweiß. Weiße Flügelbinde. ♀ und juv. ohne schwarze Kehle, oben braun, dunkel längsgefleckt, Unterseite hellgraubraun. **L:** Um 15 cm. **St:** Charakteristisches „schilp-schilp . . ." sowie zeternde Laute. **B:** Ortschaften, Kulturland, offenes Gelände mit einzelnen Bäumen oder Baumgruppen. Im Süden auch in felsigen Landschaften. **W:** Jahresvogel.
Die in Italien lebende Unterart des Haussperlings, der Italiensperling (*Passer domesticus italiae*) ist im männlichen Geschlecht durch schokoladenbraunen Scheitel und weißere Wangen gekennzeichnet.

Weidensperling
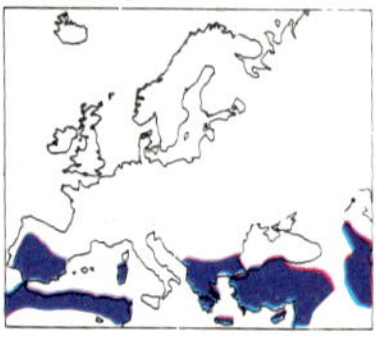

Weidensperling *Passer hispaniolensis* **K:** Ähnlich Italiensperling, aber mit wesentlich weiter ausgedehntem schwarzem Brustlatz und schwarzer Längsfleckung an den Flanken. ♀ ähnlich Haussperling-♀, aber mit verwaschener, dunkler Längsfleckung an den Flanken. **L:** Um 15 cm. **St:** Ähnlich Haussperling. **B:** Offenes Gelände mit Buschgruppen und einzelnen Bäumen, Uferdickichte. Baumreihen an Landstraßen. **W:** Jahresvogel.

Feldsperling
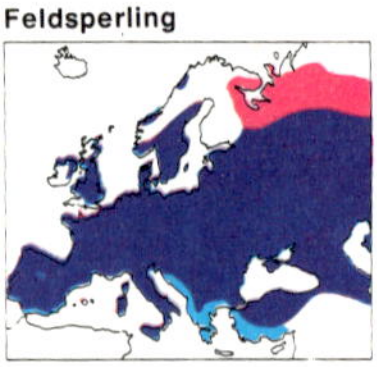

Feldsperling *Passer montanus* **K:** Geschlechter gleichgefärbt, Oberkopf schokoladenbraun, Wangen weiß mit schwarzem Fleck in der Ohrgegend. **L:** Um 14 cm. **St:** Hart „zep-zep", klangvoll „huik" sowie zeternde und schilpende Laute. Gesang: Abwechslungsreiches Geschwätz aus diesen Lauten. **B:** Ähnlich Haussperling, bevorzugt aber Feldgehölze, Gärten, Parks, Obstbaumgelände und Auwälder. **W:** Teilzieher.

Steinsperling
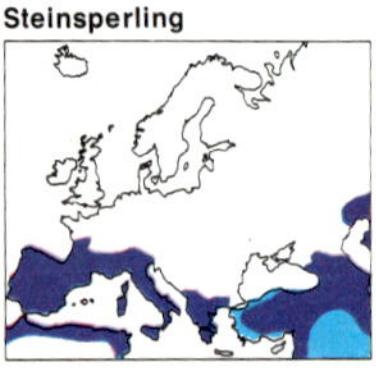

Steinsperling *Petronia petronia* **K:** Ähnlich Haussperling-♀, aber mit kräftigerem Schnabel und deutlicher Kopfstreifung. Spitzen der Schwanzfedern mit weißen Flecken. Altvögel mit wenig auffallendem, gelblichem Fleck in der Kropfgegend. **L:** Um 14 cm. **St:** Quäkendes „wäih" sowie haussperlingsähnliches Zetern. Gesang: Rhythmische Wiederholung des quäkenden Rufs in verschiedener Modulation. **B:** Felsiges Gelände, Ruinen und alte Bauwerke in offenen Landschaften, bei Sandgruben, Trockentälern und Steilufern. **W:** Jahresvogel.

Fahlsperling
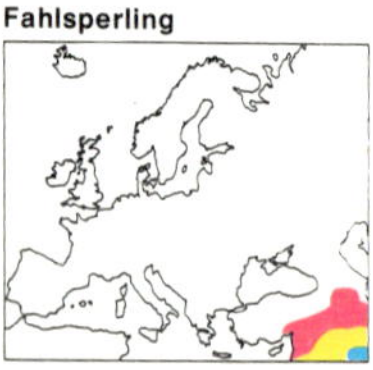

Fahlsperling *Petronia brachydactyla* **K:** Ähnlich Steinsperling, aber einfarbig fahl und ohne Kehlfleck. **B:** Halbwüstenartiges Gelände des Nahen Ostens, westwärts bis Kaukasus.

Heckenbraunelle
Ammer
Fink
Sperling
♀
♂
Haussperling
♂
Weidensperling
♂
Italien-
sperling
Weiden-
sperling
♀
Haussperlinge
Feldsperling
juv.
Steinsperling

Finkenvögel

(Familie Fringillidae) sind kleine bis mittelgroße Vögel mit kräftigen Körnerfresserschnäbeln. Bauen offene Nester meist auf Bäumen und Büschen. 3–6 meist gefleckte Eier.

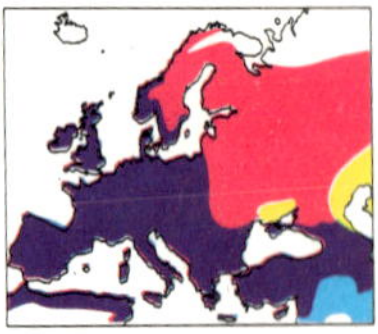
Buchfink

Buchfink *Fringilla coelebs* **K:** Häufigster Finkenvogel mit zwei kräftigen, weißen Flügelbinden. ♂ zur Brutzeit mit blaugrauem Oberkopf und Nacken, Unterseite und Wangen weinrötlich. Im Ruhekleid ist das Grau des Oberkopfes durch olivbräunliche Federsäume verdeckt. ♀ und juv. oberseits olivbraun, unterseits etwas heller. **L:** Um 15 cm. **St:** Hartes „pink", rauhes „trrüb" oder laubsängerartig „huit". Gesang schmetternd wie „didüdüdüduritju". **B:** Wälder aller Art, Parks, Gärten, Obstbaumgelände, Feldgehölze, Alleen. **W:** Teilzieher.

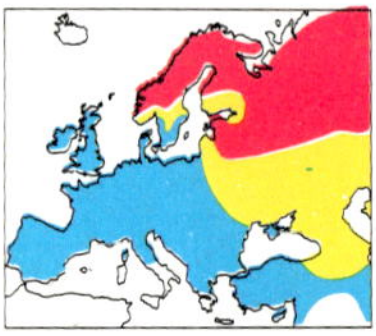
Bergfink

Bergfink *Fringilla montifringilla* **K:** ♂ zur Brutzeit mit schwarzem Kopf und schwärzlichem Vorderrücken. Schultern, Kehle und Brust orangefarben, Bauch weiß. Im Ruhekleid sind die schwarzen Partien von Kopf und Rücken graubraun geschuppt. ♀ ähnlich ♂ im Ruhekleid, aber blasser. **L:** Um 15 cm. **St:** Quäkendes „quäik" sowie hänflingartiges Gäckern. Gesang: Ein gedehntes, nasales, mehrfach wiederholtes „schrrräng". **B:** Aufgelockerte Laub- und Mischwälder des Nordens. Außerhalb der Brutzeit meist in großen Trupps an ähnlichen Stellen wie Buchfink. **W:** Überwiegend Sommervogel.

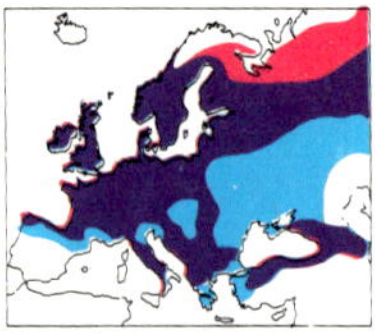
Gimpel

Gimpel (Dompfaff) *Pyrrhula pyrrhula* **K:** Plumper Finkenvogel mit kurzem, kräftigen Schnabel, breiter, weißer Flügelbinde und weißem Bürzel. Brust und Wangen beim ♂ leuchtend rosenrot. ♀ mit graubrauner Unterseite. Juv. ähnlich ♀, aber mit olivbrauner „Kappe". **L:** Um 15 cm. **St:** Klagendes „jiü" und halblautes „bütt". Gesang: Leises Geplauder sowie lauteres „di-dü-diüh". **B:** Wälder aller Art, Parks, gelegentlich Gärten. **W:** Überwiegend Jahresvogel.

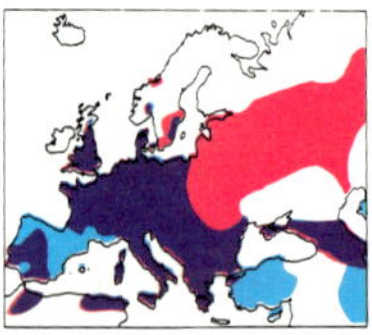
Kernbeißer

Kernbeißer *Coccothraustes coccothraustes* **K:** Etwa starengroßer Finkenvogel mit auffallend klobigem, blaugrauem Schnabel. Schwanz mit weißer Endbinde. Armschwingen mit „beilförmigen" Spitzen. ♀ etwas blasser als ♂. Ruhekleid mit gelblichem Schnabel. Juv. mit dunkler Wölkung auf der Unterseite. **L:** 18 cm. **St:** Scharfes „zicks" und gedehntes „zieh". Gesang: Halblautes, klirrendes Gezwitscher. **B:** Lichte Laub- und Mischwälder, Parks, Auwälder, Obstgärten. **W:** Teilzieher.

Grasmücke
Ammer
Sperling
Fink
♂ Ruhekleid
♀
♂
♀
Buchfink
♂ Brutkleid
♀
Bergfink
♂ Brutkleid
♂
♀
Ruhekleid ♂
♂
Gimpel
♂
♀
juv.
♂
ad.
Kernbeißer

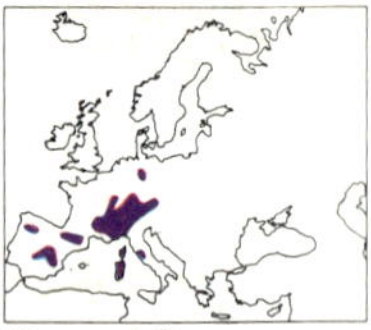

Zitronengirlitz
Brutvogel in Hochlagen des Schwarzwaldes

Zitronengirlitz (Zitronenzeisig) *Serinus citrinella* **K:** Überwiegend gelbgrünlicher Vogel mit gelbgrünem Bürzel und zwei gelblichen Flügelbinden. Nacken, Halsseiten und Vorderrücken aschgrau überflogen. ♀ düsterer, mit verwaschener Fleckung. Juv. ähnlich ♀, aber bräunlicher. Die auf Korsika, Sardinien und Elba vorkommende Unterart ist auf rostfarbenem Rücken dunkel längsgestreift. **L:** Um 12 cm. **St:** Nasales „dit-dit". Gesang stieglitzähnlich mit klirrenden Strophen. **B:** Aufgelockerte Nadelwälder mit sonnigen Lichtungen, Bergmatten mit Fichtengruppen. **W:** Teilzieher.

Girlitz

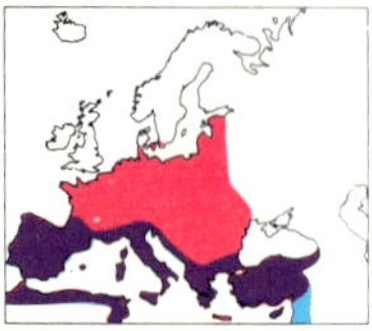

Girlitz *Serinus serinus* **K:** ♂ mit gelber Unterseite; ♀ gelblich-grauweiß mit dunkler Längsfleckung. Beide Geschlechter mit gelblichem Überaugenstreif. Juv. ähnlich ♀. **L:** Um 12 cm. **St:** Klirrendes „girrlitt". Gesang: Längere Folge von klirrenden Trillern. Wird meist im fledermausartigen Balzflug vorgetragen. **B:** Offenes Gelände mit Baumgruppen, Waldränder, Auwälder, Feldgehölze, Parks und Gärten. **W:** Teilzieher.

Rotstirngirlitz

Rotstirngirlitz *Serinus pusillus* **K:** Ähnlich Girlitz, aber mit schwarzem Kopf und roter Stirn. ♀ blasser. Bewohnt Hochgebirgsregionen im Kaukasus. Jahresvogel (nicht abgebildet).

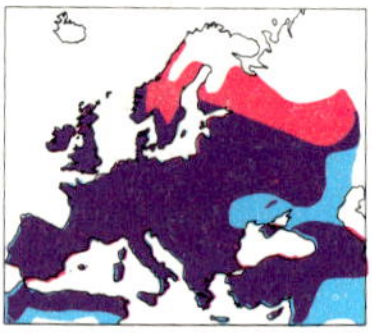

Grünling

Grünling (Grünfink) *Carduelis chloris* **K:** Oberseits moosgrüner Vogel mit überwiegend gelben Handschwingen. Unterseite gelbgrün. Äußere Schwanzfedern größtenteils gelb mit dunkler Endbinde. ♀ bräunlicher. Juv. ähnlich ♀, aber mit gefleckter Unterseite. **L:** Um 15 cm. **St:** Klingelnde und trillernde Laute. Gesang aus solchen Lauten mit nasalem, gequetschtem „queensch" endend. **B:** Parks, Gärten, Feldgehölze, lichte Laub- und Mischwälder, immergrüne Laubholzbestände, Auwälder. **W:** Teilzieher.

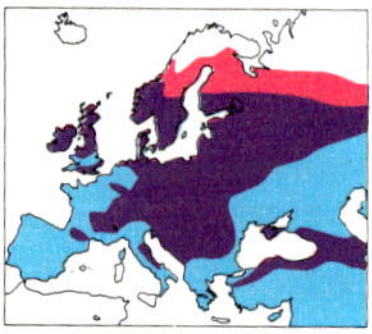

Zeisig

Zeisig *Carduelis spinus* **K:** ♂ mit schwarzer Kopfplatte und vielfach schwarzem Kinnfleck. ♀ graugrünlicher mit weißlicherer Unterseite und dunkler Längsfleckung. Juv. ähnlich ♀. **L:** Um 12 cm. **St:** Gedehntes, klagendes „diäh" sowie hartes „tetetetet". Gesang: Munteres Zwitschern, meist mit „didldidldähtsch" endend. **B:** Nadelwälder. Sonst in Wäldern aller Art sowie in Parks und Gärten. Sucht besonders samentragende Birken und Erlen auf. **W:** Teilzieher.

juv.
♂
Zitronengirlitz
♂ ad.
Girlitz
bei der
Futtersuche
♂
Girlitz
♀
♂
♂
♀
♂
Grünling
Balzflug des
Grünlings
♂
♂
Zeisig
♀

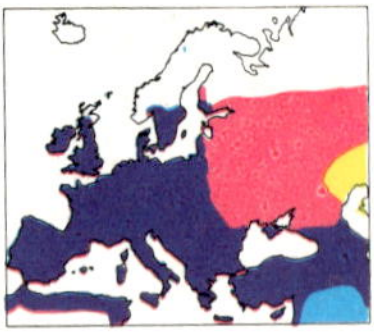

Stieglitz

Stieglitz (Distelfink) *Carduelis carduelis* **K:** Kleinerer Finkenvogel mit schwarzen Flügeln und auffallendem, breitem, gelbem Flügelstreif. Bürzel hell. Altvögel mit roter Gesichtsmaske. Juv. ohne Rot am Kopf, ober- und unterseits gefleckt. **L:** Um 12 cm. **St:** „Didelitt". Gesang: Lebhaftes Zwitschern und Trillern, in das modulierte „didelitt"-Rufe eingewoben sind. **B:** Offenes Gelände mit Baumgruppen, Parks, Feldgehölze, Obstgärten, lichte Mischwälder mit Blößen. Besucht mit Vorliebe Ruderalplätze mit entsprechender Vegetation. **W:** Teilzieher.

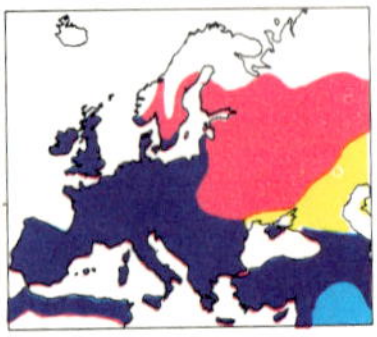

Hänfling

Hänfling *Carduelis cannabina* **K:** Überwiegend braun mit grauer Zone in den Handschwingen. Äußere Schwanzfedern größtenteils hellgrau mit dunkler Endbinde. Bürzel weißlich. Altes ♂ mit roter Stirn und roter Kropfgegend, im Ruhekleid meist durch graubraune Federsäume verdeckt. Weibchen und juv. ohne Rot, stärker gefleckt. **L:** Um 13 cm. **St:** „Gägägägägäg". Gesang: Klangvolles Zwitschern mit eingestreuten gäckernden Lauten. **B:** Offenes Gelände mit Büschen und Baumgruppen, Wacholderheiden, Weinberge, Bahndämme, Geröllfelder mit spärlicher Vegetation, Bergmatten. **W:** Teilzieher.

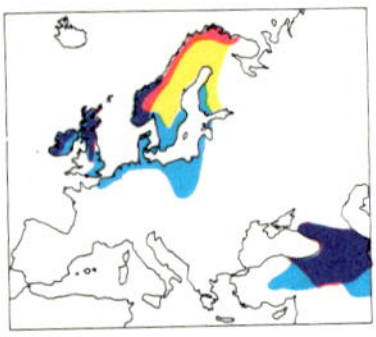

Berghänfling

Berghänfling *Carduelis flavirostris* **K:** Ähnlich Hänfling, aber in allen Kleidern mit gelblichem Schnabel (nicht hornfarben oder dunkel). Handschwingen nicht teilweise grau, Schwanz dunkel. Kein Rot an Stirn oder in der Kropfgegend. Oberseite mehr gelblichbraun mit dichter, dunkler Längsfleckung. ♂ mit leicht rosa getöntem Bürzel. Außerhalb der Brutzeit gesellig wie Hänfling. **L:** Um 13 cm. **St:** Gäckerndes „djädjädjäd", nasales „tjui" und scharfes „zirs". Gesang ähnlich Hänfling, aber weniger wohlklingend und einfacher. **B:** Steiniges Gelände mit niedriger Vegetation und kleinen Büschen. Außerhalb der Brutzeit vor allem mit Unkraut bewachsenes Gelände. **W:** Teilzieher.

juv.
Stieglitz
ad.
wellenförmiger Flug
♂
♀
Hänfling
♂
Hänflingschwarm
auf winterlichem Feld
♂ Brutkleid
♂
♂ Ruhekleid
♀
Berghänfling

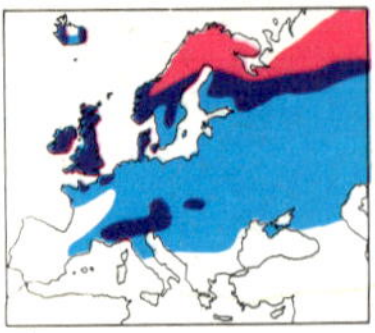

Birkenzeisig

Birkenzeisig *Carduelis flammea* **K:** Ähnlich Berghänfling, aber mit roter Stirn und schwarzem Kinnfleck. Alte ♂ mit rötlich angehauchter Brust. ♀ mit weniger Rot an der Stirn und ohne Rot auf der Brust. Die im Alpengebiet und auf den Britischen Inseln wohnende Rasse ist kleiner und dunkler als die skandinavische. Juv. ohne rote Stirn und ohne Kehlfleck. **L:** Um 13 cm. **St:** „Tschädschädschäd", besonders im Flug. Gesang: Nahezu tonloses Trillern und Zwitschern, an Grünling erinnernd. **B:** Birken- und Erlenwälder des Nordens, lockere Nadelwaldungen. Auf dem Zuge im offenen Gelände mit Unkrautbeständen sowie an samentragenden Birken. **B:** Teilzieher.

Polarbirkenzeisig

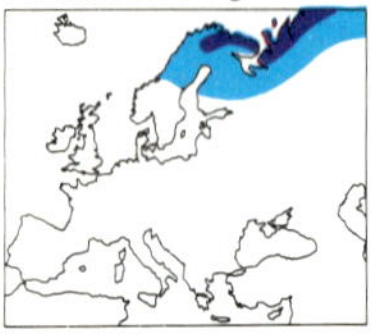

Polarbirkenzeisig *Carduelis hornemanni* **K:** Ähnlich Birkenzeisig, aber heller mit weißlichem Bürzel; wird häufig als Unterart des Birkenzeisigs angesehen. **B:** Sumpfige Tundralandschaften mit Zwergbirken.

Wüstengimpel *Rhodopechys githaginea* **K:** Überwiegend fahl graubraun mit rosarot überflogenem Bürzel. ♂ mit tomatenrotem Schnabel; Kehle, Brust und Flügeldecken rosarot überhaucht. ♀ mit kaum rötlichem Anflug und gelblichem Schnabel. Juv. ockerbräunlich. **L:** Um 14 cm. **St:** Kurzer, nasaler Trompetenruf, rauhes „gnääh". **B:** Steinige Halbwüsten mit Trockentälern, gern in der Nähe von Rinnsalen. **W:** Jahresvogel in Südostspanien. Sonst Irrgast aus Nordafrika.

Karmingimpel
Hat in der Slowakei gebrütet. Im Velebit (Dalmatien) beobachtet.

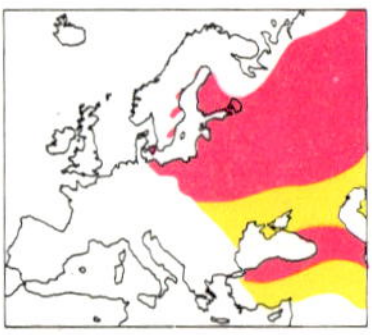

Karmingimpel *Carpodacus erythrinus* **K:** ♂ mit karminrotem Bürzel und ebenso gefärbter Brust. ♀ und junge ♂ überwiegend olivbraun mit kräftiger Längsfleckung auf der helleren Unterseite. Juv. ähnlich ♀. **L:** Um 15 cm. **St:** Weiches „dschäub" und härteres „tslit". Gesang aus kurzen Pfeiflauten wie „djü-djü-di-düidju". **B:** Nadel- und Mischwälder mit Lichtungen, Weiden-Erlengebüsch an Wasserläufen. **W:** Überwiegend Sommervogel, der in Indien überwintert.
Der **Kaukasus-Karmingimpel** (*Carpodacus rubicilla*) und der **Sibirische Rosengimpel** (*Carpodacus roseus*) sind ähnlich gefärbt, aber mit strohgelben Schnäbeln.

Kaukasus-Karmin-Gimpel

Hakengimpel *Pinicola enucleator* **K:** Ähnlich Karmingimpel, aber größer, mit zwei deutlichen weißen Flügelbinden. ♂ überwiegend rötlich, ♀ grünlich-goldbraun. Juv. ähnlich ♀, aber stärker gefleckt. **L:** Um 20 cm. **St:** Pfeifende, dreisilbige Laute. Gesang: Pfeifende und nasale Laute. **B:** Nordische Waldungen. **W:** Teilzieher.

Hakengimpel

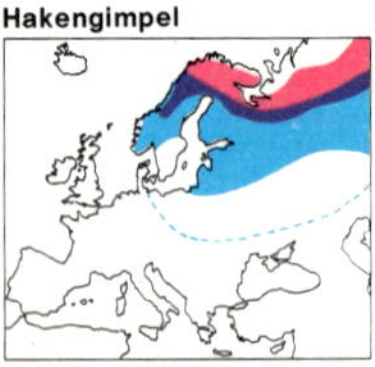

Birkenzeisig-Schwarm
skandinavische Rasse ♀
♂ skandinavische Rasse
Birkenzeisig
alpine Rasse ♂
♂
Polar-
birkenzeisig
♀
♂ Ruhekleid
♀
Wüstengimpel
♂ Brutkleid
♀
♂
Karmingimpel
♀
Hakongimpol
♂

Kreuzschnäbel (Familie Fringillidae, Gattung Loxia) sind durch überkreuzte Schnabelspitzen gekennzeichnet. Sie bewohnen hauptsächlich Nadelwälder und treten dann in besonders großer Zahl auf, wenn ein reiches „Zapfenjahr" ist. Ihre Nahrung besteht in überwiegendem Maße aus Samen von Koniferen. Sie treten meist in Trupps auf. Männchen sind überwiegend rötlich, die Weibchen grünlich gefärbt. Jungvögel dunkel längsgefleckt. Kreuzschnäbel können zu jeder Jahreszeit brüten, wichtig ist nur ein reichliches Nahrungsangebot. Sie bauen ihre Nester auf Bäumen; das Gelege besteht aus 4 gefleckten Eiern.

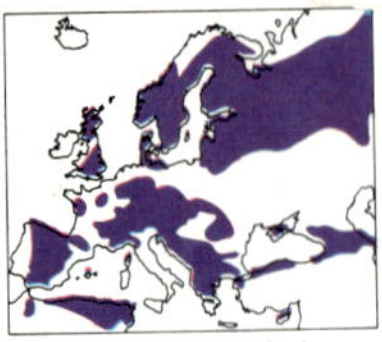

Fichtenkreuzschnabel

Fichtenkreuzschnabel *Loxia curvirostra* **K:** ♂ ziegelrot, mit dunklen Flügeln und dunklem Schwanz, manchmal mit undeutlichen, helleren Flügelbinden. ♀ überwiegend graugrünlich, juv. kräftig dunkel längsgefleckt. **L:** Um 17 cm. **St:** Lautes „gipp-gipp-gipp". Gesang laut, aus trillernden, knarrenden und zwitschernden Lauten zusammengesetzt. **B:** Nadelwaldungen, vor allem Fichtenwälder. **W:** Überwiegend Jahresvogel, der invasionsartig in Gebieten mit reichem Zapfenangebot auftreten kann.

Kiefernkreuzschnabel *Loxia pytyopsittacus* **K:** Ähnlich Fichtenkreuzschnabel, aber Schnabel kräftiger und höher. **L:** Gut 17 cm. **St:** Ähnlich Fichtenkreuzschnabel. Bevorzugt Kiefernwälder. Kann sich außerhalb der Brutzeit mit Fichtenkreuzschnabel vergesellschaften. **W:** Überwiegend Jahresvogel, tritt aber auch invasionsartig weiter südlich auf.

Kiefernkreuzschnabel

Der **Schottische Fichtenkreuzschnabel** *Loxia scotica* steht im Aussehen zwischen dem Fichtenkreuzschnabel und dem Kiefernkreuzschnabel.

Bindenkreuzschnabel *Loxia leucoptera* **K:** Ähnlich Fichtenkreuzschnabel, aber mit zwei deutlichen weißen Flügelbinden in allen Kleidern. **L:** Um 15 cm. **St:** Hartes „giffgiffgiff", hohes „piht". Gesang ähnlich Fichtenkreuzschnabel. **B:** Nadelwaldungen, vor allem Lärchenwälder. **W:** Überwiegend Jahresvogel, streicht aber in manchen Jahren invasionsartig bis nach Mittel- und Westeuropa.

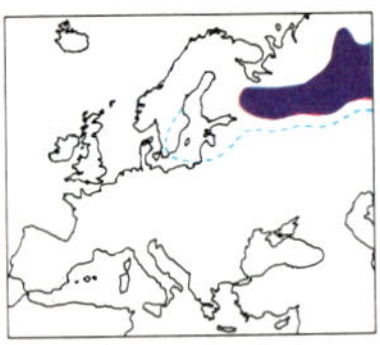

Bindenkreuzschnabel

♀
♂
Fichten-
kreuzschnabel
juv.
Fichtenkreuzschnabel
♂
Kiefernkreuzschnabel
Schottischer
Fichtenkreuzschnabel
Kiefernkreuzschnabel
♀
♂
Binden-
kreuzschnabel
juv.

Ammern (Familie Emberizidae) sind etwa sperlingsgroße Finkenvögel mit kräftigen Schnäbeln. Sie bewohnen hauptsächlich offenes Gelände mit Gebüsch. Die Männchen sind meist leuchtender gefärbt als die Weibchen. Die Jungen sehen den Weibchen ähnlich (siehe Seite 298-299). Bei einigen Arten sind die Geschlechter gleich. Außerhalb der Brutzeit scharen sie sich oft zu Flügen zusammen. Sie sind Körnerfresser, die in den Sommermonaten sehr viele Insekten verzehren und auch ihre Jungen hauptsächlich damit aufziehen. Sie nisten in niedrigem Gebüsch oder auf dem Boden. Die Gesänge sind vielfach für die einzelnen Arten typisch. 3-6 Eier sind auf hellem Grund dunkel gefleckt und mit schnörkelartigen Haarlinien gezeichnet.

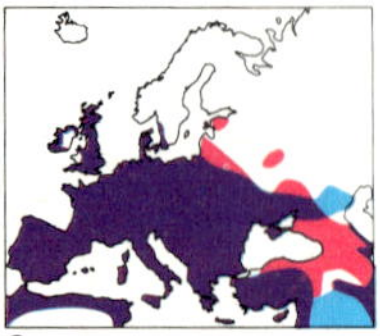
Grauammer

Grauammer *Emberiza calandra* **K:** Größte europäische Ammer. Bräunlich, ober- und unterseits dunkel längsgestreift. Ohne weiße Abzeichen. **L:** 18 cm. **St:** Kurzes „zick“. Gesang: Ein klirrendes, schnelles „zickzickzick . . . zirrrp“. Singt von Baum- und Buschspitzen sowie von Telegraphendrähten. **B:** Offenes Gelände mit Feldern und Wiesen, Brachland. **W:** Teilzieher.

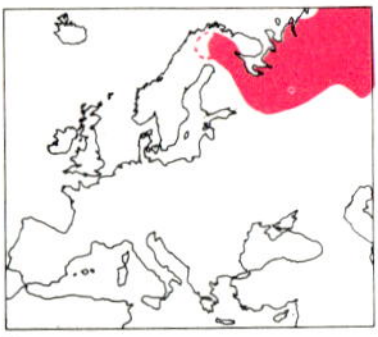
Zwergammer
Als Durchzügler fast regelmäßig auf Helgoland.

Zwergammer *Emberiza pusilla* **K:** Kleine Ammer mit kastanienbraunem, dunkel längsgestreiftem Scheitel, hellem Überaugenstreif und kastanienbraunen Wangen. Diese Kennzeichen im Ruhekleid blasser. **L:** Knapp 14 cm. **St:** Scharfes „tschick“, Gesang an Ortolan und Rotkehlchen erinnernd. **B:** Nordische Tundra, Sümpfe mit Weidengebüsch. Auf dem Zuge auch in anderen Biotopen. **W:** Sommervogel, der im südlichen Asien überwintert.

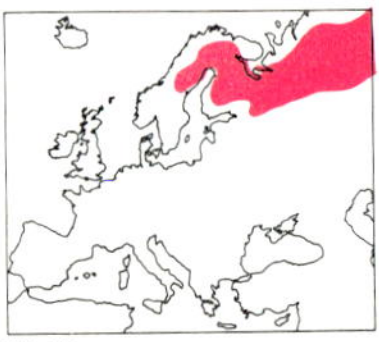
Waldammer

Waldammer *Emberiza rustica* **K:** Ähnlich Rohrammer, aber mit weißer Kehle. Darunter zimtbraunes Brustband. Oberkopf schwarz, mit weißem Streif vom Auge bis in die Ohrgegend. Im Ruhekleid sind die schwarzen Partien durch graubraune Federsäume verdeckt. ♀ ähnlich ♂ im Ruhekleid. Juv. ähnlich Weibchen. **L:** Knapp 15 cm. **St:** Schnickerndes „tick-tick“, hohes „twüit“. Gesang: Kurzes, grasmückenartiges Geplauder. **B:** Nordische Sumpfwälder mit Lichtungen, Moore mit Birken und Weidenbeständen, Ufergebüsche. **W:** Sommervogel, der im südlichen Asien überwintert.

Pieper
Fink
Sperling
Ammer
singende Goldammer
Grauammer
♀
♂
Zwergammer
♂
Ruhekleid
♂ Brutkleid
Waldammer
♀

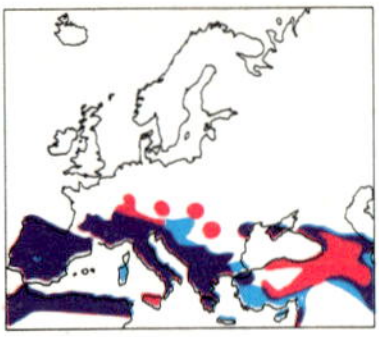

Zippammer

Zippammer *Emberiza cia* **K:** Kopf, Kehle und Vorderbrust grau, schwarzer Bartstreif, der die Ohrdecken umschließt und mit dem schwarzen Augenstreif zusammenfließt. Oberkopf hell und dunkel gestreift. Bürzel ungestreift kastanienbraun. Hinterbrust und Bauch zimtbraun. ♀ weniger kontrastreich, kräftiger gefleckt. **L:** Um 16 cm. **St:** Dünnes „zihp". Gesang ähnlich Heckenbraunelle, aber etwas stammelnder. **B:** Felsige oder steinige Hänge mit einzelnen Büschen oder Bäumen, Geröllhalden, Weinberge. **W:** Teilzieher.

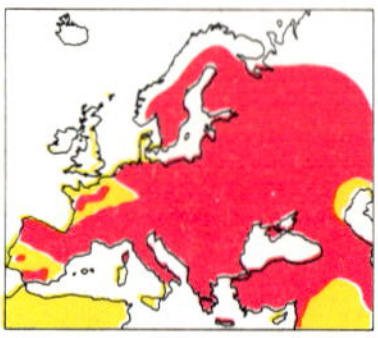

Ortolan

Ortolan (Gartenammer) *Emberiza hortulana* **K:** Kopf und Vorderbrust gelblich-olivgrün, Kehle gelb, übrige Unterseite rötlichbraun. Dunkler Bartstreif. Helle untere Umrandung der Ohrdecken. Gelblicher Augenring. Schnabel gelblich-rosa. ♀ matter gefärbt. Juv. unterseits kräftig gefleckt. **L:** Um 16 cm. **St:** „Zück", gedehnt „ziüh". Gesang schwermütig wie „düdüdüdidididiüh", etwas an Goldammer erinnernd, aber weicher. **B:** Offenes, trockenes Gelände mit niedriger Vegetation und einzelnen Bäumen, ausgedehnte Getreidefelder mit vereinzelten Bäumen, ebenes oder hügeliges Gelände mit Gestrüpp und Büschen, felsige Hänge mit Buschgruppen. **W:** Sommervogel, der vor allem in Afrika und Arabien überwintert.

Grauer Ortolan

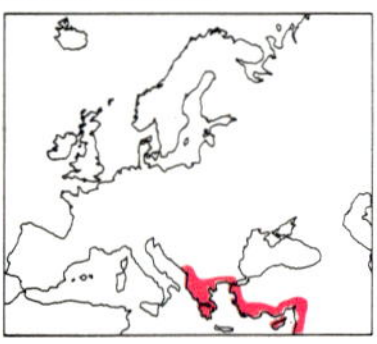

Grauer Ortolan (Griechenammer) *Emberiza caesia* **K:** Ähnlich Ortolan, aber Kopf und Vorderbrust blaugrau. Kehle rostfarben, nicht gelb. Übrige Unterseite ähnlich Ortolan. ♀ ohne Gelb an der Kehle. Juv. ähnlich jungen Ortolanen. **L:** Um 16 cm. **St:** Härteres „jit". Gesang ähnlich Ortolan, aber kürzer. **B:** Felsiges Gelände mit schütterer Vegetation. **W:** Sommervogel, der in Afrika überwintert.

Steinortolan

Steinortolan *Emberiza buchanani* **K:** Ähnlich Grauem Ortolan, aber ohne graues Brustband. Unterseite überwiegend bräunlich-rosa. **B:** Felsige Landschaften, vom Kaukasus ostwärts.

Steinortolan

♂
♀
Zippammer
♂
♀
Ortolan
juv.
♂
Grauer Ortolan
♀
juv.

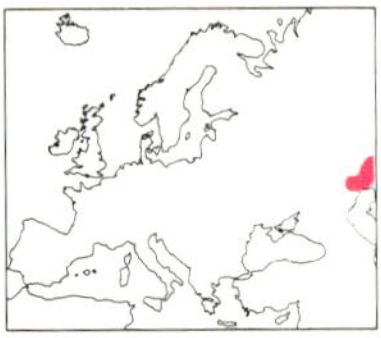
Braunkopfammer

Braunkopfammer *Emberiza melanocephala bruniceps* **K:** ♂ unverkennbar mit braunem Kopf, Hals und Kropf. Sonst überwiegend gelb. ♀ unterseits gelblich-graubraun, oberseits dunkel gefleckt. Nicht unterscheidbar vom ♀ der Kappenammer, von der die Braunkopfammer nur eine östliche Unterart darstellt. **L:** Um 16 cm. **St:** Weiches „tschüt" und hartes „zitt". Gesang wohltönend, mit langsamen Pfeiftönen beginnend und mit einem kurzen Triller endend. **B:** Offenes Gelände mit Busch- oder Baumgruppen, Gartenlandschaften, Olivenhaine. Brutvogel in Südostrußland. Außerdem in Innerasien und Ostpersien. **W:** Sommervogel, der im südlichen Asien überwintert.

Fichtenammer

Fichtenammer *Emberiza leucocephala* **K:** ♂ mit weißem Scheitel und weißen Wangen. Kehle braun. Bürzel kastanienbraun. ♀ ähnlich weiblicher Goldammer, aber ohne Gelb. Juv. ähnlich ♀, aber stärker gefleckt. **L:** Um 17 cm. **St:** Ähnlich Goldammer. **B:** Offenes Gelände mit Gebüsch, lichte Birken- und Nadelwälder. **W:** Sommervogel, der in Asien überwintert. Im westlichen Europa Irrgast. Wahrscheinlich östliche Unterart der Goldammer.

Kleinasiatische Ammer
Brütet in Griechenland

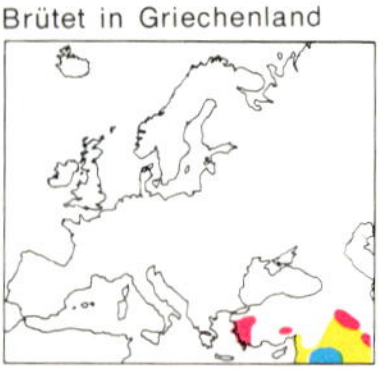

Kleinasiatische Ammer *Emberiza cineracea* **K:** Überwiegend graue Ammer mit gelblichem Kopf. Kehle gelb. ♀ blasser gefärbt. **L:** Knapp 17 cm. **St:** Kurz „kip". Gesang erinnert an Ortolan. **B:** Steiniges Gelände mit dürftigem Pflanzenwuchs, vor allem Berghänge. **W:** Teilzieher.

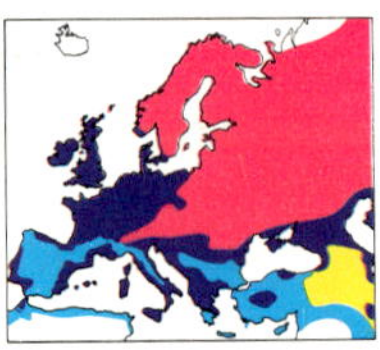
Rohrammer

Rohrammer *Emberiza schoeniclus* **K:** ♂ im Brutkleid mit schwarzem Kopf, weißem Bartstreif, der mit weißem Genickband in Verbindung steht, und ausgedehnt schwarzer Kehle. Im Ruhekleid sind die schwarzen Teile bräunlich überdeckt. ♀ überwiegend bräunlich mit dunkler Streifung, Kehle bräunlichweiß, Ohrdecken hell umrandet, schwarzer Bartstreif, der sich an den Halsseiten verbreitert. Bürzel bräunlich. Juv. ähnlich ♀. **L:** Um 15 cm. **St:** Gedehnt „zieh". Gesang stotternd wie „zja-tit-tai-zíssiss". **B:** Sumpfgelände, Verlandungszonen von Binnengewässern, mit Schilfbeständen, Weidengestrüpp an Gewässern. **W:** Teilzieher.

♀
♂
Braunkopfammer
♂
♀
Fichtenammer
♂
Kleinasiatische Ammer
♀
Rohrammer
♂ Ruhekleid
♀
♂ Brutkleid

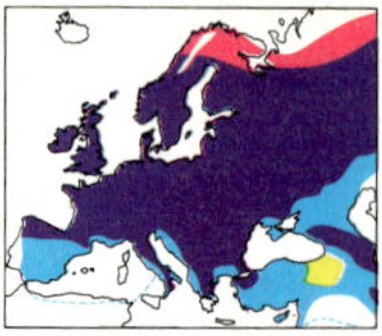

Goldammer

Goldammer *Emberiza citrinella* **K:** ♂ mit leuchtend gelbem Kopf und gelber Kehle. Dunkle Zeichnung in der Ohrgegend. Bürzel kastanienbraun. ♀ mit weniger Gelb an Kopf und Kehle, stärker graubraun gefleckt. Juv. ähnlich ♀. **L:** Knapp 17 cm. **St:** Scharfes „tick" und „zrep". Gesang mit wehmütigem Charakter, klingt wie „wiwiwiwewewe-zieh". **B:** Offenes Gelände mit Baumgruppen und Büschen, Feldgehölze, Weinberge, buschreiche Waldränder, Lichtungen, Parks, Obstbaumgelände mit Hecken. Im Winter vielfach scharenweise auf Feldern, Dorfstraßen und Misthaufen. **W:** Teilzieher.

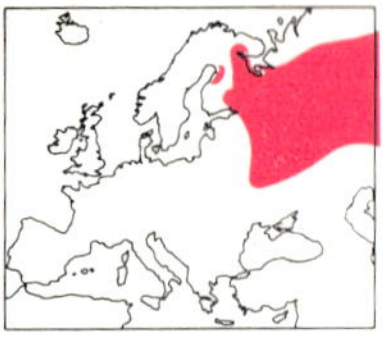

Weidenammer

Weidenammer *Emberiza aureola* **K:** ♂ mit schwarzem Gesicht und schwarzer Kehle, darunter gelbes und scharf abgesetzt schokoladenbraunes Halsband. Im Flügel auffallender, weißer Schulterfleck. Darunter schmale, helle Binde. ♀ unterseits gelblich-braun ohne Brustband. Zwei weiße Flügelbinden. **L:** 14 cm. **St:** Ähnlich Ortolan. **B:** Offenes Gelände mit Büschen und Gestrüpp. **W:** Sommervogel, der vor allem im südlichen Asien überwintert.

Zaunammer

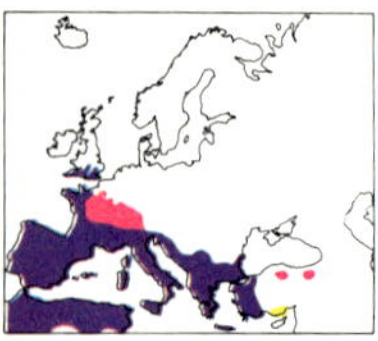

Zaunammer *Emberiza cirlus* **K:** Oberseits ähnlich Goldammer, aber olivbrauner Bürzel. ♂ mit graubraunem Oberkopf, gelben Kopfseiten, schwarzem Augenstreif und schwarzer Kehle. ♀ ähnlich ♀ der Weidenammer, aber ohne weiße Flügelbinden. Juv. ähnlich ♀. **L:** Knapp 17 cm. **St:** Gedehntes „sieh". Gesang: Scheppern auf „i" wie „drililililili . . .". **B:** Trockenes, offenes Gelände mit wenigen Büschen und Bäumen, Weinberge, trockenwarmes Obstbaumgelände. **W:** Überwiegend Jahresvogel.

Kappenammer

Kappenammer *Emberiza melanocephala* **K:** ♂ im Brutkleid mit schwarzem Kopf, gelber Unterseite und rotbraunem Rücken. Kein Weiß am Schwanz. ♀ oberseits olivbraun mir dunkler Streifung, Kopf kaum dunkler als übriger Körper. Unterseite ungefleckt gelblich-braun. ♂ im Ruhekleid ähnlich ♀, aber mit dunklerem Kopf. Juv. ähnlich ♀, aber mit gefleckter Unterseite. **L:** Um 17 cm. **St:** siehe Braunkopfammer. **B:** Buschsteppe, aufgelockerte mediterrane Buschwälder, Gartengelände mit Gebüsch und einzelnen Bäumen. **W:** Sommervogel, der vor allem in Indien überwintert.

juv.
♂
♀
Goldammer
♀
♂
Weidenammer
♂
♀
Zaunammer
♂
♀
Kappenammer

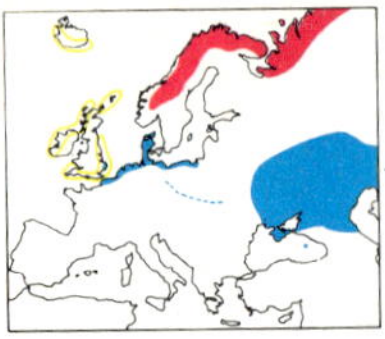

Spornammer
überwintert in geringer Zahl an der Ostküste Großbritanniens

Spornammer *Calcarius lapponicus* **K:** Ähnlich Rohrammer, aber mit auffallend rotbraunem Nackenband. Weißer Überaugenstreif, der beim ♂ im Brutkleid vom Auge bis zum Hinterkopf reicht. Schwarz an Kehle und Vorderbrust weiter ausgedehnt als bei der Rohrammer, setzt sich an den Flanken fort. Bauch weiß. Im Ruhekleid sind die schwarzen Partien größtenteils durch helle Federränder verdeckt. ♀ ähnlich weiblicher Rohrammer, aber mit rostfarbenem Nacken. Juv. ähnlich ♀, aber ohne rostfarbenes Nackenband. **L:** Um 15 cm. **St:** Hänflingsartiges „gägägäg", außerdem pfeifendes „tiü" und schnurrendes „trrrt-trrt". Gesang: Kurze, melancholisch klingende Strophen. Erinnern etwas an Ortolan. **B:** Arktische Tundra mit niedriger Vegetation. Außerhalb der Brutzeit vor allem am Strand, auf Stoppelfeldern und auf Salicorniasteppen. **W:** Überwiegend Sommervogel.

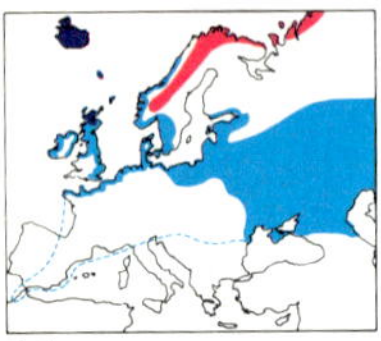

Schneeammer

Schneeammer *Plectrophenax nivalis* **K:** ♂ im Brutkleid weiß mit schwarzem Rücken und schwarzen Flügelspitzen. Im Ruhekleid mit rötlich-graubraunem Oberkopf und ebenso geflecktem, dunklem Rücken. ♀ ähnlich ♂ im Ruhekleid. Juv. mit braunen Flügeln und rahmfarbener Unterseite, braunes Brustband. **L:** Knapp 17 cm. **St:** Zweisilbiges „tihjüh", schnurrendes „trrr" und hänflingartiges Gäckern. Gesang: Hartes Zwitschern und Trillern. **B:** Tundralandschaften mit spärlicher Vegetation, arktische Felsküsten, kahles Gelände bei und in nordischen Ortschaften. Auf dem Zuge meist in offenen Landschaften. **W:** Teilzieher.

Schneeammer, juv.

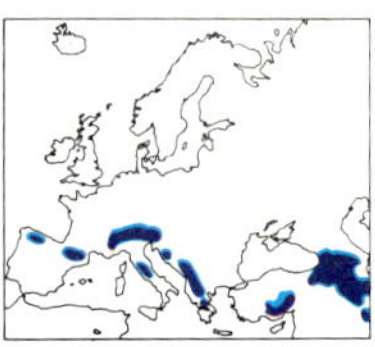

Schneefink

Schneefink *Montifringilla nivalis* **K:** Ähnlich Schneeammer, aber mit grauem Kopf und schwärzlichem Kehlfleck. Rücken graubraun. ♀ und juv. matter mit nur angedeutetem Kehlfleck. ♂ im Brutkleid mit schwarzem Schnabel, im Ruhekleid und beim ♀ gelb mit dunkler Spitze. Juv. ohne Kehlfleck mit orangegelbem Schnabel. **L:** 18 cm. **St:** Rauh „zjäb" und schilpend „tschip". Gesang: Hartes Zwitschern, meist im flatternden Balzflug vorgetragen. **B:** Hochgebirgslandschaften oberhalb der Baumgrenze, vor allem in der Nähe von Berghütten. Nistet in Mauerlöchern und Felsspalten. **W:** Jahresvogel.
Der Schneefink gehört zu den Webervögeln (Ploceidae) und wird nur wegen der Vergleichsmöglichkeit mit der Schneeammer auf dieser Seite abgebildet.

♂ Ruhekleid
Spornammer
♀
♂ Brutkleid
juv.
♂ Brutkleid
♂
♂ Ruhekleid
Schneeammer
♀
Schneeammer
♀
♂
♂
♀
Schneefink

Unausgefärbte und weibliche Ammern

Waldammer ♀
Zippammer juv.
Braunkopfammer ♀
Fichtenammer ♀
Kleinasiatische Ammer ♀
Weidenammer ♀
Spornammer juv.
Schneeammer ♀

Irrgäste (Sperlingsvögel) aus Nordamerika

Rotaugenvireo

Meisensänger ♀

Schnäpper-
waldsänger ♂

Streifenwald-
sänger imm.

Kronenwald-
sänger ♀

Drossel-
waldsänger

Das wachsende Interesse für Vögel, verbunden mit größerer Erfahrung bei der Bestimmung von Vögeln, haben dazu geführt, daß ständig neue Irrgäste aus Nordamerika in Europa festgestellt wurden. Die schon mehrfach beobachteten Arten sind nachfolgend aufgeführt. Nordamerikanische Drosseln auf S. 260–263.

Rotaugenvireo *Vireo olivaceus* **K:** Laubsängerartig, aber mit kräftigerem Schnabel. Augenstreif sehr auffallend. Auge rot. Junge mit braunen Augen. **L:** 15 cm. Beobachtungen im Herbst.

Meisensänger *Parula americana* **K:** Klein, zwei Flügelbinden, unterbrochener Augenring, gelbe Brust, gelblicher Fleck auf blauem Rükken. **L:** 11 cm. Herbstbeobachtungen.

Schnäpperwaldsänger *Setophaga ruticilla* **K:** Charakteristisch sind die Schwanzzeichnung, das Wippen und Fächern des Schwanzes und das Verhalten beim Fliegenfangen. ♀ und Junge mit weißer Unterseite, graubraunem Kopf und Rücken und scharf begrenztem Augenring. **L:** 13 cm. Herbstbeobachtungen.

Streifenwaldsänger *Dendroica striata* **K:** (Herbstkleid) Dunkel gestreifter Rücken (meist stärker als auf der Abbildung). Zwei Flügelbinden, weiße Unterschwanzdecken und weiße Flecken im Schwanz. **L:** 13 cm. Herbstbeobachtungen, deshalb hier Herbstkleid abgebildet. Brutkleid grauer, ♂ mit schwärzlicher Kopfplatte. Herbstbeobachtungen.

Kronenwaldsänger *Dendroica coronata* **K:** Gelber Bürzel und gelbe Flecken an den Brustseiten. Weißer Augenring. Junge Weibchen im Herbst haben manchmal keine gelben Flecken an den Brustseiten. Alle imm. ohne gelben Scheitelfleck. **L:** 14 cm. Herbstbeobachtungen.

Drosselwaldsänger *Seiurus noveboracensis* **K:** Pieperartig. Wippt häufig mit dem Schwanz. Brust kräftig gefleckt, Augenstreif auffallend. **L:** 14 cm. Herbstbeobachtungen.

Bobolink *Dolichonyx oryzivorus* **K:** Etwas an ♀ vom Haussperling erinnernd, aber mit deutlich zugespitzten Schwanzfedern und deutlich spitzerem Schnabel. Unterseite überwiegend ockerfarben mit dunklen Fleckchen an den Flanken und auf den Unterschwanzdecken. ♂ im Brutkleid mit weißem Unterrücken und schwarzer Unterseite. **L:** 19 cm. Herbstbeobachtungen.

Baltimore-Trupial *Icterus galbula* **K:** ♂ durch Orange auf Brust und Unterrücken unverkennbar. ♀ und imm. mehr olivgelblich mit nur leichtem Anflug von Orange auf der Brust. **L:** 19 cm. Herbst- und Frühlingsbeobachtungen.

Weißkehlammer *Zonotrichia albicollis* **K:** Weiße Kehle, graue Brust und gelblicher Fleck zwischen Auge und Basis des Oberschnabels. Imm. ohne auffallend weiße Kehle. **L:** 16 cm. Herbst- und Frühlingsbeobachtungen.

Fuchsammer *Passerella iliaca* **K:** Fuchsroter Schwanz und Bürzel. Rotbrauner Bartstreif, weiße Kehle und kräftig gefleckte und gestreifte Brust. **L:** 18 cm. Frühlingsbeobachtungen.

Singammer *Melospiza melodia* **K:** Oberseits graubraun, Brust kräftig gestreift. **L:** 15 cm. Frühlingsbeobachtungen.

Junko *Junco hyemalis* **K:** Überwiegend düster grau, Schnabel hell rosa, weißer Bauch, weiße äußere Schwanzfedern. **L:** 15 cm. Frühlingsbeobachtungen.

Rosenbrust-Kernknacker *Pheucticus ludovicianus* **K:** ♂ unverkennbar mit Kernbeißerschnabel. ♀ ohne Rosenrot. Oberkopf kräftig gestreift, zwei deutliche Flügelbinden. **L:** 20 cm. Herbstbeobachtungen.

Sehr seltene Irrgäste

weniger als fünf Nachweise in diesem Jahrhundert

deutscher Name	wiss. Name	Heimat	beobachtet
Gelbnasen-Albatros	*Diomedea chlororhynchos*	Südsee	Island
Graukopf-Albatros	*Diomedea chrysostoma*	Südsee	Norwegen
Ruß-Albatros	*Phoebetria palpebrata*	Südsee	Frankreich
Teufelssturmschwalbe	*Pterodroma hasitata*	Amerika	Frankreich, Großbritannien
Kermadek-Sturmschwalbe	*Pterodroma neglecta*	Südsee	Großbritannien
Goulds-Sturmschwalbe	*Pterodroma leucoptera*	Südsee	Großbritannien
Fregatten-Sturmschwalbe	*Pelagodroma marina*	Atlantik	Großbritannien, Dänemark
Pracht-Fregattvogel	*Fregata magnificiens*	Südsee	Großbritannien, Frankreich
Mangrovenreiher	*Butorides striatus*	Amerika	Großbritannien
Waldrapp	*Geronticus eremita*	Afrika	Spanien
Dunkelente	*Anas rubripes*	Amerika	Großbritannien
Büffelkopfente	*Bucephala albeola*	Amerika	Großbritannien, Island
Mandschurendommel	*Ixobrychus eurhythmus*	Asien	Italien, Deutschland
Amerika-Zwergdommel	*Ixobrychus exilis*	Amerika	Irland
Waldrapp	*Geronticus eremita*	Afrika	Spanien
Kleiner Flamingo	*Phoenicopterus minor*	Afrika	Spanien
Dunkelente	*Anas rubripes*	Amerika	Großbritannien, Irland
Kappensäger	*Mergus cucullatus*	Amerika	Großbritannien
Dunkler Singhabicht	*Melierax metabates*	Afrika	Spanien
Schwalbenweihe	*Elanoides forficatus*	Amerika	Deutschland
Buntfalk	*Falco sparverius*	Amerika	Dänemark
Kanadakranich	*Grus canadensis*	Amerika	Irland
Karolina-Sumpfhuhn	*Porzana carolina*	Amerika	Großbritannien
Smaragdhuhn	*Porphyrio madagascariensis*	Afrika	Italien
Amerik. Purpurhuhn	*Porphyrula martinica*	Amerika	Großbritannien
Amerika-Bläßhuhn	*Fulica americana*	Amerika	Griechenland
Alaska-Strandläufer	*Calidris mauri*	Amerika	Großbritannien
Rotkehlstrandläufer	*Calidris ruficollis*	Asien	Deutschland
Eskimo-Brachvogel	*Numenius borealis*	Amerika	Großbritannien
Grauer Schlammtreter	*Catoptrophorus semipalmatus*	Amerika	Schweden?, Frankreich?, Jugoslawien?
Franklin-Möwe	*Larus pipixcan*	Amerika	Großbritannien, Färöer-Inseln
Weißaugenmöwe	*Larus leucophthalmus*	Afrika	Griechenland
Graukopfmöwe	*Larus cirrocephalus*	Afrika, Südamerika	Spanien
Rüppell-Seeschwalbe	*Sterna bengalensis*	Afrika	Spanien, Frankreich, Schweiz, Italien
Königseeschwalbe	*Sterna maxima*	Afrika, Amerika	Großbritannien
Sumpfseeschwalbe	*Sterna forsteri*	Amerika	Island
Zügelseeschwalbe	*Sterna anaethetus*	Amerika, Afrika	Großbritannien
Noddy-Seeschwalbe	*Anous stolidus*	Südsee	Deutschland
Schopfalk	*Aethia cristatella*	Nordpazifik	Island
Papageialk	*Cyclorrhynchus psittacula*	Nordpazifik	Schweden
Tropfenflughuhn	*Pterocles senegallus*	Afrika, Asien	Italien
Braunbauch-Flughuhn	*Pterocles exustus*	Afrika	Ungarn
Gelbaugentaube	*Columba eversmanni*	Asien	Rußland
Nachtfalk	*Chordeiles minor*	Amerika	Großbritannien, Finnland
Gürtelfischer	*Ceryle alcyon*	Amerika	Island, Holland
Smyrnaliest	*Halycon smyrnensis*	Asien	Griechenland
Weißbürzelsegler	*Apus affinis*	Afrika	Italien, Malta
Stachelschwanzsegler	*Chaetura caudacuta*	Asien	Großbritannien, Italien, Finnland
Saftlecker	*Sphyrapicus varius*	Amerika	Island
Buchentyrann	*Empidonax virescens*	Amerika	Irland
Sandlerche	*Ammomanes deserti*	Afrika, Asien	Spanien
Binden-Sandlerche	*Ammomanes cinctura*	Afrika, Asien	Malta
Wüstenläuferlerche	*Alaemon alaudipes*	Afrika, Asien	Malta
Uferlerche	*Calancrella raytal*	Asien	Spanien
Berg-Kalanderlerche	*Melanocorypha bimaculata*	Asien	Großbritannien, Italien, Finnland
Graubülbül	*Pycnonotus barbatus*	Afrika, Asien	Spanien

deutscher Name	wiss. Name	Heimat	beobachtet
Rote Spottdrossel	*Toxostoma rufum*	Amerika	Großbritannien, Deutschland
Katzenvogel	*Dumetella carolinensis*	Amerika	Helgoland
Elsterdohle	*Corvus dauuricus*	Asien	Finnland
Riesenschwirl	*Locustella fasciolata*	Asien	Frankreich, Dänemark
Dickschnabelsänger	*Acrocephalus aedon*	Asien	Großbritannien
Weißbürzel-Steinschmätzer	*Oenanthe leucopyga*	Afrika, Asien	Malta
Wiesendrossel	*Catharus fuscescens*	Amerika	Großbritannien
Walddrossel	*Catharus mustelina*	Amerika	Island
Diademrotschwanz	*Phoenicurus moussieri*	Afrika	Italien, Malta
Einfarbdrossel	*Turdus unicolor*	Asien	Helgoland
Goldschnäpper	*Ficedula narcissina*	Asien	Frankreich?
Mugimakischnapper	*Ficedula mugimaki*	Asien	Italien
Kanadakleiber	*Sitta canadensis*	Amerika	Island
Kletterwaldsänger	*Mniotila varia*	Amerika	Großbritannien
Brauen-Waldsänger	*Vermivora peregrina*	Amerika	Island
Goldwaldsänger	*Dendroica petechia*	Amerika	Großbritannien
Grüner Waldsänger	*Dendroica virens*	Amerika	Helgoland
Kappenwaldsänger	*Wilsonia citrina*	Amerika	Großbritannien
Goldkopf-Waldsänger	*Seiurus aurocapillus*	Amerika	Großbritannien
Gelbkehlchen	*Geothlypis trichas*	Amerika	Großbritannien
Gelbkopfstärling	*Xanthocephalus xanthocephalus*	Amerika	Dänemark, Schweden
Sommertangare	*Piranga rubra*	Amerika	Großbritannien
Scharlachtangare	*Piranga olivacea*	Amerika	Großbritannien
Weißscheitelammer	*Zonotrichia leucophrys*	Amerika	Frankreich
Abendkernbeißer	*Hesperiphona verspertina*	Amerika	Großbritannien
Grundrötel	*Pipilo erythrophthalmus*	Amerika	Großbritannien
Indigofink	*Passerina cyanea*	Amerika	Island
Wiesenammer	*Emberiza cioides*	Asien	Italien
Prachtammer	*Emberiza chrysophrys*	Asien	Belgien, Frankreich
Rötelammer	*Emberiza rutila*	Asien	Holland, Frankreich
Maskenammer	*Emberiza spodocephala*	Asien	Helgoland
Grauschulter-Rohrammer	*Emberiza pallasi*	Asien	Dänemark

Literaturhinweise

Hunderte von Vogelbüchern werden jedes Jahr veröffentlicht. Jedes Land hat seine eigene Literatur, und eine Liste aller Bücher über europäische Vögel aufzuführen, würde allein einen Band dieses Umfangs füllen. Aber einige Bücher sind von besonderem Interesse und sind auf der nachfolgenden kurzen Liste angegeben. Besonders sei auf die monographische Behandlung einzelner Arten in der im Ziemsen-Verlag erscheinenden Neuen Brehm-Bücherei hingewiesen.

Austin, L.: *Die Vögel der Welt.* – München 1963

Bannerman, D. A., u. G. E. Lodge: *The Birds of the British Isles.* 12 Bde. – London 1953–1963

Bannermann, D. A. and W. M.: *Handbook of the birds of Cyprus and migrants of the Middle East.* – Edinburgh 1971

Bauer, K., Glutz von Blotzheim, U., E. Bezzel: *Handbuch der Vögel Mitteleuropas.* – Frankfurt am Main 1966ff.

Bauer, W. et al.: *Catalogus Faunae Graeciae.* Aves. – Thessaloniki 1969

Berndt, R., u. W. Meise: *Naturgeschichte der Vögel.* 3 Bde. – Stuttgart 1959–1966

Bernis, F.: *Prontuario de la Avifauna Española*

(Incluyendo Aves de Portugal, Baleares y Canarias). – Madrid 1954

Cramp, S.: *The handbook of the birds of Europa, the Middle East and North Africa, the birds of the Western Palaearctic.* – Vol. 1, London 1977

Delacour, J.: *The Waterfowl of the World.* 4 Bde. – London 1954–1964

Dementiev, G. P., Gladkov, N. A. et al.: *Birds of the Soviet Union.* 6 vol. – Mskva, 1951–54 (Israel Progr. for Sci. Transl. – Jerusalem 1966–70)

Etchécopar, R. D. and Hue, F.: *Les oiseaux du Nord et l'Afrique.* – Paris 1964

Ferguson-Lees, J., Hockliffe, Q. and Zweeres, K. A.: *A Guide to Bird Watching in Europe.* – London 1975

Géroudet, P.: *La Vie des Oiseaux.* 6 Bde. – Genève 1947–1965

Glutz von Blotzheim, U.: *Die Brutvögel der Schweiz.* – Aarau 1962

Gooders, J.: *Where to Watch Birds in Europe.* – London 1970

Harrison, C.: *A Field Guide to Nests, Eggs and Nestlings of Britain and European Birds.* – London 1975

Heinroth, O. u. M.: *Die Vögel Mitteleuropas.* 4 Bde. – Berlin 1926–1933, Unv. Nachdruck, Frankfurt 1966–1968

Heinzel, H., Fitter, R. und Parslow, J.: *Pareys Vogelbuch.* – Berlin/Hamburg 1972

Hulten, M. and Wassenich, V.: *Die Vogelfauna Luxemburgs.* – Luxemburg 1960–1961

Hüe, F. and Etchécopar, R. D.: *Les oiseaux du Proche et du Moyen Orient de la Mediterranée aux contreforts de l'Himalaya.* – Paris 1971

Kennedy, P. G. et al.: *The Birds of Ireland.* – Edinburgh, London 1954

King, B. F. and Dickinson: *The Birds of South-East Africa.* – Boston 1975

König, C.: *Europäische Vögel.* 3 Bde. – Stuttgart 1966–1970

Landsborough-Thompson, J.: *A New Dictionary of Birds.* – London 1965

Löhrl, H.: *So hilft man den Vögeln.* – Stuttgart 1969

Makatsch, W.: *Die Vögel der Erde.* – Berlin 1954

Makatsch, W.: *Wir bestimmen die Vögel Europas.* – Melsungen 1966

Matvejev, S. D. and Vasic, V. F.: *Catalogus Faunae Jugoslaviae*. IV/3. Aves. – Ljublijana 1973
Mebs, Th.: *Die Greifvögel Europas*. – Stuttgart 1964
Mebs, Th.: *Eulen und Käuze*. – Stuttgart 1966
Mebs, Th.: *Wasservögel Europas*. – Stuttgart 1970
Merikallio, E.: *Finnish Birds*. – Helsingfors 1958
Niethammer, G.: *Handbuch der deutschen Vogelkunde*. 3 Bde. – Berlin 1937–1942
Niethammer, G. et al.: *Die Vögel Deutschlands: Artenliste*. – Frankfurt am Main 1964
Pateff, P.: *The Birds of Bulgaria*. – Sofia 1950
Peterson, R., G. Mountfort, P. A. D. Hollom: *Die Vögel Europas*. – Berlin 1965
Pfeifer, S.: *Taschenbuch für Vogelschutz*. – Frankfurt/M. 1962
Porter, R. F. et al.: *Flight Identification of European Raptors*. – Berkhemsted 1974
Robbins, C. S., Bruun, B. and Zim, H.: *Birds of North America*. – New York 1966
Salomonsen, F.: *Vogelzug*. – München 1969
Schüz, E.: *Vom Vogelzug*. – Frankfurt/M. 1952
Scott, P.: *Das Wassergeflügel der Welt*. – Berlin und Hamburg
Steinbacher, G.: *Knaur's Vogelbuch*. – München 1957
Thielcke, G.: *Vogelstimmen*. – Berlin u. Heidelberg 1970
Voous, K. H.: *Die Vogelwelt Europas*. – Berlin 1962
Witherby, F. et al.: *The Handbook of British Birds*. 5 Bde. – London 1949

Ornithologische Zeitschriften

Zeitschriften, die die verschiedenen Aspekte des Vogellebens behandeln, werden jährlich zu Hunderten veröffentlicht. Nahezu jedes Land der Welt, und auch die meisten europäischen Länder, haben verschiedene ornithologische Zeitschriften. Die meisten werden von ornithologischen Gesellschaften herausgebracht, einige von Museen und Universitäten. Die wichtigsten europäischen ornithologischen Zeitschriften sind nachfolgend mit den herausgebenden Stellen angeführt. Wo keine Gesellschaft oder kein Institut angeführt ist, ist die Zeitschrift im freien Handel erhältlich.

Belgien	*Le Gerfaut*	Société Ornithologique de la Belgique
Dänemark	*Dansk Ornithologisk Forenings Tidskrift*	Dansk Ornithologisk Forening
Deutschland	*Journal für Ornithologie*	Deutsche Ornithologen-Gesellschaft
	Die Vogelwarte	
	Beiträge zur Vogelkunde	
	Anzeiger der ornithologischen Gesellschaft in Bayern	Ornithologische Gesellschaft in Bayern
	Die Vogelwelt	
	Ornithologische Mitteilungen	
	Die gefiederte Welt	Verband Deutscher Waldvogelliebhaber
	Wir und die Vögel	Deutscher Bund für Vogelschutz
Frankreich	*Alauda*	
	L'Oiseau	Société Ornithologique de France
Finnland	*Ornis Fennica*	Ornitologiska Föreningen i Finland
Großbritannien und Irland	*British Birds*	
	Ibis	British Ornithologist's Union
	Bird-Study	British Trust for Ornithology
	Irish Bird Report	Irish Ornithologist's Club
	Birds	The Royal Society for the Protection of Birds
	Scottish Birds	Scottish Ornithologist's Club
	World of Birds	
Italien	*Rivista Italiana di Ornitologia*	Associazione Ornitologica Italiana
	Avocetta	
Jugoslawien	*Larus*	Institut za Biologija, Universität Zagreb
Niederlande	*Ardea*	Nederlandsche Ornithologische Vereenigung
	Limosa	Club van Nederlandsche Vogelkundigen
Norwegen	*Sterna*	Norsk Ornitologisk Forening
Österreich	*Egretta*	Österreichische Vogelwarte
Ostdeutschland	*Beiträge zur Vogelkunde*	
	Der Falke	
Polen	*Acta Ornithologica*	Musei Zoologici Polonici
Skandinavien	*Ornis Scandinavica*	Skandinavisk Ornithologisk Union
Spanien	*Ardeola*	Sociedad Española de Ornitología
Schweiz	*Der Ornithologische Beobachter*	Ala, schweizerische Gesellschaft für Vogelkunde und Vogelschutz
	Nos Oiseaux	Société Romande pour l'Etude et la Protection des Oiseaux
Schweden	*Var Fagelvärld*	Sveriges Ornitologiska Förening
	Fauna och Flora	Naturjistoriska Riksmuseet
Ungarn	*Aquila*	Institutus Ornithologicus Hungaricus

Schallplatten

Vogelstimmenschallplatten erfreuen sich immer größer werdender Beliebtheit. Sie sind eine gute Hilfe bei der Bestimmung von Vogelgesängen. Die wichtigsten europäischen Serien sind nachfolgend aufgeführt.

Chappuis, C.: *Oiseaux de France*. Chappuis. Rouen

Conder et al.: *British Garden Birds*. Record Books. London

Kellogg, P. P. et al.: *A Field Guide to the Bird Songs of Eastern and Central North America*. Houghton Mifflin. Boston

Kirby, J.: *Listen . . . the Birds*. European Phono Club. Amsterdam.

König, C. u. A. Graul: *Europäische Eulen*. Gong-Schallplatte. Mühlacker.

Kosmos-Schallplatten. *Stimmen einheimischer Vögel* und *Vogelstimmen aus Südeuropa*. Franckh-Verlag. Stuttgart.

Lewis, V.: *Bird Recognition: An Aural Index*. H. M. V. London.

North, M. E. W. and Simms, E.: *Witherby's Sound Guide to British Birds*. London.

Paatela, J.: *Leulave Lintu Kirja*. Helsingfors.

Palmer, S.: *Radions Fagel Skivor*. Sveriges Radio. Stockholm.

Palmer, S. and Boswall, J.: *A Field Guide to the Songs of Britain and Europe*. Sveriges Radio. Stockholm.

Roché, J. C.: *A Sound Guide to the Birds of Europe* (three volumes). International Centre for Ornithological Sound Publications. Aubenasles-Alpes.

Roché, J.-C.: *Oiseaux en Camargue*. Pacific. Neuilly.

Roché, J.-C.: *Oiseaux en Bretagne*. Pacific. Neuilly.

Roché, J.-C.: *Oiseaux en Soleil*. Pacific. Neuilly.

Roché, J.-C.: *Guide Sonore des Oiseaux d'Europe*. Jean-Claude Roché. Collobrières.

Shove, J. C. et al.: *British Bird Series*. London.

Thielcke, G.: *Biologie der Vogelstimmen*. Kosmos. Stuttgart.

Veprintsev, B.: *The Voices of Birds in Wild Nature*. Union Studio of Disc Recording. Moscow.

Wahlstrøm, S.: *Våra Svenska Fåglar i Ton*. AB Svensk Litteratur. Stockholm.

Register

Dieses Register enthält die deutschen und die wissenschaftlichen Vogelnamen. Die Seitenzahl weist in jedem Fall auf die Textseite hin, während sich die Abbildung jeweils auf der gegenüberliegenden Seite befindet. Eine Anzahl von gebräuchlichen Trivialnamen sind in diesem Register ebenfalls mit aufgeführt.